国家职业资格培训教材
技能型人才培训

维修电工(中级)

第 2 版

国家职业资格培训教材编审委员会　组编

王兆晶　主编

机 械 工 业 出 版 社

本书是依据《国家职业技能标准　维修电工》（中级）的知识要求和技能要求，按照岗位培训需要的原则编写的。本书的主要内容包括：电工仪器仪表的使用与维护、电气设备的使用与维修、低压电器和电动机控制电路的应用、一般机械设备电气控制电路的检修、电子技术和电力电子技术、可编程序控制器技术、自动控制元件的应用。书末附有与之配套的试题库、模拟试卷样例和答案，以便于企业培训、考核鉴定和读者自测自查。

　　本书主要用作企业培训部门、职业技能鉴定培训机构的教材，也可作为技校、中职、各种短训班的教学用书。

图书在版编目（CIP）数据

维修电工：中级/王兆晶主编 . —2 版 . —北京：机械工业出版社，2013.1
（2022.3 重印）
　　国家职业资格培训教材 . 技能型人才培训用书
　　ISBN 978-7-111-41402-5

　　Ⅰ.①维…. 　Ⅱ.①王…②国…　Ⅲ.①电工—维修—技术培训—教材
Ⅳ.①TM07

中国版本图书馆 CIP 数据核字（2013）第 025091 号

机械工业出版社（北京市百万庄大街 22 号　邮政编码 100037）
策划编辑：王振国　　责任编辑：王振国
版式设计：霍永明　　责任校对：佟瑞鑫
封面设计：饶　薇　　责任印制：张　博
北京玥实印刷有限公司印刷
2022 年 3 月第 2 版第 9 次印刷
169mm×239mm·18.5 印张·1 插页·361 千字
标准书号：ISBN 978-7-111-41402-5
定价：45.00 元

电话服务　　　　　　　　　　　网络服务
客服电话：010 - 88361066　　　　机　工　官　网：www.cmpbook.com
　　　　　010 - 88379833　　　　机　工　官　网：weibo.com/cmp1952
　　　　　010 - 68326294　　　　机　工　官　博：www.golden-book.com
封底无防伪标均为盗版　　　　　机工教育服务网：www.cmpedu.com

国家职业资格培训教材(第2版)
编 审 委 员 会

第2版 序

在"十五"末期，为贯彻落实"全国职业教育工作会议"和"全国再就业会议"精神，加快培养一大批高素质的技能型人才，机械工业出版社精心策划了与原劳动和社会保障部《国家职业标准》配套的《国家职业资格培训教材》。这套教材涵盖 41 个职业工种，共 172 种，有十几个省、自治区、直辖市相关行业 200 多名工程技术人员、教师、技师和高级技师等从事技能培训和鉴定的专家参加编写。教材出版后，以其兼顾岗位培训和鉴定培训需要，理论、技能、题库合一，便于自检自测，受到全国各级培训、鉴定部门和广大技术工人的欢迎，基本满足了培训、鉴定和读者自学的需要，在"十一五"期间为培养技能人才发挥了重要作用，本套教材也因此成为国家职业资格鉴定考证培训及企业员工培训的品牌教材。

2010 年，《国家中长期人才发展规划纲要（2010—2020 年）》、《国家中长期教育改革和发展规划纲要（2010—2020 年）》、《关于加强职业培训促就业的意见》相继颁布和出台，2012 年 1 月，国务院批转了"七部委"联合制定的《促进就业规划（2011—2015 年）》，在这些规划和意见中，都重点阐述了加大职业技能培训力度、加快技能人才培养的重要意义，以及相应的配套政策和措施。为适应这一新形势，同时也鉴于第 1 版教材所涉及的许多知识、技术、工艺、标准等已发生了变化的实际情况，我们经过深入调研，并在充分听取了广大读者和业界专家意见的基础上，决定对已经出版的《国家职业资格培训教材》进行修订。本次修订，仍以原有的大部分作者为班底，并保持原有的"以技能为主线，理论、技能、题库合一"的编写模式，重点在以下几个方面进行了改进：

1. 新增紧缺职业工种——为满足社会需求，又开发了一批近几年比较紧缺的以及新增的职业工种教材，使本套教材覆盖的职业工种更加广泛。

2. 紧跟国家职业标准——按照最新颁布的《国家职业技能标准》（或《国家职业标准》）规定的工作内容和技能要求重新整合、补充和完善内容，涵盖职业标准中所要求的知识点和技能点。

3. 提炼重点知识技能——在内容的选择上，以"够用"为原则，提炼出应重点掌握的必需的专业知识和技能，删减了不必要的理论知识，使内容更加精练。

4. 补充更新技术内容——紧密结合最新技术发展，删除了陈旧过时的内容，补充了新的技术内容。

5. 同步最新技术标准——对原教材中按旧的技术标准编写的内容进行更新，所有内容均与最新的技术标准同步。

6. 精选技能鉴定题库——按鉴定要求精选了职业技能鉴定试题，试题贴近教材、贴近国家试题库的考点，更具典型性、代表性、通用性和实用性。

7. 配备免费电子教案——为方便培训教学，我们为本套教材开发配备了配套的电子教案，免费赠送给选用本套教材的机构和教师。

8. 配备操作实景光盘——根据读者需要，部分教材配备了操作实景光盘。

一言概之，经过精心修订，第 2 版教材在保留了第 1 版教材精华的同时，内容更加精练、可靠、实用，针对性更强，更能满足社会需求和读者需要。全套教材既可作为各级职业技能鉴定培训机构、企业培训部门的考前培训教材，又可作为读者考前复习和自测使用的复习用书，也可供职业技能鉴定部门在鉴定命题时参考，还可作为职业技术院校、技工院校、各种短训班的专业课教材。

在本套教材的调研、策划、编写过程中，曾经得到许多企业、鉴定培训机构有关领导、专家的大力支持和帮助，在此表示衷心的感谢！

虽然我们已经尽了最大努力，但教材中仍难免存在不足之处，恳请专家和广大读者批评指正。

国家职业资格培训教材第 2 版编审委员会

第1版 序一

当前和今后一个时期，是我国全面建设小康社会、开创中国特色社会主义事业新局面的重要战略机遇期。建设小康社会需要科技创新，离不开技能人才。"全国人才工作会议"、"全国职教工作会议"都强调要把"提高技术工人素质、培养高技能人才"作为重要任务来抓。当今世界，谁掌握了先进的科学技术并拥有大量技术娴熟、手艺高超的技能人才，谁就能生产出高质量的产品，创出自己的名牌；谁就能在激烈的市场竞争中立于不败之地。我国有近一亿技术工人，他们是社会物质财富的直接创造者。技术工人的劳动，是科技成果转化为生产力的关键环节，是经济发展的重要基础。

科学技术是财富，操作技能也是财富，而且是重要的财富。中华全国总工会始终把提高劳动者素质作为一项重要任务，在职工中开展的"当好主力军，建功'十一五'，和谐奔小康"竞赛中，全国各级工会特别是各级工会职工技协组织注重加强职工技能开发，实施群众性经济技术创新工程，坚持从行业和企业实际出发，广泛开展岗位练兵、技术比赛、技术革新、技术协作等活动，不断提高职工的技术技能和操作水平，涌现出一大批掌握高超技能的能工巧匠。他们以自己的勤劳和智慧，在推动企业技术进步，促进产品更新换代和升级中发挥了积极的作用。

欣闻机械工业出版社配合新的《国家职业标准》为技术工人编写了这套涵盖41个职业的172种"国家职业资格培训教材"。这套教材由全国各地技能培训和考评专家编写，具有权威性和代表性；将理论与技能有机结合并紧紧围绕《国家职业标准》的知识点和技能鉴定点编写，实用性、针对性强，既有必备的理论和技能知识，又有考核鉴定的理论和技能题库及答案，编排科学，便于培训和检测。

这套教材的出版非常及时，为培养技能型人才做了一件大好事，我相信这套教材一定会为我们培养更多更好的高技能人才做出贡献！

（李永安　中国职工技术协会常务副会长）

第1版 序二

为贯彻"全国职业教育工作会议"和"全国再就业会议"精神，全面推进技能振兴计划和高技能人才培养工程，加快培养一大批高素质的技能型人才，我们精心策划了这套与劳动和社会保障部最新颁布的《国家职业标准》配套的《国家职业资格培训教材》。

进入21世纪，我国制造业在世界上所占的比重越来越大，随着我国逐渐成为"世界制造业中心"进程的加快，制造业的主力军——技能人才，尤其是高级技能人才的严重缺乏已成为制约我国制造业快速发展的瓶颈，高级蓝领出现断层的消息屡屡见诸报端。据统计，我国技术工人中高级以上技工只占3.5%，与发达国家40%的比例相去甚远。为此，国务院先后召开了"全国职业教育工作会议"和"全国再就业会议"，提出了"三年50万新技师的培养计划"，强调各地、各行业、各企业、各职业院校等要大力开展职业技术培训，以培训促就业，全面提高技术工人的素质。

技术工人密集的机械行业历来高度重视技术工人的职业技能培训工作，尤其是技术工人培训教材的基础建设工作，并在几十年的实践中积累了丰富的教材建设经验。作为机械行业的专业出版社，机械工业出版社在"七五"、"八五"、"九五"期间，先后组织编写出版了"机械工人技术理论培训教材"149种，"机械工人操作技能培训教材"85种，"机械工人职业技能培训教材"66种，"机械工业技师考评培训教材"22种，以及配套的习题集、试题库和各种辅导性教材约800种，基本满足了机械行业技术工人培训的需要。这些教材以其针对性、实用性强，覆盖面广，层次齐备，成龙配套等特点，受到全国各级培训、鉴定和考工部门和技术工人的欢迎。

2000年以来，我国相继颁布了《中华人民共和国职业分类大典》和新的《国家职业标准》，其中对我国职业技术工人的工种、等级、职业的活动范围、工作内容、技能要求和知识水平等根据实际需要进行了重新界定，将国家职业资格分为5个等级：初级（5级）、中级（4级）、高级（3级）、技师（2级）、高级技师（1级）。为与新的《国家职业标准》配套，更好地满足当前各级职业培训和技术工人考工取证的需要，我们精心策划编写了这套"国家职业资格培训教材"。

这套教材是依据劳动和社会保障部最新颁布的《国家职业标准》编写的，

为满足各级培训考工部门和广大读者的需要，这次共编写了41个职业172种教材。在职业选择上，除机电行业通用职业外，还选择了建筑、汽车、家电等其他相近行业的热门职业。每个职业按《国家职业标准》规定的工作内容和技能要求编写初级、中级、高级、技师（含高级技师）四本教材，各等级合理衔接、步步提升，为高技能人才培养搭建了科学的阶梯型培训架构。为满足实际培训的需要，对多工种共同需求的基础知识我们还分别编写了《机械制图》、《机械基础》、《电工常识》、《电工基础》、《建筑装饰识图》等近20种公共基础教材。

在编写原则上，依据《国家职业标准》又不拘泥于《国家职业标准》是我们这套教材的创新。为满足沿海制造业发达地区对技能人才细分市场的需要，我们对模具、制冷、电梯等社会需求量大又已单独培训和考核的职业，从相应的职业标准中剥离出来单独编写了针对性较强的培训教材。

为满足培训、鉴定、考工和读者自学的需要，在编写时我们考虑了教材的配套性。教材的章首有培训要点、章末配复习思考题，书末有与之配套的试题库和答案，以及便于自检自测的理论和技能模拟试卷，同时还根据需求为20多种教材配制了VCD光盘。

为扩大教材的覆盖面和体现教材的权威性，我们组织了上海、江苏、广东、广西、北京、山东、吉林、河北、四川、内蒙古等地相关行业从事技能培训和考工的200多名专家、工程技术人员、教师、技师和高级技师参加编写。

这套教材在编写过程中力求突出"新"字，做到"知识新、工艺新、技术新、设备新、标准新"，增强实用性，重在教会读者掌握必需的专业知识和技能，是企业培训部门、各级职业技能鉴定培训机构、再就业和农民工培训机构的理想教材，也可作为技工学校、职业高中、各种短训班的专业课教材。

在这套教材的调研、策划、编写过程中，曾经得到广东省职业技能鉴定中心、上海市职业技能鉴定中心、江苏省机械工业联合会、中国第一汽车集团公司以及北京、上海、广东、广西、江苏、山东、河北、内蒙古等地许多企业和技工学校的有关领导、专家、工程技术人员、教师、技师和高级技师的大力支持和帮助，在此谨向为本套教材的策划、编写和出版付出艰辛劳动的全体人员表示衷心的感谢！

教材中难免存在不足之处，诚恳希望从事职业教育的专家和广大读者不吝赐教，提出批评指正。我们真诚希望与您携手，共同打造职业培训教材的精品。

国家职业资格培训教材编审委员会

前　言

为进一步提高为修订电工从业人员的基本素质和专业技能，增强各级、各类职业学校在校生的就业能力，满足维修电工职业技能培训、考核、鉴定等工作的迫切需要，机械工业出版社组织编写了《维修电工》国家职业资格培训教材。

随着时间的不断推移，现代科学技术的不断发展，职业技能培训的要求也在不断提高，为适应这种新变化，人力资源和社会保障部对职业技能标准在不断完善的同时也对原有标准进行了修订，因此，国家职业培训教材中的相关内容也要做出必要的调整，以适应新标准对培训内容的知识要求与技能要求。

因此，机械工业出版社又组织曾参与编写第1版教材的编者对教材进行了修订。本教材在修订过程中删除了特殊变压器的使用、电力变压器的拆卸与装配、电力变压器运行故障的检修、电动机和特种电机的使用与维修、企业供电系统的操作与维护，以及一般复杂程度的机械设备电气控制电路的测绘等内容；增加了低压电器的应用、自动控制单元的应用等内容，使教材内容更好地适应了国家职业技能标准对维修电工的相关要求。

本册教材由王兆晶任主编，崔政敏和阎伟任副主编，参加编写的人员还有孙家新、周斌、左恒。

编者在编写过程中参阅了大量的相关规范、规定、图册、手册、教材及技术资料等，并借用了部分图表，在此向原作者致以衷心的感谢。如有不敬之处，恳请见谅。

由于教材知识覆盖面较广，涉及的标准、规范较多，加之时间仓促、编者水平有限，书中难免存在缺点和不足，敬请各位同行、专家和广大读者批评指正，以期再版时臻于完善。

为弥补师资力量不足企业的培训和读者自学，可微信扫描"大国技能"微信公众号，关注后回复"41402 + 1 ~ 4"即可观看相应实操视频。

编　者

目　录

第 一 章

电工仪器仪表的使用与维护

培训学习目标 熟悉电工常用仪器仪表的用途和结构；掌握常用仪表的接线方法、使用方法与维护方法；掌握常用仪器的使用与维护方法。

◆◆◆ 第一节 常用仪器仪表的使用

一、功率表

功率表又称为瓦特表，是用来测量电功率的仪表。相对于其他仪表，功率表的使用较为复杂，其复杂性主要体现在接线方法上。

1. 单相功率表

（1）选择 功率表的选择主要是指量程的选择，即正确选择功率表的电流量程和电压量程。其原则是：电流量程不小于负载电流，电压量程不低于负载电压。若被测电路的功率因数特别低（如变压器空载损耗测量时仅为 0.2 左右），则应选用低功率因数的功率表。

（2）接线方法 功率的测量必须反映电压、电流两个物理量，因而在表内分别设有电压线圈和电流线圈。这两个线圈在面板上各有两组接线柱，且其中均有一端标有"＊"符号，如图 1-1a 所示。

功率表接线时必须把握的两条原则是：第一，电压线圈与被测电路并联，电流线圈与被测电路串联；第二，带有符号"＊"的电压、电流接线柱必须同为进线。

具体做法是：有符号"＊"的电流接线柱应接电源端，另一接线柱接负载端；

标有符号"＊"的电压接线柱一定要接在带有符号"＊"的电流接线柱所接的那根电源线上,无符号的接线柱接在电源的另一根线上。

图 1-1　功率表的两种接线方法
a) 接线方法　b) 接线原理　c) 电压线圈前接　d) 电压线圈后接

为减少测量误差,根据负载大小,功率表有两种正确接线方式可供选择,即电压线圈前接和电压线圈后接,如图 1-1c、d 所示。当负载电阻较大(电流较小)时,应选用电压线圈前接方式;当负载电阻较小(电流较大)时,应选用电压线圈后接方式。

测量时,应合理选择电压、电流的量程,并正确读取数据,所选择的电压与电流量程的乘积为功率表的满偏数值。

当所测电路的功率较大,且电流超过了功率表的量程时,应加接电流互感器,如图 1-2 所示。

2. 三相功率的测量

三相有功功率的测量,视三相负载的对称情况,可采取不同的测量方法,功率表有单相功率表和三相功率表两种。

(1) 单相功率表测三相有功功率　当三相负载对称时,可采用如图 1-3 所示

图 1-2　带电流互感器的单相功率表的接线方法

的"一表法"测量三相有功功率，将功率表的读数乘以 3 即为三相有功功率。在图 1-3a、b 所示的接线方式中，功率表电压线圈、电流线圈所反映的是负载的相电压和相电流。当星形联结负载中性点不能引出或三角形联结负载不能拆开引线时，可采用图 1-3c 所示的人工中性点法接线方式。其中 R_N 的阻值应等于电压线圈回路的总电阻，以保证人工中性点 N 的电位为零。

图 1-3　"一表法"测三相对称负载的功率

a）星形联结时　b）三角形联结时　c）人工中性点法

当三相负载不对称时，若是三相四线制，应采用如图 1-4 所示的"三表法"，三只单相功率表的读数之和即为三相有功功率。

图 1-4　"三表法"测三相四线制不对称负载的功率

当三相负载采用三相三线制时，则不论其对称与否，均可采用如图1-5所示的"两表法"测量三相有功功率。

图1-5 "两表法"测三相三线制负载的功率

在"两表法"中，两只功率表的电流线圈应串接在不同的两相线上，并将标有"＊"号的接线柱接至电源侧，使通过电流线圈的电流为三相电路的线电流；两只功率表的电压线圈标有"＊"号的接线柱应接至各自电流线圈所在的相线上，而另一端均接到没有电流线圈的第三相上，以使得电压线圈上的电压为电源的线电压。

在"两表法"中，每只功率表上的读数本身是没有具体物理意义的，所测三相电路的有功功率大小为：若两只功率表的读数（P_1、P_2）为正，则三相有功功率 $P = P_1 + P_2$；若两只功率表中有一只读数为零，则三相有功功率 $P = P_1$ 或 $P = P_2$；若两只功率表中有一只读数为负（设为 $-P_2$），此时，三相有功功率 $P = P_1 - (-P_2) = P_1 + P_2$。

（2）三相功率表测三相有功功率 三相功率表是利用"两表法"或"三表法"测量三相功率的原理，将两只或三只单相功率表的测量机构有机地合为一体而构成的。"两表法"用于三相三线对称负载的测量；"三表法"主要用于三相四线负载的测量。

用三相功率表测量有功功率时，通常因电压、电流较高，必须加接电压互感器和电流互感器。图1-6所示为三相二元件功率表加接电流、电压互感器的接线图。

二、电桥

电桥是利用比较法测量电气参数的仪器，具有很高的准确度和灵敏度。它可以用来测量电阻、电容、电感等电路参数。它可分为测量电容、电感等交流参数的交流电桥和测量电阻等直流参数的直流电桥。其中直流电桥又可分为单臂电桥和双臂电桥两种。

图 1-6　"一表法"测三相对称负载的功率

a）接线方法　b）接线原理

1. 单臂电桥

直流单臂电桥是一种用来测量电阻或与电阻有一定函数关系的比较仪器。它主要是由比例臂、比较臂（测量盘）、被测臂等构成桥式电路。在测量时，它是根据被测量与已知量进行比较而得到测量结果的。此外，电桥还有多种用途，如高精度电桥的比较臂可作为精密电阻箱使用，比例臂可作为标准电阻使用，有时还可以作为提高测量精度的过渡仪器使用。

（1）单臂电桥的工作原理　如图 1-7 所示，电阻 R_X、R_2、R_3 和 R_4 接成封闭四边形。其中 R_X 为被测臂，R_2 和 R_3 构成比例臂，R_4 为比较臂。在四边形的一条对角线 ab 上，经过按钮 SB 接直流电源。另一个对角线 cd 接入平衡指示器（一般用检流计）。

当接通按钮 SB 后，调节桥臂电阻 R_2、R_3、R_4 使检流计的指示为零，此时电桥平衡。被测电阻 R_X 的数值，可根据已知的 R_2/R_3 和 R_4 的大小计算出来，即

图 1-7　直流单臂电桥的工作原理

$$R_X = \frac{R_2}{R_3} R_4 \tag{1-1}$$

式（1-1）表明：当电桥平衡时，就可以从 R_2、R_3 和 R_4 电阻的关系式中，求得被测电阻 R_X 的值。因此，用电桥测量电阻实际上是将被测电阻与已知电阻进行比较从而求得测量结果。只要比例臂的电阻和比较臂的电阻 R_2、R_3 和 R_4 足够准确，则被测电阻 R_X 的测量精度就比较高。

直流单臂电桥按准确度不同分为：0.01、0.02、0.05、0.1、0.2、1.0、

1.5、2.0 八个等级。电阻 R_2、R_3 制成比例臂的形式，R_4 是由若干个转盘的十进制电阻箱构成。图 1-8 所示为 QJ23 型直流单臂电桥面板示意图。在面板上装有 5 个转盘，其中左上角的转盘是 R_2/R_3 比例臂，而右边的 4 个转盘是比较臂 R_4。从图中可见 R_2/R_3 的比值分成：0.001、0.01、0.1、1、10、100、1000 七挡，由转换开关换接。比较臂 R_4 可得到 0～9999Ω 范围内的任意一个电阻值，最小步进值为 1Ω。

图 1-8　QJ23 型直流单臂电桥面板示意图

该电桥中的检流计是指针式的，如果灵敏度还需要提高时，可用短路片将指针式检流计的端钮短路，然后在标有"外接"字样的两个端钮上，接入所选用的检流计。

(2) 单臂电桥的使用方法

1) 使用前先将检流计的锁扣打开，并调节调零器使指针位于机械零点。

2) 将被测电阻接在电桥 R_x 接线柱上，必须选用较粗较短的连接导线，连接时应将接线柱拧紧，以减小连接导线的电阻和接触电阻。导线接头应接触良好，如果接触不良，不仅接触电阻大，而且会使电桥的平衡处于不稳定状态，严重时还会损坏检流计。

3) 根据被测电阻 R_x 的估算值，选择合理的比例臂数值。比例臂的选择原则是，应该使比较臂的第一转盘能用上。例如，若测量电阻 R_x 约为 12Ω 时，应选比例值为 0.01，这时当比较臂的数值为 1199 时，则被测电阻 R_x = 1199 × 0.01Ω = 11.99Ω。

4) 测量时应先接通电源按钮。操作时先按粗调按钮，调比较臂电阻；待检流计指零后再按细调按钮，并且再次调节比较臂电阻，待检流计指零后读取电桥上的数字。

5）电桥线路接通后，若检流计指针向"＋"方向偏转，则需要增加比较臂的数值；反之，若指针向"－"方向偏转时，则应减小比较臂的数值。

6）电桥使用完毕后，必须先拆除或切断电源，然后拆除被测电阻，将检流计的锁扣锁上，以防止搬动过程中检流计被损坏。若检流计无锁扣时，可将检流计短路，以使检流计的可动部分摆动时，产生过阻尼阻止可动部分的摆动，以保护检流计。

2. 双臂电桥

直流双臂电桥是测量小电阻（1Ω 以下）的精密仪器。双臂电桥的工作原理如图 1-9 所示。图中 R_x 是被测电阻，R_n 是比较用的可调电阻。R_x 和 R_n 各有两对端钮，其中 C_1 和 C_2、Cn1 和 Cn2 是电流端钮，P_1 和 P_2、Pn1 和 Pn2 是电位端钮。

图 1-9　双臂电桥的工作原理

接线时，必须使被测电阻 R_x 只在电位端钮 P_1 和 P_2 之间，而电流端钮在电位端钮的外侧，否则就不能排除和减少接线电阻与接触电阻对测量结果的影响。可调电阻 R_n 的电流端钮 Cn2 与被测电阻 R_x 的电流端钮 C_2 用电阻为 r 的粗导线连接起来。R_1、R_1'、R_2 和 R_2' 是桥臂电阻，其阻值均在 10Ω 以上。在结构上把 R_1 和 R_1' 以及 R_2 和 R_2' 做成同轴调节电阻，以便改变 R_1 或 R_2 的同时，R_1' 和 R_2' 也会随之变化，并能始终保持平衡，即

$$\frac{R_1'}{R_1} = \frac{R_2'}{R_2} \tag{1-2}$$

测量时接上 R_x 调节各桥臂电阻使电桥平衡。此时，因为 $I_g = 0$，可得到被测电阻 R_x 为

$$R_X = \frac{R_2}{R_1} R_n \qquad (1\text{-}3)$$

由式（1-3）可见，被测电阻 R_X 仅取决于桥臂电阻 R_2 和 R_1 的比值及比较用的可调电阻 R_n 而与粗导线电阻 r 无关。比值 R_2/R_1 称为直流双臂电桥的倍率。所以电桥平衡时，被测电阻值等于倍率与比较用的可调电阻两者之积。

为了保证测量的准确性，连接 R_X 和 R_n 电流端钮的导线应尽量选用导电性能良好且短而粗的导线。只要能保证 $R'_1/R_1 = R'_2/R_2$，且 R_1、R'_1、R_2 和 R'_2 均大于 10Ω，r 又很小，且接线正确，直流双臂电桥就可较好地消除或减小接线电阻与接触电阻的影响。因此，用直流双臂电桥测量小电阻时，能得到较准确的测量结果。这里以 QJ44 型直流双臂电桥为例，介绍它的结构和使用方法。

（1）主要技术指标

1）总有效量程：$0.0001 \sim 11\Omega$，分 5 个量程。

2）允许误差极限：电桥的参考温度为 $(20 \pm 1.5)℃$，参考相对湿度为 $40\% \sim 60\%$；电桥的标称使用温度为 $(20 \pm 10)℃$，标称使用相对湿度为 $25\% \sim 80\%$。在参考温度和参考相对湿度的条件下，电桥各量程的允许误差极限为

$$E_{\lim} = \pm C\% \left(\frac{R_N}{10} + X \right) \qquad (1\text{-}4)$$

式中 $E_{\lim}$——允许误差极限（Ω）；

　　X——标度盘示值（Ω）；

　　C——等级指数值；

　　R_N——基准值。

3）主要参数：双臂电桥参数见表 1-1。

表 1-1 双臂电桥参数

量程倍率	有效量程/Ω	等级指数 C	基准值 R_N/Ω
×100	$1 \sim 11$	0.2	10
×10	$0.1 \sim 1.1$	0.2	1
×1	$0.01 \sim 0.11$	0.2	0.1
×0.1	$0.001 \sim 0.011$	0.5	0.01
×0.01	$0.0001 \sim 0.0011$	1	0.001

注意：① 相对湿度在参考条件下，温度超过参考温度范围，但在标称使用温度范围之内，由于温度变化引起的附加差不应超过相应一个等级指数值。

② 温度在参考条件下，湿度超过参考相对湿度范围，但在标称使用相对湿度范围之内，由于湿度变化引起的附加差不应超过相应一个等级指数值的 20%。

③ 电桥的工作电源为 1.5V（内附 1.5V 一号电池，6 节并联），晶体管放大

器工作电源为 9V（6F22）叠层电池（3 节并联）。

④ 内附晶体管指零仪的灵敏度可以调节。在测量 0.01～11Ω 范围内，在规定的电压下，当被测量电阻变化在一个允许误差极限时，指零仪的偏转大于或等于一个分格，就能满足测量准确度的要求。灵敏度不要过高，否则不易平衡，测量电阻时间不宜过长。

（2）前面板　QJ44 型双臂电桥的前面板如图 1-10 所示。

图 1-10　QJ44 型双臂电桥的前面板

1—指零仪灵敏度调节旋钮　2—外接工作电源接线柱
3—晶体管检流计工作电源开关　4—滑线读数盘　5—步进读数盘
6—指零仪按钮　7—工作电源按钮　8—量程倍率读数开关
9—被测电阻接线柱　10—指零仪电气调零旋钮　11—指零仪指示表头

（3）使用方法

1）在电桥外壳底部的电池盒内，装入 1.5V 一号电池和 9V 电池，电桥即可正常工作。如用外接直流电源 1.5～2V 时，电池盒内的 1.5V 电池应预先全部取出。

2）将被测电阻连接到电桥相应的 C_1、P_1、P_2、C_2 接线柱上，如图 1-11 所示，A、B 之间为被测电阻。

3）将"B_1"开关扳到"通"位置，晶体管放大器电源接通，等待 5min 后，调节指零仪指针指在零位上。

4）估计被测电阻阻值的大小，选择适当的量程倍率，先按下"G"按钮，再按下"B"按钮，调节步进读数盘和滑线读数盘，使指零仪指针指在零位上，电桥平衡，被测量电阻按下式计算：被测电阻值（R_X）＝量程倍率读数×（步

图 1-11　被测电阻的连接

进盘读数 + 滑线盘读数）。

5）在测量未知电阻时，为保护指零仪指针不被打坏，指零仪的灵敏度调节旋钮应放在最低位置，使电桥初步平衡后再增加指零仪灵敏度。在改变指零仪灵敏度或环境等因素的影响时，有时会引起指零仪指针偏离零位。

（4）注意事项和维修保养常识

1）在测量电感电路的直流电阻时，应先按下"B"按钮，再按下"G"按钮；断开时，先断开"G"按钮，后断开"B"按钮。

2）测量 0.1Ω 以下阻值时，"B"按钮应间歇使用。

3）在测量 0.1Ω 以下阻值时，C_1、P_1、C_2、P_2 接线柱到被测量电阻之间的连接导线电阻为 $0.005 \sim 0.01\Omega$；测量其他阻值时，连接导线的电阻不可大于 0.005Ω。

4）电桥使用完毕后，"B"按钮与"G"按钮应松开。"B"开关应放在"断"位置，避免浪费晶体管检流计放大器的工作电源。

5）若电桥长期搁置不用，应将电池全部取出。

6）若电桥长期搁置不用，在接触处可能产生氧化，造成接触不良。为使接触良好，应涂上一薄层无酸性凡士林，予以保护。

7）电桥应放在环境温度 $5 \sim 35℃$、相对湿度 $25\% \sim 80\%$ 的环境内，室内空气中不应含有能腐蚀仪器的气体和有害杂质。

8）仪器应保持清洁，并避免阳光暴晒和剧烈振动。

9）仪器在使用中，如发现指零仪灵敏度显著下降，可能是因电池电量不足引起的，应更换电池。

三、晶体管特性图示仪

晶体管特性图示仪能在荧光屏上直接显示各种晶体管的特性曲线，由于它具有使用方便、波形显示直观等优点，是目前使用极为广泛的一种图示仪。在此以 XJ4810 型晶体管特性图示仪为例进行说明。

XJ4810 型晶体管特性图示仪既能测试 PNP 与 NPN 型晶体管的共发射极、共集电极和共基极的输出特性、输入特性、转移特性和参数特性，又能测量晶体管的各种极限参数。

1. 主要技术指标

（1）Y 轴偏转因数

集电极电流范围：$1 \times 10^{-5} \sim 0.5 \mathrm{A/div}$。

二极管反向漏电流：$0.2 \sim 5 \mu \mathrm{A/div}$。

基极电流或基极源电压：$0.05 \mathrm{V/div}$。

外接输入：$0.1 \mathrm{V/div}$。

偏转倍率：$\times 0.1$。

（2）X 轴偏转因数

集电极电压范围：$0.05 \sim 50 \mathrm{V/div}$。

基极电压范围：$0.05 \sim 1 \mathrm{V/div}$。

基极电流或基极源电压：$0.05 \mathrm{V/div}$。

外接输入：$0.05 \mathrm{V/div}$。

（3）基极阶梯信号

阶梯电流范围：$2 \times 10^{-4} \sim 50 \mathrm{mA/级}$。

阶梯电压范围：$0.05 \sim 1 \mathrm{V/级}$。

串联电阻：0、$10 \mathrm{k\Omega}$、$1 \mathrm{M\Omega}$。

每簇级数：$1 \sim 10$ 级连续可调。

每秒级数：200。

极性：正、负两挡。

（4）集电极扫描信号

峰值电压：$0 \sim 10 \mathrm{V}$、$0 \sim 50 \mathrm{V}$、$0 \sim 100 \mathrm{V}$、$0 \sim 500 \mathrm{V}$，正负连续可调。

电流容量：$0 \sim 10 \mathrm{V}$ 范围内为 5A（平均值）；$0 \sim 50 \mathrm{V}$ 范围内为 1A（平均值）；$0 \sim 100 \mathrm{V}$ 范围内为 0.5A（平均值）；$0 \sim 500 \mathrm{V}$ 范围内为 0.1A（平均值）。

功耗限制电阻：$0 \sim 0.5 \mathrm{M\Omega}$。

（5）电源 AC（220 ± 22）V，（50 ± 20）Hz。

视在功率：非测试状态时约 $50 \mathrm{V \cdot A}$，最大功率约 $80 \mathrm{V \cdot A}$。

2. 仪表面板及面板上各旋钮的作用

XJ4810 型晶体管特性图示仪的面板如图 1-12 所示。

图 1-12 XJ4810 型晶体管特性图示仪的面板

1—辅助电容平衡开关　2—功耗限制电阻旋钮　3—集电极峰值电压熔断器

4—峰值电压旋钮　5—电容平衡开关　6—峰值电压范围开关

7—集电极电源极性按钮　8—荧光屏　9—电源及辉度调节开关

10—电源指示灯　11—垂直位移及电流/div 倍率开关　12—聚焦旋钮

13—辅助聚焦旋钮　14—Y 轴增益旋钮　15—Y 轴选择（电流/度）开关

16—电流/div×0.1 倍率指示灯　17—X 轴增益旋钮　18—X 轴选择电压/度开关

19—显示开关　20—X 轴位移开关　21—阶梯调零旋钮　22—串联电阻开关

23—阶梯信号选择开关　24—重复-关按钮　25—阶梯信号待触发指示灯

26—单簇按钮　27—测试选择开关　28—测试台　29、37—左右测试插孔

30、34—左右晶体管测试插座　31—零电压、零电流按钮　32—晶体管测试插座

33—二极管反向漏电流专用插孔　35—左右选择按钮　36—极性开关　38—级/簇调节旋钮

（1）辅助电容平衡开关　是针对集电极变压器二次绕组对地电容的不对称，而再次进行电容平衡调节。

（2）功耗限制电阻旋钮　串联在被测管的集电极电路上，限制超过功耗，也可作为被测晶体管集电极的负载电阻。

（3）集电极峰值电压熔断器　1.5A。

（4）峰值电压旋钮　峰值电压可以分4挡连续调节。

（5）电容平衡开关　为了减小电容性电流造成的测量误差，测试前应调节电容平衡开关，使电容性电流减至最小状态。

（6）峰值电压范围开关　用来选择集电极扫描信号电压的大小、共分为4挡。换挡时，需将"峰值电压"旋钮调到0值后再按需要的电压逐渐增加，否则容易击穿被测晶体管；AC挡的设置专为二极管或其他器件的测试提供双向扫描专用，可同时显示器件正反向特性曲线。

（7）集电极电源极性按钮　测量NPN管时置"＋"，测量PNP管时置"－"。

（8）荧光屏幕　示波器屏幕，外有坐标刻度。

（9）电源及辉度调节开关　电源开关兼亮度调节。

（10）电源指示灯　接通电源时灯亮。

（11）垂直位移及电流/div倍率开关　调节迹线在垂直方向的位移。旋钮拉出后放大器增益扩大10倍，电流/div各挡标值×0.1，同时"电流/div×0.1倍率"指示灯亮。

（12）聚焦旋钮　调节旋钮可使光迹最清晰。

（13）辅助聚焦旋钮　与聚焦旋钮配合使用。

（14）Y轴增益旋钮　用以校正Y轴增益。

（15）Y轴选择（电流/度）开关　可以进行集电极电流、基极电压、基极电流和外接4种功能的变换。

（16）电流/div×0.1倍率指示灯　灯亮时，仪器进入电流/div×1倍率工作状态。

（17）X轴增益旋钮　用以校正X轴增益。

（18）X轴选择电压/度开关　可以进行集电极电压、基极电流、基极电压和外接4种功能的转换，共17挡。

（19）显示开关　分为转换、接地、校准三挡，其作用是：

1）转换：使图像在Ⅰ、Ⅲ象限内相互转换，便于NPN型管和PNP型管的转换测试。

2）接地：放大器输入接地，表示输入为零的基准点。

3）校准：按下校准键，光点在X、Y轴方向移动的距离刚好为10度，以达到10度校正的目的。

（20）X轴位移开关　用来调节迹线在水平方向的位移。

（21）阶梯调零旋钮　测试前，应首先将阶梯信号的起始电位调到零电位，当荧光屏上已观察到基极阶梯信号后，按下零电平键，观察光点停留在荧光屏上的位置，复位后调节零旋钮，使阶梯信号的起始级光点仍在该处，这样阶梯信号的零电位即被校正，以保证测试结果的准确性。

（22）串联电阻开关　当阶梯信号选择开关置于电压/级的位置时，串联电阻将串联在被测管的输入电路中。

（23）阶梯信号选择开关　可以调节每级电流大小，一般选用基极电流/级，测试场效应晶体管时可选用基极源电压/级。

（24）重复－关按钮　弹出时，阶梯信号重复出现，进行正常测试。按下时，阶梯信号处于待触发状态。

（25）阶梯信号待触发指示灯　重复按钮按下时灯亮，阶梯信号已进入待触发状态。

（26）单簇按钮　它可以使预先调整好的电压（电流）/级，出现一次阶梯信号后回到等待触发位置，可利用它来观察被测管的各种极限瞬间特性。

（27）测试选择开关　用以在测试时交替地转换被测左右两个晶体管的特性，当置"二簇"时，即自动地交替显示左右两簇特性曲线，以便分析，比较左右两管特性。在选用配对管时常使用此法。

（28）测试台　根据器件不同，选择相应开关和插座。

（29）左测试插孔　与（37）分别为左右测试插孔，插上专用插座，可测试 F_1、F_2 型管座的功率晶体管。

（30）左晶体管测试插座　与（34）分别为左右晶体管测试插座。

（31）零电压、零电流按钮　被测管测试之前，应先调整阶梯信号的起始级在零电平的位置，调整方法同（21）。

（32）晶体管测试插座。

（33）二极管反向漏电流专用插座。

（34）右晶体管测试插座　见（30）

（35）左右选择按钮　相应功能见（27）。

（36）极性开关　极性的选择取决于被测晶体管的特性。

（37）右测试插孔　见（29）。

（38）级/簇调节旋钮　用来调节阶梯信号的级数，在 0～10 级范围内连续可调。

3. 使用方法

1）接通电源，指示灯亮，预热 15min。

2）调整示波管及控制部分，即调节"聚焦"、"辅助聚焦"、"辉度"等，使光点清晰。

3）将集电极扫描的"峰值电压范围"、"功耗限制电阻"、"极性"等旋钮调到测量所需范围，"峰值电压"旋钮先置于最小位置，测量时慢慢增加。

4）将 X 轴、Y 轴放大器进行 10 度校准。

5）调节阶梯调零。

6）选择需要的基极阶梯信号，将"极性"、"串联电阻"等开关调整到合适的挡位。调节"级/簇调节"旋钮，使阶梯信号为 10 级/簇，阶梯信号置重复位置。

7）将测试台的"测试选择"开关放在中间"关"的位置，"接地"开关置于所需位置，插上被测晶体管，然后转动"测试选择"开关到要测试的位置，即可进行测量。

4. 注意事项

1）测试前要将待测管的类型及管脚弄清楚，以免插错。

2）弄清楚待测管的极限参数，正确选择扫描电压范围和功耗限制电阻。一般情况下，"峰值电压范围"应置于 0 ~ 20V，"峰值电压"先置于零位置，然后逐渐增大，"功耗限制电阻"由大逐渐减小，同时将 X、Y 偏转开关置于合适挡位。

3）选择合适的阶梯电流或阶梯电压，一般应先小一点，再根据需要逐渐加大。测试时不应超过被测管的集电极最大允许功耗。

4）在进行 I_{cm} 的测试时，一般采用单簇为宜，以免损坏被测管。

5）各开关选择好以后，测试选择开关应置于"关"的位置，然后插入待测管，将测试选择开关旋至待测管。

6）逐步加大峰值电压，进行测试。测试结束后，应主动将"峰值电压"置于零位置，以便下一次测试。

四、示波器

示波器是一种观察电信号波形的电子仪器。可测量周期性信号波形的周期或频率、脉冲波的脉冲宽度和前后沿时间、同一信号任意两点间间隔、同频率两正弦信号间的相位差和调幅波的调幅系数等各种电参量。借助传感器还能观察非电参量随时间的变化过程。

根据用途、结构及性能不同，示波器一般分为通用示波器、多束示波器（或称多线示波器）、取样示波器、记忆与存储示波器、特殊示波器等。现以 CA8020A 双踪四线示波器为例来说明示波器的使用。

（1）CA8020A 示波器的特点

1）交替扫描扩展功能可同时观察扫描扩展和未被扩展的波形，实现双踪四线显示。

2）峰值自动同步功能可在多数情况下无需调节电平旋钮就能获得同步波形。

3）释抑控制功能可以方便地观察多重复周期的双重波形。

4）具有电视信号同步功能。

5）交替触发功能可以观察两个频率不相关的信号波形。

（2）CA8020A 示波器的主要技术指标（见表 1-2）

表 1-2　CA8020A 示波器的主要技术指标

项　　目		技　术　指　标
垂直系统	灵敏度	$5 \times 10^{-3} \sim 5V/div$ 分 10 挡
	频宽（-3dB）	DC ~ 20MHz
	输入阻抗	直接 1MΩ/25pF；经 10:1 探极 10MΩ/16pF
	最大输入电压	400V（DC + AC 峰值）
	工作方式	CH1、CH2、交替（ALT）、断续（CHOP）、相加（ADD）
水平系统	扫描时间	$0.2 \times 10^{-6} \sim 0.5s/div$ 分 20 挡
	扫描扩展	扩展×10，最快扫速 20ns/div
X – Y 方式	灵敏度	同垂直系统
	频宽（-3dB）	DC：$0 \sim 1 \times 10^{6}Hz$，AC：$10 \sim 1 \times 10^{6}Hz$
	相位差	≤3°
触发系统	触发灵敏度	内：常态或自动时 1.5div，峰-峰值自动时 2div 外：常态或自动时 0.5div，峰-峰值自动时 0.5div TV：同步脉冲 >2div
	触发电源	内，外
	触发方式	常态、自动、TV、峰-峰值、自动
	外触发最大输入电压	400V（DC + AC 峰值），AC 频率不大于 1kHz
校正信号	频率	1kHz
	幅度	0 ~ 5V
	波形	方波

（3）面板装置图及面板的控制作用

CA8020A 示波器面板装置如图 1-13 所示，面板控制件的作用见表 1-3。

图1-13　CA8020A示波器面板装置

1—电源开关　2—电源指示灯　3—校准信号　4—光迹旋转　5—聚焦（辅助聚焦）　6—辉度
7—扫描扩展开关　8—交替扫描开关　9—水平位移　10—扫线分离　11—释抑控制
12—触发方式　13—水平扫描速度开关　14—水平微调　15—电平　16—触发极性　17—触发源选择
18—触发指示　19—外触发输入　20—内触发源　21—垂直方式　22、34—垂直位移
23、30—垂直方式　24、32—垂直衰减开关　25、33—CH1 OR X、CH2 OR Y　26、31—耦合方式
27—通道2倒相　28—接地　29—X-Y方式开关

表 1-3 CA8020A 示波器面板控制件的作用

序号	控制件名称	功　能
1	电源开关（POWER）	接通或断开电源
2	电源指示灯	电源接通时，灯亮
3	校准信号（CAL）	提供 0～5V、1kHz 的方波信号，用于探极、垂直与水平灵敏度校正
4	光迹旋转（ROTATION）	调节扫线与水平刻度线平行
5	聚焦（FOCUS）	—
	辅助聚焦（ASTIG）	辅助聚焦与聚焦旋钮配合调节，调节光迹的清晰度
6	辉度（INTEN）	调节光迹的亮度，顺时针调节光迹变亮，逆时针光迹变暗
7	扫描扩展开关	按下时扫描扩展 10 倍
8	交替扫描扩展开关	按下时屏幕上同时显示扩展后的波形和未被扩展的波形
9	水平位移（POSITION）	调节光迹在屏幕上的水平位置
10	扫线分离（TRAC SEP）	交替扫描扩展时，调节扩展和未扩展波形的相对距离
11	释抑控制（HOLD OFF）	改变扫描休止时间，同步多周期复杂波形
12	触发方式（TRIG MODE）	常态（NORM）：按下常态，无信号时，屏幕上无显示，有信号时，与电平控制配合显示稳定波形；自动（AUTO）：无信号时，屏幕上显示光迹，有信号时，与电平控制配合显示稳定波形；电视场（TV）：用于显示电视场信号；峰值自动（P－P AUTO）：无信号时，屏幕上显示光迹，有信号时，无需调节电平即能获得稳定波形显示
13	水平扫描速度开关（SEC/div）	调节扫描速度，按 1、2、5 分 20 挡
14	水平微调（VAR）	连续调节扫描速度，顺时针旋到底为校正位置
15	电平（LEVEL）	调节被测信号在某一电平触发扫描
16	触发极性（SLOP）	选择信号的上升或下降沿触发扫描
17	触发源选择	选择内（INT）或外（EXT）触发
18	触发指示（TRIG'D）	在触发同步时，指示灯亮
19	外触发输入（EXT）	外触发输入插座
20	内触发源（INT SOURCE）	选择 CH1、CH2 电源或交替触发（VERT MODE），交替触发受垂直方式开关控制
21	垂直方式（MODE）	CH1 或 CH2：通道 1 单独显示；ALT：两个通道交替显示，实现双踪显示；CHOP：两个通道断线显示，用于扫速度较慢时的双踪显示 ADD：用于两个通道的代数和或差
22/34	垂直位移（POSITION）	调节光迹在屏幕上的垂直位置
23/30	垂直微调（VAR）	调节垂直偏转灵敏度，顺时针旋到底为校正位置，读出信号幅度时应为校正位置

（续）

序号	控制件名称	功　　能
24/32	垂直衰减开关 VOLTS/div	调节垂直偏转灵敏度，分为 10 挡
25/33	CH1 OR X, CH2 OR Y	垂直输入端或 X－Y 工作时 X、Y 输入端；X－Y 工作时 CH1 信号为 X 信号，CH2 信号为 Y 信号
26/31	耦合方式（AC·DC·GND）	选择被测信号输入垂直通道的耦合方式
27	通道 2 倒相（CH2INV）	CH2 倒相开关，在 ADD 方式时使 CH1＋CH2 或 CH1－CH2
28	接地（GND）	与机壳相连的接地端
29	X－Y 方式开关(CH1 X)	选择 X－Y 工作方式

（4）CA8020A 示波器的操作方法

1）检查电源是否符合要求，即（220±22）V。

2）示波器的调整要求如下：

① 辉度、聚焦、移位旋钮居中，扫描速度置 0～5ms/div 且微调为校正位置，垂直灵敏度置 10mv/div（微调为校正位置），触发源置内且垂直方式为CH1，耦合方式置于"AC"，触发方式置"峰值自动"或"自动"。

② 通电预热，调节辉度、聚焦、光迹旋钮，使光迹清晰并与水平刻度平行（不宜太亮，以免造成示波管老化）。

③ 用 10∶1 探头将校正信号输入至 CH1 插座，调节 CH1 移位与 X 移位，使波形与图1-14相符合。

④ 将探头换至 CH2 输入插座，垂直方式置于"CH2"，重复上步操作，得到与图 1-14相符合的波形。

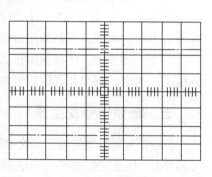

图 1-14　校正信号波形

3）信号连接：

① 探头操作。为减小探头对被测电路的影响，一般使用 10∶1 探头。衰减比为 1∶1 的探头用于观察小信号。探头上的接地和被测电路应采用最短的连接，在频率较低、测量精度要求不高的情况下，可用前面板上接地端和被测电路地连接，以方便测量。

② 探头的调整。由于示波器输入特性的差异，在使用 10∶1 探头测试前，必须对探头进行检查和补偿调节，当校准时如发现方波前后出现不平坦现象时，应调节探头补偿电容。

3）进行被测信号输入和有关参量测试。具体旋钮操作，见表 1-3 或仪器使用说明书。

(5) 测量举例   测量某一正弦信号两点间的时间间隔、信号、频率、周期和幅度。

用 10:1 探头,将信号输入 CH1 或 CH2 插座,耦合方式置"AC",设置垂直方式为被选通道,触发源置(内),水平扫描时间适当,调整电平使波形稳定(如置峰值自动,则无需调节电平),调整扫速(微调置校正)旋钮,使屏幕上显示 1 ~ 2 个信号周期,调整垂直、水平移位,使波形便于观察,得到图 1-15 所示的波形。测量两点之间的水平刻度,可计算出两点间的时间间隔。如图 1-15 所示,可算得被测信号的周期 T 为

图 1-15　被测信号波形

$$T = \frac{一周期的水平距离(格) \times 扫描时间因数(时间/格)}{水平扩展倍数} \quad (1-5)$$

所测信号频率为 $f = 1/T$;垂直偏转灵敏度在校正位置时,被测信号的峰-峰值电压(V_{P-P})为

$$V_{P-P} = 垂直方向的格数 \times 垂直偏转因数 \times 探头衰减倍数 \quad (1-6)$$

图 1-15 中,垂直偏转因数为 2V/div,且为校正位置,用 10:1 探头,峰-峰点在垂直方向占 4 格,则被测信号峰-峰值为 $V_{P-P} = 2 \times 4 \times 10V = 80V$。

利用上述方法,还可算出正弦交流信号的峰值、有效值,还可测量脉冲信号的幅度、周期、频率和直流信号的大小(耦合方式置 DC 位置)。

五、低频信号发生器

低频信号发生器是电子实验中较为常用的仪器。虽然低频信号发生器有许多型号和种类,但是它们的使用方法是类似的。现以 XD1B 型低频信号发生器(见图 1-16)为例来说明其使用方法及主要指标。

1. 使用方法

(1) 频率装置   该仪器输出信号的频率(正弦波与脉冲波)均由面板上的按键开关及其上方的波段开关设置,按键开关用来选择频率范围。波段开关按十进制原则确定具体的频率值。从左至右分别为 ×1、×0.1、×0.01。其中最右边一位 ×0.01 是电位器,可连续进行频率微调,频率设置精确度满足技术条件规定。

(2) 衰减器的使用及输出阻抗   为获得某种输出幅度,可以配合调整"幅度调节"电位器和"输出衰减"波段开关。除后面的"TTL 输出"插座上的输出信号外,从面板输出的正弦波或脉冲信号幅度均由这两个衰减旋钮控制。其中"幅度调节"是连续的,"输出衰减"是步进衰减。但应注意其中电压输出衰减

图 1-16　低频信号发生器面板

1—电源开关　2—电压表表头　3—五位显示数字频率计　4—十进制频率调节

5—输出幅度调节电位器　6—输出步进衰减器　7—负载匹配选择开关

8—正负脉冲占空比调节　9—功率输出端　10—电压输出

11—功率输出内负载接入控制　12—功率输出控制

13—脉冲输出时正脉冲与负脉冲选择　14—正弦与脉冲波形选择

15—过载指示　16—频率范围按键选择开关　17—频率计外测输入插口

18—频率计闸门时间选择开关　19—频率计"内测"、"外测"选择

与功率输出衰减是同轴调节，但电压输出衰减要差 10dB，即第一个 10dB 对电压输出不衰减。

从电压输出端看进去，输出阻抗是不固定的，它将随"幅度调节"和"输出衰减"两个旋钮的位置不同而改变。但其输出阻抗都比较低，特别是在"输出衰减"波段开关位于较大衰减位置时，输出电阻只有几欧姆。使用时应特别注意，不能让被测设备端有任何信号电流倒流入该仪器的输出端，以防烧毁步进衰减器或其他部分。

从"功率输出"端看进去，输出阻抗在"输出衰减"为 0dB 时为低阻输出。其阻值小于"负载匹配"旋钮所指示的值。在"输出衰减"的其余位置，输出阻抗等于"负载匹配"旋钮所指示的值。

（3）"电压输出"与"功率输出"　"电压输出"的正弦波最大额定电压为 $5V_{RMS}$，它有较好的失真系数和幅度稳定性，主要用于不需要功率的小信号场合。电压输出的正脉冲和负脉冲幅度最大，均大于 $3.5V_{P-P}$。"功率输出"是将"电压输出"信号经功率放大器放大后的信号输出，主要用于需要一定功率输出的场合。有正弦波输出时需根据被测对象通过"负载匹配"开关可适当选取 5 种不同的匹配值，以求获得合理的电压、电流值。

当使用者只需电压输出时，要把"功放"按键抬起，以防毁坏功率放大器。

当需要使用"功率输出"时，应先把"幅度调节"电位器逆时针旋到底，

21

面板右下方"功放"键按下,然后调节"幅度调节"电位器至功率输出达到所需的电压值。当正弦波输出时的负载为高阻抗时,为避免功放因电抗负载成分过大的影响,应把"内负载"按键按下(尤其在频率较高时)。其余两个按键开关是波形选择开关,当需要选择脉冲输出时,左边第一个按键下面通过第二个按键可选择正脉冲或负脉冲输出。这时其上面的"脉宽"调节旋钮可用于改变输出方波的占空比。注意当用功率输出脉冲信号时,由于功率放大器的倒相作用,其输出脉冲与所选脉冲相位正好相反,即当通过选择正极性时,功率输出为负脉冲,选择负极性时,功率输出为正脉冲。而电压输出的脉冲极性则与按键所选相同。

对正弦波信号而言,"功率输出"端子可有平衡和不平衡两种状态。若把接地片与"电压输出"的地线端相连,则为不平衡输出,不连接时在"功率输出"的两个端子之间为平衡输出。功率输出过载时,过载灯亮,同时机内发出报警声,应及时排除故障。

(4) 频率计与电压表 面板左上角的数码管显示了机内频率的读数。该频率计可"内测"和"外测"。当置"内测"时,频率计显示机内振荡频率;当置"外测"时,频率计的输入信号从"频率外测"插口输入,为适应不同频率的测试需要,可适当改变"闸门时间"旋钮的位置。

数码管下方的表示指示的是机内电压表的读数,机内电压表只用于机内"电压输出"正弦波测量,它显示出机构内正弦波振荡经"幅度调节"衰减后的正弦波信号的有效值,而"输出衰减"的进步衰减对它不起作用。因此,实际"电压输出"端子上正弦波信号的大小等于机内电压表指示值与"输出衰减"的衰减分贝数计算出的数值。

2. 主要指标

频率范围:$1Hz \sim 1MHz$($< \pm 2\%$)。

非线性失真:电压级:$<0.05\%$;功率级:$<0.1\%$。

正弦波最大幅度:电压级:$>5V_{RMS}$;功放级有五种匹配阻抗,输出功率$>4W$。

脉冲占空比:$30\% \sim 70\%$可调。

脉冲输出幅度:电压级:$>3.5V_{P-P}$;功率级:$>7V_{P-P}$。

◇◇◇ 第二节 常用仪器仪表的维护

1. 功率表的维护

1) 在功率测量中,应根据被测对象正确选择仪表量程,以免超程测量而损坏仪表。

2）对于需要扩大量程的测量，要选用合适的互感器配套使用，还必须采取合理的测量方法，以保证测量精度和测量安全。

3）要定期检查连接端子的接触情况。

4）功率表应工作在室温 5~40℃，相对湿度不超过 80%，并不含有腐蚀性气体的场所。

2. 电桥的维护

1）为了保证电桥的测量精度，使用时要将电桥水平放置。

2）电桥应工作在环境温度一般为 5~35℃，相对湿度低于 80%，空气中不含腐蚀气体的场所。

3）电桥使用完毕后，必须先拆除或切断电源，然后拆除被测电阻，将检流计的锁扣锁上，以防止搬动过程中检流计被损坏。若检流计无锁扣时，可将检流计短路，以使检流计的可动部分摆动时，产生过阻尼阻止可动部分的摆动，以保护检流计。

3. 电子仪器的维护

在测量过程中，电路及仪器是否接地、接地是否正确，不仅关系到测量结果是否正确可靠，同时还关系到仪器设备和人身安全。

接地的目的有两个：一是将电气设备接地以后，可防止由于设备上的电荷积累，电压升高而造成人身不安全或引起火花放电；二是将仪器设备外壳或导线屏蔽层等接地，给高频干扰电压提供低阻抗通路，防止对电子设备的干扰。前者称为保护接地，后者称为技术接地。

（1）保护接地 为了保护人身安全，通常要将电气设备在正常情况下不带电的金属外壳接地（与大地相连）。如图 1-17 所示，图中 Z_1 是电路与机壳间的杂散阻抗，若机壳未接地，机壳与地之间就有较大的杂散阻抗 Z_2，V_1 为电子设备中电路与地之间的电压，V_2 为机壳与地之间的电压，因机壳与地绝缘，故此时 V_2 较高。特别是当 Z_1 很小或绝缘击穿时，$V_2 \approx V_1$，如果人体接触机壳，就有触电危险。如果将机壳接地，即 $Z_2 = 0$，则机壳上电压为零，可保证人身安全。实验室中的仪器采用三孔插

图 1-17 保护接地

座即属这种接地。这时，仪器外壳经插座上等腰三角形顶点的插孔与地线相接。

（2）技术接地 技术接地又称为工作接地或信号接地。接地点是所有电路及测量装置的公共参考点。正确设计和选择这种接地点，就是要尽可能地减少耦合干扰、抑制外界电磁干扰。

电子设备中的电路都需要直流供电才能工作，而电路中所有各点的电位都是

相对于参考零电位来度量的。通常将直流电源的某一极作为这个参考零电位点，称为"公共端"，它虽未与大地相连，也被称为"接地"点。与此连接的线就是"地线"。任何电路的电流都必须经过地线形成回路，应该使流经地线的各电路的电流互不影响。而交流电源因三相负载难以平衡，中性线两端有电位差，其上有中性线电流流过，对低电平的信号就会形成干扰。因此，为了有效抑制噪声和防止外界干扰，绝不能以中性线作为信号的地线。

　　电子测量中，通常要求将电子仪器的输入或输出线的黑色端子与被测电路的公共端相连，这种接法也称为"接地"，这样连接可以防止外界干扰。这是因为在交流电路中存在电磁感应现象。空间的各种电磁波经过各种途径窜扰到电子仪器的线路中，影响仪器的正常工作。生产厂家将电子仪器的金属外壳与仪器的黑色端子相连，黑色端子也称为接地端子。这样，当外界存在电磁干扰时，干扰信号被金属外壳短接到地，不会对测量系统产生影响。

复习思考题

1. 功率表接线时应遵循的原则是什么？
2. 使用功率表测量时，常有的接线方式有哪些？
3. 测量三相功率时，"一表法"与"三表法"的测量方式有什么不同？
4. 简述使用单臂直流电桥测量电阻时的步骤。
5. 使用直流电桥时有哪些注意事项？
6. 使用晶体管特性图示仪时有哪些注意事项？为什么要注意"峰值电压范围开关"的选择？
7. 示波器用来检测什么信号？
8. 电子仪器为何要进行接地？

第 二 章

电气设备的使用与维修

培训学习目标　熟悉几种小型变压器的工作原理；熟悉电焊机的工作原理；熟悉三相电动机的结构和工作原理；掌握三相异步电动机的常见故障现象和维修方法；熟悉直流电动机的结构和工作原理；掌握直流电动机的使用和维护方法。

◇◇◇ 第一节　小型变压器的应用

一、变压器的工作原理

变压器是利用电磁感应原理工作的，它可以把某一等级的交流电压变换成相同频率另一等级的交流电压。变压器的主要作用是传输电能、传输交流信号、变换电压、变换阻抗以及进行交流隔离等。

图 2-1a 所示为单相变压器的结构。其中，两组互相绝缘且匝数不等的绕组，套装在由导磁材料制成的闭合铁心上。通常一组绕组接交流电源，称为一次绕组；另一组绕组接负载，称为二次绕组。

如图 2-1b 所示，当匝数为 N_1 的一次绕组 AX 接到电压为 u_1、频率为 f 的交流电源上时，由励磁电流 i_1 在铁心中产生交变磁通 Φ，从而在一、二次绕组中感应出电动势 e_1 和 e_2，匝数为 N_2 的二次绕组 ax 侧产生电压 u_2。当二次绕组接有负载 Z_L 时，一、二次绕组中流通电流 i_1 和 i_2。感应电动势的大小为

$$e_1 = - N_1 \frac{\mathrm{d}\Phi}{\mathrm{d}t}$$

$$e_2 = - N_2 \frac{\mathrm{d}\Phi}{\mathrm{d}t} \tag{2-1}$$

a)　　　　　　　　　　　　　　　　　　b)

图 2-1　变压器的结构和工作原理

a)　结构　b)　工作原理

若忽略变压器绕组的内部压降，$u_1 \approx e_1$、$u_2 \approx e_2$，则一、二次绕组的电压之比为

$$\frac{u_1}{u_2} \approx \frac{e_1}{e_2} = \frac{N_1}{N_2} \tag{2-2}$$

式（2-2）表明，变压器一、二次绕组的电压比等于一、二次绕组的匝数之比。若改变一次或二次绕组的匝数，即可改变二次电压的大小，这就是变压器的工作原理。

二、变压器的结构

变压器主要由铁心和绕组两部分组成，如图 2-2 所示。

a)　　　　　　　b)　　　　　　　c)

图 2-2　变压器的结构

a)　单相心式　b)　单相壳式　c)　变压器的符号

1. 铁心

铁心是变压器的导磁回路，也作为绕组的支撑骨架。铁心由铁心柱和铁轭组成，因绕组的位置不同，其结构型式有心式和壳式两种。

铁心多由 0.35mm 或 0.5mm 厚的，表面涂有绝缘漆的硅钢片叠装而成。有些变压器的铁心采用更薄的（如 0.23～0.27mm）冷轧晶粒取向电工硅钢片叠积或卷制而成。

2. 绕组

绕组是变压器的导电回路，由铜或铝的圆导线绕制而成。如图 2-3 所示，变压器绕组有同心式、交叠式两种。

铁心和绕组装配在一起合称为器身。

图 2-3　变压器的绕组
a）同心式　b）交叠式

三、特殊变压器

1. 自耦变压器

自耦变压器的一、二次侧具有公共绕组部分，一、二次绕组间既有磁耦合关系，又有直接电的联系。与双绕组变压器相比，在相同绕组容量（使用同样多的材料）下，自耦变压器可以输出更大的功率，使得自耦变压器具有一系列的优越性。变压比越接近 1，这种优越性越显著。

图2-4a 所示的单相自耦调压器是特殊变压器中的一类，它可以在一定范围内平滑、无级地调节输出电压，在工业、科学实验、家用电器、控温调速、调光、功率控制等场合有着广泛的使用。若配装控制器，还可用于自动稳压装置。如图 2-4b 所示，自耦调压器二次侧输出为活动触头，调节它的位置，可以使输出电压任意改变。图 2-4c 所示为电动机减压起动用的三相自耦降压变压器。

图 2-4　自耦变压器

a) 自耦调压器　b) 自耦调压原理　c) 三相自耦降压变压器　d) 三相自耦变压器原理

2. 电抗变压器

电抗变压器可将交流电流直接变换成电压输出，然后用固定电阻分压，取用所需的电压信号。它可以成比例地把电流信号转换成电压信号，多应用在继电保护和自动控制环节中。

图 2-5 所示的三相电抗器又称为电源协调电抗器。它能够限制电网电压突变和操作过电压引起的电流冲击，可以有效地保护变频器和改善功率因数，而且能

图 2-5　三相电抗器

够阻止来自电网的干扰，又能减少整流单元产生的谐波电流对电网的污染。

◈◈◈ 第二节　小型电焊机的应用

电焊变压器是交流电焊机的主要组成结构，交流电焊机是利用电能加热金属的待焊接部分，使其熔融，以达到原子间的结合，从而实现焊接的一种加工设备。

焊接工艺对电焊变压器的几种特殊要求：

1）使用焊枪焊接工件时，由于工件表面不清洁，需要较高的起弧电压才能产生电弧。另一方面，为了焊工的安全，电压又不能过高。因此，要求有 60 ~

80V 的空载输出电压。

2）电焊变压器工作在弧光短路和直接短路两种情况下。在弧光短路时，为了维持电弧，需要有 30V 左右的电压。在直接短路时（起弧前），短路电流又不能太大（应与工作电流相差不大）。当电弧长度变化时，电流不应有较大的变化，以保证焊接质量。这就要求负载电流增加时，输出端电压迅速下降，即要有陡降的外特性，如图 2-6 所示。

图 2-6　电焊变压器的外特性

3）具有满意的调整特性，即电焊变压器二次侧输出电流的大小可以调节，以满足不同大小和不同厚度焊件对焊接电流的要求。

4）电路中要有足够大的电抗，保证电弧的稳定燃烧。

因此，电焊变压器要满足焊接工艺要求，除电流可调外，主要是如何加大二次侧回路的电抗问题，最简单的解决办法是采用普通电力变压器在二次侧回路中外串一个可变电抗器，如图 2-7 和图 2-8 所示。

图 2-7　带电抗器的电焊变压器

图 2-8　带独立电抗器的电焊变压器

当电抗器的阻抗足够大时，既可获得陡降的外特性，又可对电焊电流起稳定作用。调节电抗器活动铁心的位置,可以调节焊枪与工件之间的电压(即电弧电压)和改变电焊电流的大小。选择适当电压比,可以得到所需要的空载电压。这样,图2-8所示的电路就完全满足焊接工艺的要求了。但是,电抗器与变压器不能构成一体,因为这样不仅占地面积大,而且搬运又不方便,后来就发展成为将电抗器放在变压器上面,构成一个整体的复合式电焊变压器,如图2-9所示。现在普遍采用的交流电焊机,就是如图2-10所示的增加漏磁的电焊变压器,它显然是从复合式电焊变压器改进而来的。

图2-9 复合式电焊变压器

这种增加漏磁的电焊变压器与普通变压器不同,它的二次绕组分成两部分,其中一部分有中间抽头4(见图2-10),引出端5接焊枪,引出端1接焊件,3与2连接时为小电流,3与4连接时为大电流。中间的活动铁心柱是用来调节漏磁的,漏磁的调节可由活动铁心的调进或调出来达到。与普通变压器相比较,它的漏磁通要大许多倍,而且漏磁通绝大多数从活动铁心通过。活动铁心又有磁分路之称,所以这种电焊变压器又称为磁分路电焊变压器。漏磁通特别大是这种电焊变压器的主要特点。

图2-10 增加漏磁的电焊变压器

目前使用的交流电焊机种类很多,一般常用的有动铁心漏磁式(BX1系列)、同体组合电抗器式(BX2系列)和动圈式(BX3系列)三种,其中,BX1系列动铁心漏磁式由于结构简单、造价低使用最为广泛,其外形结构和电路原理如图 2-11 所示。

图 2-11　BX1 系列动铁心漏磁式交流电焊机

a) 外形　b) 电路原理

1——次绕组　2—二次绕组　3—接线板　4—固定铁心　5—活动铁心

◇◇◇ 第三节　三相异步电动机的应用

三相异步电动机具有结构简单、效率高、控制方便、运行可靠、易于维修和成本低等优点，其缺点是不能平滑调速。由于它具有其他电动机不能比拟的优点，所以在工农业生产中得到了广泛的应用。

一、三相异步电动机的结构和工作原理

1. 三相异步电动机的结构

三相异步电动机由定子和转子两部分构成，因转子结构不同又分为笼型和绕线转子两种。其结构如图 2-12 所示。

图 2-12　三相笼型异步电动机的结构

（1）定子　定子主要由定子铁心、定子绕组和机座三部分组成。定子的作用是通入三相对称交流电后产生旋转磁场以驱动转子旋转。

定子铁心是电动机磁路的一部分，为减少铁心损耗，一般由 0.35~0.5mm

厚的导磁性能较好的硅钢片叠成圆筒形状,安装在机座内。

定子绕组是电动机电路的一部分,它嵌放在定子铁心的内圆槽内。定子绕组分单层和双层两种。一般小型异步电动机采用单层绕组,中、大型异步电动机绕组采用双层绕组。

机座是电动机的外壳和支架,用来固定和支撑定子铁心和端盖。机座一般用铸铁制成。

(2)转子 转子主要由转子铁心、转子绕组和转轴三部分组成。转子的作用是产生感应电动势和感应电流,形成电磁转矩,实现机电能量的转换,从而带动负载机械转动。

转子铁心和定子铁心、气隙一起构成是电动机的磁路部分。转子铁心也用硅钢片叠压而成,压装在转轴上。气隙是电动机磁路的一部分,它是决定电动机运行质量的一个重要因素。气隙过大将会使励磁电流增大,功率因数降低,电动机的性能变坏。气隙过小,则会使运行时转子铁心和定子铁心会相碰撞。一般中小型三相异步电动机的气隙为 0.2 ~ 1.0mm,大型三相异步电动机的气隙为 1.0 ~ 1.5mm。

1)笼型转子。笼型转子绕组由嵌在转子铁心槽内的裸导条(铜条或铝条)组成。导条两端分别焊接在两个短接的端环上,形成一个整体。如去掉转子铁心,整个绕组的外形就像一个鼠笼。中、小型电动机的笼型转子一般都采用铸铝转子,即把熔化了的铝浇铸在转子槽内,形成笼型。大型电动机采用铜导条。

2)绕线转子。绕线转子绕组与定子绕组相似,由嵌放在转子铁心槽内的三相对称绕组构成,绕组作星形联结,3个绕组的尾端连接在一起,3个首端分别接在固定在转轴上且彼此绝缘的三个铜制集电环上,通过电刷与外电路的可变电阻相连,用于起动或调速,如图2-13所示。

图2-13 三相绕线转子异步电动机的转子结构

2. 三相异步电动机的工作原理

当定子绕组通以三相正弦交流电时，定子绕组产生的旋转磁场掠过转子导体时，导体就切割磁力线而产生感应电动势和感应电流，根据右手定则可决定转子导体感应电流的方向。载流导体与旋转磁场相互作用，产生电磁力 F，其方向由左手定则决定。电磁力对转子轴形成电磁转矩，使转子按旋转磁场的转向旋转。

二、三相异步电动机的定子绕组及故障检查方法

1. 定子绕组的展开图

三相异步电动机的定子绕组是其主要组成部分，而且电动机的故障主要出自定子绕组。只有掌握了各类型绕组的结构特点、展开图、接线规则、嵌线工艺，才能有效地维修电动机。

（1）定子绕组参数

1）极距：是指定子相邻两磁极中心线之间的距离，用字母 τ 表示，即

$$\tau = \frac{Z_1}{2p} \tag{2-3}$$

式中　Z_1——定子槽数；

　　　p——磁极对数。

例如 24 槽 4 极电动机的极距 $\tau = \frac{Z_1}{2p} = \frac{24}{2 \times 2}$ 槽 $= 6$ 槽。

2）绕组的节距（跨度）：即线圈两个边所跨的槽数，以 y 表示，即

$$y = \frac{Z_1}{2p} (\text{槽数}) \tag{2-4}$$

若线圈的某一条边落入第一槽，另一条边落入第 8 槽，即线圈跨 7 槽，以 $y = 7$ 表示。当 $y = \tau$ 绕组叫整距；$y < \tau$ 称短节距。短节距可以节省导线，减少端部的漏磁通，可以改变磁场的分布情况，改善电动机的运行性能。

3）每极每相的槽数：每相绕组的一个极所占的槽数，以 q 表示，即

$$q = \frac{Z}{2pm} \tag{2-5}$$

式中　m——电动机的相数，$m = 3$。

例如 24 槽 4 极电动机的 $q = \frac{24}{4 \times 3} = 2$。

该电动机每极每相绕组占两个槽，相带为 60° 电角度（电角度 $= p \times$ 机械角度 $= p \times 360°$；一个极距的电角度为 180°，每个磁极下为三个相带，故每个相带为 60°）。

4）槽距角：相邻两个槽之间的电角度称为槽距角，以 α 表示，即

$$\alpha = \frac{p \times 360°}{Z} \qquad (2\text{-}6)$$

5）极相组：将每极每相的线圈串联成一组，称为极相组。其用公式表示为

电动机的极相组数 = 极数 × 相数

6）绕组的接线：绕组的接线是有规律性的，第一步是接成极相组，第二步是接成相绕组，第三步接成Y联结或△联结。

（2）三相绕组的分类　交流电动机的绕组一般分为单层绕组和双层绕组两种。

单层绕组又分为同心式、链式、交叉式，广泛应用于单相及三相小型交流异步电动机定子中。双层绕组分为双叠绕组、波绕组，双叠绕组用于中型以上电动机定子中，而波绕组用于绕线转子电动机转子中，正弦绕组属于同心式绕组。

1）单层链式绕组。

例1　有一台极数 $2p=4$、槽数 $Z=24$ 三相单层链式绕组的电动机，试绘制展开图。

解　首先计算极距 τ、每极每相的槽数 q、槽距角 α，即

$$\tau = \frac{Z}{2p} = \frac{24}{4} \text{ 槽} = 6 \text{ 槽}$$

$$q = \frac{Z}{2mp} = \frac{24}{2 \times 3 \times 2} \text{ 槽} = 2 \text{ 槽}$$

$$\alpha = \frac{p \times 360°}{Z} = \frac{2 \times 360°}{24} = 30°$$

其次，分相。将槽依次编号为 1～24，每槽仅有一个元件边，按 60° 相带的排列次序，见表 2-1。

表 2-1　$2p=4$、$Z=24$ 三相电动机单层链式绕组元件边排列情况

相　带	U1	W2	V1	U2	W1	V2
槽号	1, 2	3, 4	5, 6	7, 8	9, 10	11, 12
	13, 14	15, 16	17, 18	19, 20	21, 22	23, 24

第三，组成线圈，构成一相绕组。将属于 U 相的 2～7，8～13，14～19，20～1 号线圈分别连接成 4 个节距相等的线圈，按电动势相加的原则，将 4 个线圈按 "头—头，尾—尾" 的规律相连构成 U 相绕组，展开图如图 2-14 所示。

由图 2-14 可见，链式绕组的节距相等，制造方便，线圈端部连线较短，可节省铜线。

2）单层交叉式绕组。

例2　一台 $Z=36$、$2p=4$ 交流电动机，试绘制展开图。

解　首先计算极距 τ、每极每相的槽数 q 和槽距角 α，即

图 2-14　三相单层链式绕组展开图

$$\tau = \frac{Z}{2p} = \frac{36}{4} 槽 = 9 槽$$

$$q = \frac{Z}{2pm} = \frac{36}{4 \times 3} 槽 = 3 槽$$

$$\alpha = \frac{p \times 360°}{Z} = \frac{2 \times 360°}{36} = 20°$$

其次，分相。将槽依次编号 1 ~ 36，每槽仅有一个元件边，按 60°相带的排列次序，见表 2-2。

表 2-2　2p = 4、Z = 36 交流电动机单层交叉式绕组元件边排列情况

相带	U1	W2	V1	U2	W1	V2
槽号	1, 2, 3	4, 5, 6	7, 8, 9	10, 11, 12	13, 14, 15	16, 17, 18
	19, 20, 21	22, 23, 24	25, 26, 27	28, 29, 30	31, 32, 33	34, 35, 36

第三，组成线圈，构成一相绕组。如果线圈的电流方向不变，只改变其端部连接方式，不会影响其电磁情况，把 U 相所属的每个相带内的槽导体分成两部分，把 2 号与 10 号槽、3 号和 11 号槽内导体相连，形成两个节距，y = 8，构成一组。另外，一部分 1 号槽和 30 号槽内导体的有效边相连，组成 y = 7 的线圈，同理，第二对极下，20 号与 28 号，21 号与 29 号组成 y = 8 的线圈，19 号与 12 号组成 y = 7 的线圈。根据"头—头，尾—尾"的规律相连，即得一相（U 相）交叉式绕组，如图 2-15 所示。

3）单层同心式绕组。

例 3　绘制 Z = 24、p = 1 的三相交流电动机的绕组展开图。

解　首先计算极距 τ、每极每相的槽数 q 和槽距角 α，即

$$\tau = \frac{Z}{2p} = \frac{24}{2} 槽 = 12 槽$$

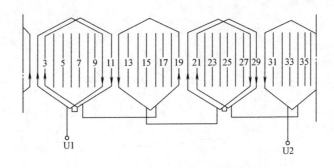

图2-15 三相单层交叉式绕组展开图

$$q = \frac{Z}{2pm} = \frac{24}{2 \times 3} \text{ 槽} = 4 \text{ 槽}$$

$$\alpha = \frac{p \times 360°}{Z} = \frac{1 \times 360°}{24} = 15°$$

其次,分相。将槽依次编号 1~24,每槽仅有一个元件边,按 60°相带的排列次序,见表 2-3。

表2-3 $p=1$、$Z=24$ 的三相电动机单层同心式绕组元件边排列情况

相带	U1	W2	V1	U2	W1	V2
槽号	1, 2, 3, 4	5, 6, 7, 8	9, 10, 11, 12	13, 14, 15, 16	17, 18, 19, 20	21, 22, 23, 24

第三,组成线圈,构成一相绕组。把 3 号与 14 号槽内的有效边导体连成一个节距 $y=11$ 线圈,4 号槽和 13 号槽内导体连成一个节距 $y=9$ 的线圈,这两个线圈串联组成一组同心式线圈,同样,15 号与 2 号槽,1 号与 16 号槽内导体构成另外一个同心式线圈。把两组同心式线圈,依次按"头—头,尾—尾"反相串联,即可得 U 相绕组,展开图如图 2-16 所示。

综上所述,单层绕组的每个槽内只放置一个线圈边,电动机的线圈总数等于定子槽数的 1/2。

4)三相双层叠绕组。

例4 绘制 $2p=4$、$Z=36$、$y=8$ 三相交流电动机的展开图。

解 首先计算极距 τ、每极每相的槽数 q 和槽距角 α,即

$$\tau = \frac{Z}{2p} = \frac{36}{4} \text{ 槽} = 9 \text{ 槽}$$

$$q = \frac{Z}{2pm} = \frac{36}{4 \times 3} \text{ 槽} = 3 \text{ 槽}$$

图 2-16 三相单层同心式绕组展开图

$$\alpha = \frac{p \times 360°}{Z} = \frac{2 \times 360°}{36} = 20°$$

其次，分相。双层绕组主要是对上层边进行分相，见表 2-4。

表 2-4 $2p = 1$、$Z = 36$ 三相电动机双层叠绕组元件边排列情况

相带	U1	W2	V1	U2	W1	V2
槽号	1, 2, 3	4, 5, 6	7, 8, 9	10, 11, 12	13, 14, 15	16, 17, 18
（上层边）	19, 20, 21	22, 23, 24	25, 26, 27	28, 29, 30	31, 32, 33	34, 35, 36

第三，连接线圈，构成一相绕组。双层绕组的线圈，如果一个有效边在上层，则另一个有效边在下层，并且电动机总的线圈数等于总的槽数。根据 $y = 8$ 将 1～9，2～10，3～11 连成一个极相组……依此类推，可以构成 4 个极相组，根据"头—头，尾—尾"的反相串联规律，即可得一相，如图 2-17 所示。

图 2-17 三相双层叠绕组展开图

2. 绕组圆形接线参考图

为了清楚表达电动机极相组之间的连接方式，我们引用了一种圆形接线图。

画圆形接线图时，不管每极每相有几个槽，或一个极相组内有几个线圈，每个极相组都用一个带箭头的圆弧短线来表示，箭头表示电流的方向，圆弧线段的数量与极相组的数目相等。现以三相 4 极 24 槽电动机绕组为例，说明圆形接线图的画法：

1）定子圆周分成 $2p \times 3 = 4 \times 3 = 12$ 段圆弧（即 12 个极相组）。

2）极相组的排列和展开图顺序一样 U1、W2、V1、U2、W1、V2 依次给每个极相组编号，每个编号之间相差 60°相带。

3）三相绕组的首尾端相差 120°电角度。

4）圆弧线段的电流方向表示正方向，即 U1、V1、W1 为正方向，U2、V2、W2 为反方向，最后按箭头方向依此连接成三相绕组，如图 2-18 所示。

3. 三相异步电动机绕组的故障分析及检查

（1）绕组接地

1）故障原因：对于新制做的电动机，可能是嵌线时不小心，将导线的绝缘层破坏。装上端盖时才发现接地，则可能绕组碰前后盖。如果是已运行的电动机，可能是绕组的绝缘下降或机械损伤。

2）故障检查：可以用低压安全灯检查，如图 2-19 所示。若灯亮，表示绕组已接地，要找出接地点，可拆开电动机用手摇动各个线圈（此时绕组还没有浸绝缘漆，可以摇动），当摇动某个线圈灯光发生闪烁，就表示接地故障在这个线圈内。

图 2-18 三相 4 极圆形接线图 U 相的画法

图 2-19 低压安全灯检查绕组接地

若用上述方法找不到故障部位时，可把每相绕组的连接点拆开，把相绕组作个别检查，对于星形联结的三相电动机，可把中性点（星点）的连接拆开，如图 2-20 所示。对于三角形联结的电动机，可拆开各相接头，如图 2-21 所示。

图 2-20 拆开星点

图 2-21 拆开各相接头

（2）断路检查　三相异步电动机绕组断路，常是因各接头接触不良或是线圈断线所致，同样可以用拖灯把断路的地方找出。正常情况下，测试棒接至各相绕组两端时，灯泡都应发亮，否则即为断相。对于线圈由多条导线并绕或相绕组作多路并联的电动机，当某一并绕导线或某一并联支路断路时，用拖灯测试往往不明显，可改用低阻表或万用表 $R \times 1$ 挡测试各相电阻，阻值大者即有断路存在。修理时，将断线处焊接牢，包上绝缘材料，再套绝缘套管，重新绑扎，浸漆烘干。

（3）短路检查　绕组的短路分为匝间短路、线圈之间短路、相与相之间短路。用短路侦察器检查时，将短路侦察器串联一个电流表，分别轮流接在定子槽口上。若某处电流突然增大，则说明该处有短路线圈，如图 2-22 所示。

图 2-22　短路侦察器检查
断路故障

修理时，用绝缘材料将短路点隔开，重新包扎。如不能使用，可重新更换线圈。

（4）反接检查

1）线圈的反接检查：组成极相组的各个线圈的电流方向应相同，以便产生同一极性。检查时用低压直流电接于三相中的任意一相绕组的两端，用一指南针沿定子内表面逐槽检查。若接线正确，指南针在经过每极下的该相绕组的极相组时，交替反转。即在一极相组下指 N，则在另一极相组下指 S。假若有反接，则指南针固定不变，这是因为接错线圈的磁场抵消了其他线圈的磁场，如图 2-23 所示。

2）电动机的首尾端接错：如果电动机的首尾端接错，将不能正常工作，可采用干电池和毫伏表直流法，检查时先测量出每相绕组的两端，如图 2-24 所示。

图 2-23　极相组接线
正确时指南针的指向

图 2-24　测量三相绕组首、
尾端的直流法

用电池负极导线分别碰触 V2、W2 端，如接在 U1、U2 两端的毫伏表偏转方向一致，则认为 V2、W2 端子极性一致。然后将毫伏表一端从 U2 改接 V2，同样用电池负端导线分别碰触 U2 和 W2，若毫伏表指针偏转方向同前，则 U2、V2、W2 或 U1、V1、W1 为同极性端（即同为首端或同为尾端）。

三、三相异步电动机定子绕组的重绕

电动机绕组损坏严重，无法进行局部修复时，就需要把整个绕组拆除，重新嵌入新绕组。拆换绕组的步骤如下：

1. 查明损坏原因，记录原始数据

查明损坏原因，分析损坏原因，可以进一步改进绕组质量和电气性能，防止修复后重新烧坏。

将查明的损坏原因和电动机定子绕组的原始数据填入电动机修理记录单中，见表 2-5。

（1）铁心长度及槽形尺寸　定子铁心总长包括通风沟在内的长度。铁心净长则是用总长减去各通风沟的长度。槽形尺寸用一张较厚的白纸按在槽上，取下槽形痕迹，再绘出槽形，标注各部分尺寸。

（2）绕组数据　在拆除绕组时，应留一个较规整的线圈，以便量取其各部分尺寸。然后将整个线圈一端剪断，取其中 3 个周长最短的单元线圈，量其长度取其平均值，作为绕线模模芯周长尺寸。测量线径时，应取线圈的直线部分，烧去漆皮，用棉纱擦净，应多量几根导线，对同一根导线也应在不同位置量取 3 次，取其平均值。

2. 定子绕组的拆除

定子绕组拆除方法一般有加热拆除法、冷拆法、溶剂溶解法等几种。

1）电流加热法。拆开绕组端部各连接线，在一联绕组中通入单相低压大电流加热（可用变压器或电焊机作电源），当绝缘软化，绕组端部冒烟时，切断电源，打出槽楔，趁热迅速拆除绕组。

表 2-5　电动机修理记录单

铭牌数据	型号		容量		kW		相数		绝缘		级
	电压	V	电流		A		接法		转数		r/min
	效率		功率因数				制造厂		出厂编号		

铁心数据	外径					原来		修后	
	内径		绕组数据	型式					
	总长			并绕支路					
	通风沟数			节距					
	净长			并联根数					
	气隙			导线规格					
	槽数			线圈数					
				绕组重量					

槽形尺寸		线圈尺寸	

试验值	绝缘电阻	绕组对地		MΩ	相间	A 相 MΩ	B 相 MΩ	C 相 MΩ
	交流耐压		V			s		
	直流电阻	A 相　　Ω			B 相　　Ω			C 相　Ω
	空载	电压/V			电流/A			功率/W
		AB	BC	CA	A	B	C	
	短路	电压/V			电流/A			功率/W
		AB	BC	CA	A	B	C	

损坏原因及备注	

2）用烘箱、煤球炉、煤气、乙炔、喷灯等加热，在加热过程中应特别注意防止烧坏铁心，使硅钢片性能变坏。

3）溶剂溶解法。由于此法费用较高，只适用于拆除 1kW 左右小功率电动机的定子绕组。

4）冷拆法。先将绕组一端紧靠铁心割断，在另一端用钳子将导线拉出。如绝缘漆粘结性很强，槽内导线形成一个整体时，用一根比槽稍小一点的齐头铁棒顶住割断的绕组断面，用锤子轻轻打出线圈，此时应在另一端顶住槽两边的齿部，以防引起齿散张。

在拆除过程中，应尽量保留一个完整的绕组，量取有关数据，以便制作绕线模时参考。绕组全部拆除后，应将槽内清理干净，并修正槽形。

3．准备绝缘材料

电动机中使用的绝缘材料品种很多，按材料的形态可分为固体、液体和气体3种。按材料的化学成分可分为有机材料和无机绝缘材料；按材料的耐热高低可分为Y、A、E、B、F、H、C共7个等级，每一耐热等级对应一定的最高工作温度（见表2-6），能保证在这个温度以下，长期使用而不影响其绝缘性能。

表2-6　绝缘材料的耐热等级和最高工作温度

绝缘等级	最高工作温度/℃	材 料 举 例
Y	90	未处理过的有机材料，如棉纱、纸
A	105	经过浸渍或使用时浸入油中的棉纱、纸、丝等有机材料或其组合物；油性漆包线用漆
E	120	聚酯树脂、环氧树脂、三醋酸纤维织成的材料、高强度漆包线用漆
B	130	云母、石棉、玻璃丝等无机物，用提高了耐热性的有机漆作为粘合剂制成的材料或其粘合物
F	155	云母、石棉、玻璃丝等无机物，用无机水泥作粘合剂制成的材料
H	180	硅有机物以及云母、石棉、玻璃丝等，用硅有机漆作粘合剂制成的材料
C	>180	天然云母、玻璃、瓷料、石棉水泥、聚四氟乙烯等

4．绕制线圈

（1）绕制线圈的导电材料　电动机绕组中，常用的电磁线有漆包铜线和漆包铝线、玻璃丝包铜线等，在小型电动机中，所用电磁线的线径一般在1.56mm以下。要求具有较大截面积时，可用几根并绕。

E级或B级绝缘电动机目前应用的是聚酯漆包线（牌号为QZ），它的机械强度高，耐压、耐溶剂性均较好；B级绝缘电动机也有的应用高强度聚乙烯醇缩醛漆包线（牌号为QQ）。玻璃丝包线是用无碱玻璃丝缠包而成的，多用于大、中型电动机中作成型线圈，A、E、B各级电动机都用。它的绝缘能力强，但厚度大，比较脆。

（2）绕线模的简易计算与制作 定子线圈是在绕线模上绕制而成的。绕线模的尺寸，可以按照电动机的型号，在电工手册等有关技术资料中查到。也可以从拆下的完整绕组中，取其中最小的一匝，参考它的形状及周长作为线模尺寸。也可以按照下列绕线模的简易计算方法进行计算。

1）双层迭绕式绕组绕线模的尺寸计算，如图 2-25a 所示。

a)　　　　　　　　　　　b)

图 2-25　绕组绕线模的尺寸

a）双层迭绕式绕组　b）单层同心式或链式绕组

① 绕线模宽度 A 为

$$A = \frac{\pi(\text{定子内径} + \text{槽数})}{\text{槽数}} \times (\text{绕组跨距} - K) \tag{2-7}$$

式中　K——校正系数，对 2 极电动机，K 取 $1.4 \sim 2.0$，功率大者取大值。对 4、6、8、10 极的电动机，不必校正（取 $K = 0$）。

② 绕线模直线部分长度 L 为

$$L = \text{铁心长度} + l \tag{2-8}$$

式中　l——放长系数（mm），可从表 2-7 中选取。

表 2-7　放长系数 l 的选取

极　　数	2	4	6	8	10
功率较大的电动机	$40 \sim 50$	$35 \sim 40$		$30 \sim 40$	
功率较小的电动机	$25 \sim 35$	$25 \sim 30$		25	

注：功率大者取大值。

如果电动机定子铁心齿部散开较严重，铁心长度应在槽口处测量，然后再加上放长系数 l。

③ 绕线模端部长度 C 为

$$C = \frac{A}{M} \tag{2-9}$$

式中　M——端部系数，可从表 2-8 中选取。

表 2-8　端部系数 M 的选取

极　　数	2	4	6	8	10
端部系数	1.30 ~ 1.58	1.56 ~ 1.66	1.60 ~ 1.70		

注：功率大者可取偏小值；如考虑嵌线方便，可以取偏小值，但以绕组端部不碰端盖为准。

2）单层同心式或链式绕组绕线模的尺寸计算，如图 2-25b 所示。

① 绕线模宽度 A 为

$$A = \frac{\pi(\text{定子内径} + \text{槽数})}{\text{槽数}} \times (\text{绕组跨距} - K) \tag{2-10}$$

式中　K——校正系数，可从表 2-9 中选取。

表 2-9　校正系数 K 的选取

极　　数	2	4	6	8	10
校正系数	2 ~ 3	0.5 ~ 0.7	0.5	0	0

② 绕线模直线部分长度 L 为

$$L = \text{铁心长度} + l \tag{2-11}$$

式中　l——放长系数，一般为 20 ~ 30mm，功率小者取偏小值。

③ 绕线模端部圆弧半径 R 为

$$R = \frac{A}{2} + (5 ~ 8) \tag{2-12}$$

绕线模模芯的厚度，可按下面经验公式求得：

$$\text{模芯厚度} = (\sqrt{\text{线圈匝数}} + 1.5) \times \text{带绝缘导线外径} \tag{2-13}$$

式（2-13）是使绕成的线圈近似呈方形排列，一般在槽深与宽之比差不多的情况下均适用，若槽较深且又窄时，可适当增加模芯厚度。

例 5　某异步电动机定子铁心内径 110mm，铁心长 105mm，定子槽数 36 槽，槽深 19.6mm，采取单层交叉式绕组，线圈组中有两个线圈的节距是 1 ~ 9，一个线圈的节距是 1 ~ 8，试决定绕线模尺寸。

解　绕线模的形状如图 2-25b 所示。

① 绕线模宽度，取 K = 0.5，则

$$A_{(1~9)} = \frac{\pi(110 + 19.6)}{36} \times (8 - 0.5)\text{mm} = 11.3 \times 7.5\text{mm} = 85\text{mm}$$

$$A_{(1~8)} = \frac{\pi(110 + 19.6)}{36} \times (7 - 0.5)\text{mm} = 11.3 \times 6.5\text{mm} = 74\text{mm}$$

② 绕线模直线部分长度，取 l = 30mm，则

$$L = (105 + 30)\text{mm} = 135\text{mm}$$

③ 绕线模端部圆弧半径为

$$R_{(1 \sim 9)} = \frac{A_{(1 \sim 9)}}{2} + (5 \sim 8)\,\text{mm} = \left(\frac{85}{2} + 7\right)\text{mm} = 49.5\,\text{mm}$$

$$R_{(1 \sim 8)} = \frac{A_{(1 \sim 8)}}{2} + (5 \sim 8)\,\text{mm} = \left(\frac{74}{2} + 7\right)\text{mm} = 44\,\text{mm}$$

3）活络绕线模制作方法：活络绕线模使用较方便，只要根据需要尺寸调节线模上的 6 只螺栓位置就能应用。0.35～40kW 的电动机绕组，可通过改变活络框架的位置，能同样得到调节，每个极相组几个一联可根据需要拆装。

活络绕线模总装图如图 2-26 所示；另外采用的一种是万能绕线模具，如使用时只需调整两个螺栓，其外形如图 2-27 所示。

图 2-26　活络绕线模总装图

图 2-27　万能绕线模具

（3）线圈的绕制　小型三相异步电动机所采用的散嵌式线圈都是在专用绕线机上利用绕线模绕制的。对于单层绕组，过去都以极相组为单位绕制，这样嵌线工作比较方便，但增加了接线工序。比较先进的工艺是把属于一相的所有线圈一次连续绕成，中间不剪断，把极相组之间的连线放长一点，套上套管，这就省去了一次接线工序，提高了工效，也节省了材料。在绕制线圈时应注意以下几点：

1）绕制时导线必须排列整齐，避免交叉混乱。

2）线圈匝数必须准确。

3）导线直径必须符合要求。

4）绕线时，必须保护导线的绝缘不受损坏。

完成绕线工序以后，每相绕组用电桥测量其直流电阻，或用匝数试验器检查线圈的匝数。

5. 嵌线与接线

在嵌线前，要从被修电动机的绕组展开图中，找出嵌线工艺和接线的规律，并绘制接线图。

现以小型异步电动机定子双层绕组为例，来说明嵌线的具体过程。

嵌线前，要准备好嵌线工具，小型电动机的嵌线工具主要有压线板、理线板、剪刀、尖嘴钳及锤子等。压线板的形状如图 2-28a 所示，一般情况下压脚宽度应比槽上部宽度小 0.6 ~ 0.7mm，应光滑无棱，在压导线时不会损伤绝缘。理线板如图 2-28b 所示，一般用红钢纸或布纹层压板做

图 2-28　嵌线工具
a) 压线板　b) 理线板

成，要磨得光滑，厚薄适宜，长度以能划入槽内 2/3 处为准。锤子一般应是木质和橡胶锤，若用金属锤时，在敲打线圈时应垫上木条，以防损伤导线绝缘。

嵌线前，要按绝缘结构规格准备好槽绝缘、端部相间绝缘、层间绝缘及槽楔，以及端部扎线及绑带。具体嵌线过程如下：

（1）嵌入第一节距线圈的下层边　先将线圈理平且擦上石蜡，然后以出线盒为基准来确定第一槽的位置。嵌线方法如图 2-29 所示。

嵌线前先用右手把要嵌的一条线圈边捏扁，用左手捏住线圈的一端向相反方向扭转，如图 2-29a 所示，使线圈的槽外部分略带扭绞形，否则线圈容易松散。线圈边捏扁后放到槽口的槽绝缘中间，左手捏住线圈朝里拉入槽内，如图 2-29b 所示。如果槽内不用引槽纸，应在槽口临时衬两张薄膜绝缘纸，以保护导线绝缘不被槽口擦伤，进槽后，薄膜绝缘纸即可。一般情况下，如果线圈边捏得好，一次即可把大部分导线拉入槽内，剩余少数导线可用理线板划入槽内。导线进槽过程应按绕制线圈的顺序进行，不要使导线交叉错乱，线圈两端槽外部分虽略带扭绞形，但槽内部分必须整齐平行，否则影响把导线全部嵌入，而且还会造成导线

相擦而损伤绝缘。嵌线时还要随时注意槽内绝缘是否偏移到一侧，防止露出铁心与导线相碰，造成绕组通地故障。

图 2-29　嵌线方法

a）捏扁线圈边　b）将线圈拉入槽内　c）吊起线圈另一条边

　　嵌好线圈的一条边后，另一条边暂时吊起，下面垫一张纸，以免线圈边与铁心相碰而擦伤绝缘，如图 2-29c 所示。槽内下层线圈边嵌好后，就把层间绝缘放进槽内，用压线板压平。两端伸出槽外应该均等，并迭压住下层线圈两端伸出部分。依次嵌入其他各线圈的下层边，直至嵌完一个节距数为止。

　　（2）嵌入上层边　嵌完一个节距线圈的下层边后，再嵌新线圈时，便可将新线圈的上层边从第一槽起，依次嵌入铁心槽的上层里去。具体方法是：先用压线板压实下层边及层间绝缘，然后上层边推至槽口，理好导线，用左手大拇指及食指把上层边捏扁，依次送入槽内，同时右手拿理线板，在上层边的两边交替地将导线划入槽内。最后再用压线板轻轻压实导线，剪去露出槽口的引槽纸，用理线板将槽绝缘两边折拢，盖住导线，用竹楔压平，如图 2-29c 所示，再把槽楔打入槽内压紧，如图 2-30 所示。接着在两端垫入相间绝缘，使其压住层间绝缘并与槽绝缘相接触。以后的线圈均可照此嵌入槽内，端部相间绝缘应边嵌线边垫上，不要等嵌完线后一起再垫，否则不易垫好。

（3）嵌入最后一个节距线圈　当嵌完最后一个节距线圈以后，就可以把最初吊起的那几个上层边逐一放下，嵌入相应的槽内。

（4）端部整形及绑扎　嵌完全部线圈后，检查绕组外形、端部排列及相间绝缘，认为符合要求后，将木板垫在绕组端部，用锤子轻轻敲打，使绕组两端形成喇叭口，其直径大小要适宜，既要有利于通风散热，又不能使端部离机壳太近，如图2-31所示。整形完毕后，修剪相间绝缘，使其高出线圈3~4mm。

图2-30　槽绝缘、层间绝缘
及槽楔的构成

图2-31　把绕组端部
敲成喇叭口

中型电动机每个线圈端部都要用玻璃丝布带包扎；小型电动机在端部整形后，连同引出线一起用绑线或布带统一绑扎好。

（5）端部接线　端部接线包括线圈间（指单个绕的线圈）、极相组间以及引出线的连接，这些连接应符合规定。

（6）嵌线质量检查　定子绕组嵌线后的质量检查，包括外表检查、直流电阻测定和耐压试验。

1）外表检查。嵌入的线圈，直线部分应平直整齐，端部没有严重的交错现象；导线绝缘损伤部位的包扎，以及接头的包扎应当正确；相间绝缘应当垫好，端部的绑扎应当牢固，端部的形状和尺寸应符合要求；槽楔不能高于铁心内圆，伸出铁心两端的长度应当近似相等，槽楔端部不应破裂，应有一定的紧度；槽绝缘两端破裂的修复，应当可靠。

2）直流电阻测定。正常情况下，三相绕组的直流电阻应该相同，但因为绕线时拉力不匀，电磁线的制造公差，以及焊接头的接触电阻不尽相同，所以三相绕组的直流电阻允许有一定差异。一般要求三相电阻不平衡度不得超过±4%，即

$$\frac{最大值 - 最小值}{平均值} \times 100\% \leqslant 4\%$$

或

$$\frac{平均值 - 最小值}{平均值} \times 100\% \leqslant 4\%$$

3）耐压试验。通过耐压试验检查绕组对地及绕组互相间的绝缘强度是否合格。耐压试验共进行两次，一次在嵌线后进行，一次在电动机修复后试验时进行。试验电压是 50Hz 正弦交流电。在嵌线后进行试验时，对额定电压为 380V 的电动机，试验电压为 1760V（$P_2 < 1kW \cdot h$）或 2260V（$P_2 \geqslant 1kW \cdot h$）；在电动机修复后试验时，试验电压为 1260V（$P_2 < 1kW \cdot h$）或 1760V（$P_2 \geqslant 1kW \cdot h$）。定子绕组应能承受上述试验电压 1min 而不发生击穿。

6. 浸漆与烘干

电动机的绕组绝缘吸附水分或外界空气中的水分侵入绕组，都将使电动机的绝缘性能下降，因此电动机绕组必须经过浸绝缘漆处理，以提高绕组的绝缘强度、耐热性、耐潮性以及导热能力，同时也增加了绕组的机械强度和耐腐蚀能力。

A 级绝缘绕组常用 1012 牌号耐油清漆，E 级绝缘绕组常用 1032 牌号三聚氨胶醇酸漆。

（1）浸漆与烘干的步骤　电动机的浸漆和烘干一般须经过预烘、浸漆、烘干等 3 个步骤。

1）预烘。绕组在浸漆前应先进行预烘，驱除线圈中的潮气。预烘温度一般控制在 110℃左右，时间为 4~8h。预烘时，约每隔 1h 测量一次绝缘电阻，待绝缘电阻稳定不变后，预烘即完成。

2）浸漆。经过预烘后，绕组的温度要冷到 60~70℃后，才能浸漆，因为温度过高时，漆中溶剂很快挥发，在绕组表面形成漆膜，而不易浸透内部，但温度太低时，漆的黏度过大，流动性和渗透性较差，浸漆的效果也不好。浸漆要浸 15min 左右，直到不冒气泡为止，然后把电动机垂直搁置滴干余漆。也可用浇漆办法，先浇绕组一端，再浇另一端，要浇得均匀，各部分都要浇到，最好重复浇几次。待余漆滴干后，用松节油将铁心上线圈以外的其他部分（如铁心、止口等）的余漆揩抹干净，送去烘干。

3）烘干。烘干的目的是挥发掉漆中的溶剂和水分，使绕组表面形成较坚固的漆膜。烘干过程最好分两个阶段，第一是低温阶段，温度控制在 70~80℃，烘 2~4h，这样使溶剂挥发比较缓慢，以免表面很快结成漆膜，致使内部气体无法排出；第二是高温阶段，温度控制在 110~120℃，烘 8~16h。以上预烘及烘干温度都是指 A 级绝缘的电动机，对 E 级绝缘的电动机应相应提高 10~20℃。若对转子，尽可能竖烘，以便于校平衡。

烘干过程中，每隔 1h 用绝缘电阻表测量一次绕组对地的绝缘电阻，开始时绝缘电阻下降，以后逐步上升，最后 3h 内必须趋于稳定，一般要在 5MΩ 以上，烘干才算结束。

（2）烘干方法　电动机长期不使用或安装在潮湿的地方，同样会使绕组受潮，绝缘电阻下降，这样的电动机在使用前必须进行烘干处理，以恢复绕组的绝缘电阻。常用的烘干设备和烘干方法有：

1）循环热风干燥室：如图2-32a所示，干燥室一般用耐火砖砌成，有内外两层，中间填隔热材料（如石棉粉、硅藻土等），发热器可采用电热丝、煤气、蒸汽等加热。但不能裸露在干燥室内，因为绝缘漆和漆中溶剂都很容易燃烧。干燥室外装有鼓风机，将电热器产生的热量均匀地吸入干燥室内。不装鼓风机也可使用，但温度不够均匀，干燥时间较长。

图2-32　烘干方法
a）循环热风干燥　b）用煤炉干燥

2）灯泡干燥法：用红外线灯泡或一般灯泡，使灯光直接照射到电动机绕组上。改变灯泡瓦数，可以改变温度。

3）煤炉（或电炉）干燥法：采用煤炉（或电炉）干燥，如图2-32b所示，电动机定子下面放一只煤炉（或电炉），煤炉上用薄铁板隔开间接加热，定子上端放一只端盖，然后用旧麻袋覆盖保温。在干燥过程中要注意防火。

4）电流干燥法：如图2-33所示，在定子绕组的线圈中（如果是装配好的电动机，应拆开并抽出转子），通入单相220V的交流电，电路中加接变阻器、电流表、熔丝等，以便调节电流及实现过电流保护，电流为电动机额定电流的1/2。如果电动机有6根引出线，可以将各相绕组串联起来通电，如图2-33a所示；如果电动机只有3根引出线，则先接两根，过1h再换一根，使绕组加热均匀，如图2-33b、c所示。通过测量铁心温度，可知绕组温度，应控制绕组温度不超过允许值，并随时测量电动机的绝缘电阻，达到要求后，就可以停止通电。

7. 三相异步电动机的性能测试

（1）绕组冷态直流电阻的测定

1）测试目的：确定三相绕组的电阻是否平衡，从而检查绕组接头焊接是否牢固，各相绕组匝数是否相等，匝间是否有短路及接线是否正确。

图 2-33　电流干燥法

a）各相绕组串联加热　b）、c）按先后顺序加热

2）测试方法：绕组的冷态直流电阻，按电动机的功率大小，电阻在 10Ω 以上为高电阻，电阻在 10Ω 以下为低电阻。高电阻可用单臂电桥或万用表测量，测量低电阻必须用精度较高的双臂电桥。应测量 3 次，取其平均值。接触电阻对低电阻的测量影响较大。测量时，接触应良好。

绕组的每相电阻与以前测得的数值或出厂的数据相比较，其差别不应超过 2% ~ 3%，平均值不应超过 4%。对三相绕组，其不平衡度以小于 5% 为合格。若电阻相差过大，则焊接质量有问题，尤其在多路并联的情况下，可能是一个支路脱焊。若三相电阻数值都偏大，则表示线径过细。

（2）绝缘电阻试验　电动机绝缘是比较容易损坏的部分，电动机绝缘不良，将会烧毁绕组或造成电动机机壳带电。若接地不良，将会造成触电事故。因此，经过修理的电动机和尚未使用的新电动机，在试验之前都要经过严格的绝缘试验，以保证电动机的安全运行。

1）测试目的：检查绕组与机壳以及三相绕组间是否有短路；检查电动机干燥程度及绝缘质量。

2）测试方法：测量绝缘电阻一般使用绝缘电阻表，对 500V 以下的电动机，可采用 500V 的绝缘电阻表；对 500 ~ 3000V 的电动机，应使用 1000V 的绝缘电阻表；对 3000V 以上的电动机，可采用 2500V 的绝缘电阻表。如果各相绕组的首尾端引出机壳外，还应测量每相绕组的对地绝缘电阻，相间的绝缘电阻。

新嵌线的电动机绕组耐压试验前，绝缘电阻一般规定为：低压电动机不小于

5MΩ；3～6kV 高压电动机不小于20MΩ。

三相异步电动机的绝缘电阻值不得低于0.5MΩ。若低于0.5MΩ，必须先经干燥处理之后，方可进行通电运转和耐压试验。

3）注意事项：

① 使用绝缘电阻表测量绝缘电阻时，应选用与被测电动机电压相应的等级。

② 使用绝缘电阻表测量绝缘电阻时，应使绝缘电阻表达到规定的转速120r/min且转速均匀，待指针稳定后方能读取绝缘电阻表的数值。

③ 测定大型电动机绝缘电阻时，应判断是否受潮，还要作出绝缘吸收试验。即用绝缘电阻表连续不断测量1min（每分钟平均摇动约120转），记出1min 时的绝缘电阻值 R_{60}。再用同样方法测量15s绝缘电阻值 R_{15}。R_{60}/R_{15} 的比值，叫做吸收比，吸收比大于1.3可以认为绝缘干燥，否则认为已受潮。

（3）绝缘耐压试验 绝缘耐压试验包括绕组对地、绕组之间以及匝间的绝缘强度试验。通常是用50Hz的高压交流电进行，看能否经受一定的高压而不被击穿。

1）测试目的：通过绝缘耐压试验，可以确切地发现绝缘局部或整体所存在的缺陷。每一台绕组嵌线修复后的电动机都应作耐压试验。

2）测试方法：

① 绕组对地和绕组间的耐压试验。试验可采用如图 2-34 所示的电路。试验电源的一极接在被试绕组的引出线端，而另一极则接在电动机的接地机壳上。在试验一个绕组时，其他绕组在电气上都应与接地机壳连接。

图 2-34 中，T1 为调压器，T2 为 1:30 的升压变压器，也可利用同样电

图 2-34　绝缘耐压试验电路

压比的电压互感器电压表接在低压侧，可将表盘按电压比标定为高压刻度，以便于读数。T3 为供给指示灯的电源变压器。试验时，合上开关 S，电路接通，指示灯 HL2（绿）亮。增大电压时，要逐渐或阶段（不超过全值的5%）进行。试验电压由半值升高到全值的时间不应小于10s，全值试验电压保持1min后降为全值的1/3，然后把电源切断。若绝缘被击穿，则 KM 动作，接通中间继电器 K，切断变压器一次侧，同时 K 的常开触头闭合，接通指示灯 HL1（红），发出警告。

大型电动机在包绝缘、嵌线、接线过程中，为了及时发现缺陷，防止返工，各工序都要进行耐压试验。试验电压见表2-10、表2-11。

表2-10 交流电动机定子绕组绝缘耐压试验电压值

线圈形式	多匝线圈					单匝线圈	
额定容量 S_N/kV·A	$S_N < 1$	$1 \leq S_N < 3$	$3 \leq S_N \leq 10000$	$S_N \geq 10000$	$S_N \geq 10000$	$S_N \geq 10000$	$S_N \geq 10000$
额定电压 U_N/kV	$U_N < 0.5$	$U_N < 0.5$	$0.5 \leq U_N \leq 10.5$	$3 \leq U_N < 6$	$U_N \geq 6$	$3 \leq U_N < 6$	$U_N \geq 6$
1. 绝缘热压成形	—	—	$2.75U_N + 4.5$	$2.75U_N + 4.5$	$2.75U_N + 6.5$	$2.75U_N + 4.5$	$2.75U_N + 6.5$
2. 下层嵌线后	—	—	$2.5U_N + 2.5$	$2.5U_N + 2.5$	—	$2.5U_N + 2.5$	$2.5U_N + 2.5$
3. 打完槽楔后	$2.0U_N + 1.0$	$2.0U_N + 2.0$	$2.5U_N + 2.5$	$2.5U_N + 2.5$	$2.5U_N + 4.5$	$2.5U_N + 1.5$	$2.5U_N + 3.0$
4. 并头套连接线绝缘后	$2.0U_N + 0.75$	$2.0U_N + 1.5$	$2.25U_N + 2.0$	$2.25U_N + 2.0$	$2.25U_N + 4.0$	$2.25U_N + 2.0$	$2.25U_N + 4.0$
5. 电动机总装后	$2.0U_N + 0.5$	$2.0U_N + 1.0$	$2.0U_N + 1.0$	$2.5U_N$	$2.0U_N + 3.0$	$2.5U_N$	$2.0U_N + 3.0$

表 2-11　绕线转子绕组耐压试验电压

电动机特征	试验电压/V			
	单个线圈	嵌线后	拼头后	总装后
不逆转的电动机	$2U_{o2}+3000$①	$2U_{o2}+2000$	$2U_{o2}+1500$	$2U_{o2}+1000$
可逆转的电动机	$4U_{o2}+3000$②	$4U_{o2}+2000$	$4U_{o2}+1500$	$4U_{o2}+1000$

① U_{o2} 为转子静止时开路电压（V）。

② 半闭口槽嵌入式线圈不作此试验。

对于电压在 380V 以下的电动机，如果没有试验设备，可用电压为 1000V 的绝缘电阻表作耐压试验，摇测 1min。

②匝间耐压试验。匝间耐压试验应在电动机空载试验以后进行，试验时，把外加电压增加到额定电压的 130%，持续运行 5min。对于曾经使用过的或绕组绝缘局部更换的电动机，可运行 1min。

绕线转子异步电动机的匝间耐压试验，应在转子固定和开路时进行。这时，加于定子绕组的试验电压要高于额定电压的 30%，转子绕组中所感应的电压也就高于额定电压的 30%。这样就同时对定、转子绕组进行了匝间耐压试验。

3）注意事项：

①进行耐压试验时，必须注意安全。

②在试验一相绕组时，其他绕组在电气上都应与接地机壳连接。

③试验开始时的电压应不超过试验电压的 1/3；增大电压时，要逐渐上升或分阶段（每阶段不超过全额值的 5%）进行。

④试验电压由半值升高到全值的时间，不应小于 10s，全值试验电压需保持 1min，然后降为全值试验电压的 1/3，再切断电源。

（4）空载试验

1）试验目的：测量空载电流，检查电动机绕组的接线和线圈匝数是否正确，并检查铁心是否发热或过热，以及轴承温度是否偏高。测定电动机的空载电流 I_0 和空载损耗 P_0；通过电动机的空转，检查电动机的装配质量和运行状况。

2）空载试验方法：空载试验电路如图 2-35 所示。在电动机不带任何负载的情况下，对定子绕组施加三相平衡电压。试验时应测量三相电压、三相电流及三

图 2-35　空载试验电路

相输入功率。

由于空载时电动机的功率因数较低，一般情况下 $\cos\varphi \leqslant 0.2$，为了确保测量的准确性，最好采用低功率因数瓦特表来测量功率，电流表和功率表的电流线圈应按可能出现的最大空载电流来选择量程。电动机起动过程中，要慢慢升高电源电压，以免起动电流过大而冲击仪表。

当三相电压对称且等于额定电压 U_N 时，电动机三相中任一相的空载电流，与三相电流平均值的偏差，均不得大于三相平均值的10%，若超过10%，应查明原因。

空载时，电动机不输出机械功率，此时的输入功率就是电动机的空载损耗功率 P_0。

电动机空载电流 I_0 与额定电流 I_N 的百分比 $I_0/I_N \times 100\%$，一般应在表2-12所列数据之中。

表2-12　电动机空载电流与额定电流的百分比

空载电流（%） 极数 ＼功率	0.125kW 以下	0.5kW 以下	2kW 以下	10kW 以下	50kW 以下	100kW 以下
2	70~95	45~70	40~55	30~45	23~35	18~30
4	80~96	65~85	45~60	35~55	25~40	20~30
6	85~98	70~90	50~65	35~65	30~45	22~33
8	90~98	75~90	50~70	37~70	35~50	25~35

3）注意事项：

① 在电动机起动时，应将电流表、功率表短接，待电动机稳定后，方能进行测试。

② 在试验绕线转子异步电动机时，应将起动变阻器全部短接，并将转子绕组短接。额定电压在500V以上的绕线转子异步电动机，加在定子绕组上的电压可适当降低。

③ 对于多速电动机，其空载试验应在各个额定转速下进行。

④ 监测三相交流电压是否平衡。

（5）超速试验

1）试验目的：考核转子零部件的刚度和强度，转子转动平衡的质量，以及转子和轴承的装配质量等。

2）试验方法：

① 各类型电机应能承受标准规定的转速，其超速要求见表2-13，持续时间为2min。

② 超速试验前，应仔细检查电机的装配质量，特别是转动部分的装配质量。

表 2-13　各类电机超速要求

项号	电机类型	超速要求
1	交流电机（本项①~③除外）： ① 水轮发电机及与其直接连接（电气或机械的）的所有辅助电机 ② 在某些情况下可被负载驱动的电机 ③ 串励和交、直流两用电动机	① 1.2 倍最高额定转速，如无其他规定即为机组的飞逸转速，但应不低于 1.2 倍最高额定转速 ② 机组的飞逸转速，但应不低于 1.2 倍最高额定转速 ③ 1.1 倍额定电压下的空载转速；对不能和负载分离的电机，空载转速是指最轻负载时的转速
2	直流电机： ① 并励或他励电动机 ② 转速调整率为 35% 或以下的复励电动机 ③ 串励电动机和转速调整率大于 35% 的复励电动机 ④ 永磁电动机 ⑤ 发电机	① 1.2 倍最高额定转速或 1.15 倍空载转速，二者取较高者 ② 1.2 倍最高额定转速或 1.15 倍空载转速，二者取较高者，但应不超过 1.5 倍最高额定转速 ③ 1.1 倍安全运行最高转速，该转速应由制造厂在铭牌上标明，但对能承受超速为 1.1 倍额定电压下空载转速的电动机不需标明 ④ 按本项①的规定，但如电动机具有一组串励绕组，则应按本项②或③的规定 ⑤ 1.2 倍额定转速

在升速过程中，当电机达到额定转速时，注意观察运转情况，确无异常现象时，再以适当加速度升到规定的转速进行超速试验。

（6）温升试验

1）试验目的：检查电动机在额定负载下运行时其各部温升是否正常。

2）试验方法：电动机的温升必须在电动机满载运行时，温度达到稳定的情况下测定，从开始运转至电动机温度稳定需要数小时。一般用发电机作为电动机的负载，调节发电机的负载电阻，就能调节电动机的负载。测量温升的方法，一般有温度计法和电阻法。为了节省用电，也可在空载运行下测量，再行换算。

① 温度计法：当电动机处于额定状态运行时，待电动机温度稳定后，用温度计测量电动机各部分温度，所测都是电动机表面的温度，比绕组内部温度最高点大致低 $10℃$，因此应把测得的温度加上 $10℃$，与环境温度之差，就是电动机的温升。

温度计应用酒精温度计，不宜使用水银温度计。在测量绕组温度时，温度计的玻璃球应紧贴线圈，可用锡箔紧裹温度计的玻璃球，再紧贴在线圈上，外面包以棉絮。对于封闭式电动机，可将吊环旋出，将温度计用锡箔紧裹玻璃球塞入吊环孔中测量（四周用棉絮裹住）。

② 电阻法：导体电阻是随温度升高而增大的，分别测出冷态和热态时的电阻，就可以计算出温差。在试验前，先测得绕组的相电阻 R_1 及线圈的温度 t_1，

然后起动电动机，使其在额定情况下运转，每隔 0.5h 左右，测量一次电阻，至电阻不再增加时，记录这时的相电阻 R_2。计算线圈温度升高的度数 Δt，即

$$\Delta t = \frac{R_2 - R_1}{R_1}(235 + t_1) \tag{2-14}$$

以环境温度 t_0 为标准，则线圈的温升为

$$\theta = \frac{R_2 - R_1}{R_1}(235 + t_1) + t_1 - t_0 \tag{2-15}$$

式中 235——铜线电动机适用的常数；若为铝线电动机，常数应为237。

注意：测量电阻时可以用电桥，或通以直流电源，测量电流和电压，再计算出电阻。电阻法只能求取绕组的平均温升，它比绕组的最热点的温度低 5℃ 左右。

◈◈◈ 第四节 直流电动机的应用

一、直流电动机的电枢绕组与励磁方式

直流电动机主要由定子、转子、电刷装置以及支撑附件组成，其结构如图 2-36、图 2-37 所示。

图 2-36 直流电动机的结构

图 2-37　直流电动机的剖面图

1. 直流电动机的电枢绕组

直流电动机电枢绕组的主要参数如下：

（1）绕组元件　电枢绕组是由许多个线圈以一定的规律连接起来的，每个线圈的两端分别接在两个换向片上，这样的线圈就叫绕组元件。它可分为叠元件和波元件两种，如图 2-38 所示。

（2）实槽与虚槽　电枢绕组实际开出的槽叫实槽，由于制造工艺有限，引入虚槽这个概念。在一个实槽中的上下层中有 u 个虚槽，如图 2-39 所示。

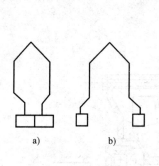

图 2-38　绕组元件
a）叠元件　b）波元件

图 2-39　虚槽结构示意图

若实槽数为 Z，虚槽数为 Z_u，则

$$Z_u = uZ \tag{2-16}$$

（3）极距　相邻两主磁极之间的距离，用 τ 表示，即

$$\tau = \frac{\pi D}{2p} \tag{2-17}$$

式中 D——电枢的铁心外直径;

p——直流电极的磁极对数。

（4）绕组的第一节距 y_1 一个元件的两个有效边在电枢表面跨过的元件边数,即

$$y_1 = u\frac{Z}{2p} \pm \varepsilon \tag{2-18}$$

式中 u——一个实槽中的虚槽数;

Z——实槽数;

ε—— 使 y_1 取整的分数,短节距取负,长节距取正。

（5）第二节距 y_2 表示相串联的两个元件中,第一个元件的下层边与第二个元件的上层边之间的距离。

（6）合成节距 y 相串联的两个元件的对应边之间的节距,如图2-40所示。

图 2-40 绕组节距示意图

a) 单叠绕组 b) 单波绕组

单叠绕组: $$y = y_1 - y_2 \tag{2-19}$$

单波绕组: $$y = y_1 + y_2 \tag{2-20}$$

（7）换向节距 y_K 一个元件的两个出线端所连接的换向片之间的距离。由于元件数等于换向片数,因此元件边在电枢表面前进或后退多少个虚槽,其出线端在换向片上也必然前进或后退多少个换向片,所以换向器节距等于合成节距,即

$$y = y_K \tag{2-21}$$

例6 一台磁极对数 $p = 2$ 的直流电动机, $Z = K = S = 16$ （Z——实槽数, K——换向片数, S——绕组元件数）, $u = 1$。接成右行单叠绕组,即 $y = y_K =$

+1 （$y = y_K = -1$时为左行），试绘制展开图。

解 具体绘制步骤如下：

（1）计算节距

$$y_1 = u\frac{Z}{2p} \pm \varepsilon = \frac{16}{4}\text{槽} = 4\text{槽}$$

$$y_K = y = 1\text{槽}$$

$$y_2 = y_1 - y = (4-1)\text{槽} = 3\text{槽}$$

（2）绘制单叠绕组的展开图

1）各画16根等长的等距的平行实线和虚线，实线代表上层，虚线代表下层，并在线上依次标上1~16号。

2）将1号元件的上层边放在上层边的1号槽上，其下层边应放在$1 + y_1 = 5$号槽的下层边，将1号边的实线和5号边的虚线相连，取换向片的宽度等于一个槽距。

3）将1号元件首端连在1号换向片上，因$y_K = y = 1$，且右行，所以1号的尾端连在2号换向片上。显然，元件号、上层边所在槽号和该元件首端所连换向片的编号相同。

4）依次画出2~16号元件，从而将16个元件通过16片换向片连成一个闭合的回路。

5）画磁极：$2p = 4$，4个磁极，在圆周上均匀分布，即相邻的磁极中心线相隔4个槽1~5。磁极的宽度约为τ的0.7倍，如图2-41所示。

a)

b)

图2-41 单叠绕组展开图

a）展开图 b）元件连接顺序

6）画电刷及并联支路数：电刷数等于磁极数，放置电刷时应使正负电刷间的感应电动势最大，或被电刷短路的元件感应电动势最小，即放在磁极的中心线上，电刷间的电动势等于并联支路的电动势。如图2-41所示，被电刷短接的元件正好是1、5、9、13。

图2-42　单叠绕组并联支路

单叠绕组将位于同一磁极下的各个元件串联起来组成一个支路，即支路数等于磁极数。例如：如图2-42所示，单叠绕组并联支路为（2、3、4）、（6、7、8）、（10、11、12）、（14、15、16）。电枢电流等于各并联支路电流之和。

例7　一台直流电动机，$Z = S = K = 15$，$2p = 4$，$u = 1$ 接成单波绕组，其特点是 $y = y_K = \dfrac{K \mp 1}{p}$，负号为左行绕组，试绘制单波绕组展开图。

解　具体绘制步骤如下：

（1）计算节距

$$y_1 = \frac{Z}{2p} \mp \varepsilon = \left(\frac{15}{4} + \frac{1}{4}\right)槽 = 4 \text{ 槽}$$

$$y = y_K = \frac{K \mp 1}{p} = \frac{15 - 1}{2}槽 = 7 \text{ 槽}$$

$$y_2 = y - y_1 = (7 - 4)槽 = 3 \text{ 槽}$$

（2）绘制展开图

1）绘出元件的连接顺序，如图2-43a所示。

2）绘制展开图，如图2-43b所示。

从图2-43b中可见，第1个元件的上层边放入1号槽，下层边放入5号（$1 + y_1 = 5$）槽，再接到8号（$1 + y_K = 1 + 7 = 8$）换向片上，第2个元件的上层边放入8号槽内，下层边放入12号（$8 + 4 = 12$）槽内，接到15号换向片上，依次类推构成闭合回路。

3）电刷的位置和并联支路数：

① 在元件对称时，电刷应放在磁极的中心线上，支路电势最大。

② 元件5、12、1、8、9被电刷短接，同极下的各个元件串联组成一个支路，支路对数 $a = 1$，与磁极对数 p 无关，如图2-44所示。

③ 电刷采用（全额电刷）等于磁极数，电刷电动势等于支路电动势，电枢电流等于各支路电流之和。

2. 直流电动机的励磁方式

直流电动机按励磁方式可分为他励、并励、积复励、差复励和串励电动机，

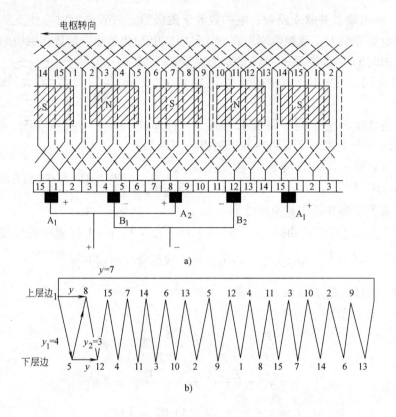

图 2-43 单波绕组展开图

a) 展开图　b) 元件连接顺序

图 2-44 单波绕组并联支路

如图 2-45 所示。

　　(1) 他励直流电动机　他励直流电动机的励磁绕组和电枢分别由两个不同的电源供电，如图 2-45a 所示。他励直流电动机的励磁电流与电枢电流无关，不受电枢回路的影响。这种励磁方式的直流电动机具有较硬的机械特性，一般用于

图2-45　直流电动机的各种励磁方式
a) 他励　b) 并励　c) 积复励　d) 差复励　e) 串励

大型和精密直流电动机驱动系统中。

（2）并励直流电动机　并励直流电动机的励磁绕组和电枢由同一电源供电，如图 2-45b 所示。并励直流电动机的特性与他励式基本相同，一般用于恒压系统。中小型直流电动机多为并励式。

（3）串励直流电动机　串励直流电动机的励磁绕组与电枢回路串联，如图 2-45e 所示。串励直流电动机具有很大的起动转矩，但其机械特性很软，且空载时有极高的转速，串励直流电动机不准空载或轻载运行。串励直流电动机常用于要求很大起动转矩且转速允许有较大变化的负载，如电瓶车、起货机、起锚机、电车、电传动机车等。

（4）积复励直流电动机　积复励直流电动机除并励绕组外，还接入一个与电枢回路相串联、励磁磁动势方向与并励绕组磁动势方向相同的少量串励绕组，如图 2-45c 所示。积复励直流电动机具较大的起动转矩，其机械特性较软，介于并励式和串励式之间。多用于要求起动转矩较大，转速变化不大的负载，如拖动空气压缩机、冶金辅助传动机械等。由于积复励直流电动机在两个不同旋转方向上的转速和运行特性不同，因此不能用于可逆驱动系统中。

（5）差复励直流电动机　差复励直流电动机，除并励绕组外，还接入一个与电枢回路相串联、励磁磁动势方向与并励绕组的磁动势方向相反的串励绕组，如图 2-45d 所示。这种电动机起动转矩小，但其机械特性较硬，有时还可能出现上翘特性。差复励直流电动机一般用于起动转矩小，而要求转速平稳的小型恒压驱动系统中。这种励磁方式的直流电动机也不能用于可逆驱动系统中。

二、直流电动机的使用与维护

1. 电枢绕组的故障与修理

（1）电枢绕组的短路与断路故障

1）故障检查：首先将电源或外部电路切断，转子静止不动，把电刷提起，用一个低电压大电流的直流电源，接到换向器两端，用直流毫伏表测量每两个换向片之间的电压。通过测量各片间的电压，很容易找到绕组元件短路和断路点的存在。断路点片间的电压较高，短路间的电压较低。通电时注意电流不可超过额定电流（在叠绕组中指一对并联支路所允许通过的电流），以免烧毁电枢绕组，如图2-46所示。

2）找出故障点后，如果是绕组短路，对故障点应用砂纸打光，重新包匝间绝缘，再嵌入线槽。如果是绕组断路，可以采用对接银磷铜焊，必要时也可以在中间加接相同规格及材质的导线进行对接焊，用绝缘材料绑扎好。

（2）电枢绕组接地

1）故障拖灯检查法：如图2-47所示，用220V小功率交流拖灯接在换向片和轴上，根据试验时观察到的火花、烟雾、响声来判断接地点。

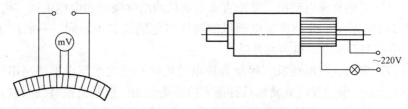

图2-46　检查电枢绕组的
短路与断路故障

图2-47　用拖灯检查
电枢绕组的接地点

2）故障处理：如果故障点在端部和槽口，可以用绝缘薄膜将其包扎好。如果故障点在槽内，必要时重新更换线圈。

2. 直流电机换向器的修理

（1）直流电机换向器的作用　换向器的结构如图2-48所示。对于发电机，换向器的作用是把电枢绕组中的交变电动势转变为直流电动势向外输出直流电

图2-48　换向器的结构
a）换向片　b）换向器

压；对于电动机，它是把外界供给的直流电流转变为绕组中的交变电流以使电动机旋转。

（2）直流电机换向器的故障与修理

1）换向片短路的处理。将云母沟中流入的焊锡、金属、碳粉清理干净即可。

2）电刷位置偏离中性线的处理。将电刷全部抬起，在励磁绕组引线端连接一个蓄电池和一个开关，断开和合上开关时，用毫伏表依次测量一个极距内换向片间的电压，读数最小位置即为电刷的几何中性线位置，如图 2-49 所示。

3）换向器表面灼伤的处理。轻微灼伤可以用细砂纸打磨光。对于严重灼伤，应将换向器置于车床上低速旋转，车光，然后进行云母沟的下刻和换向片的倒棱，如图 2-50 所示。

图 2-49　电刷几何中性线位置的确定　　　　图 2-50　云母沟的正确刻法

3. 直流电机的性能试验

（1）电机绕组的极性检查

1）检查目的：确定各绕组的绕制、装配及相互间的连接是否正确，以保证电机的正常运行。

2）检查方法：

① 检查主磁极与换向极绕组连接的正确性：直流电机的主磁极总是成对出现的，各主磁极励磁绕组的连接，必须使相邻磁极的极性按 N 极和 S 极的顺序依次排列。直流电机的换向极也是成对出现的，且安装在相邻主磁极之间，其数量和主磁极数量相同。主磁极与换向极的交替排列关系应为：顺着电机旋转方向，在发电机中，每个主磁极后面装的是极性相反的换向极；而在电动机中，每个主磁极后面则是相同极性的换向极。

检查方法有观察法、磁针法和试验线圈法。一般使用磁针法。对于开启式电机的磁极绕组能够看见时，可沿着磁极检查各绕组的绕制方向及其相互间的连接。

磁针法也叫做指南针法，在磁极绕组内通以适当的电流，再将磁针放在电机外壳和固定磁极的螺钉上，观察磁针的偏转方向，就可确定各磁极的极性。也可在相邻两个磁极极靴之间插入两个短铁棒，当磁极绕组通电后，如相邻磁极的极性相反，则两铁棒相互吸引，反之则互相排斥。

　　② 检查换向极绕组和补偿绕组对电枢绕组之间连接的正确性。换向极绕组和补偿绕组与电枢绕组都是串联连接的，分别将电池接到换向极绕组和补偿绕组，如图2-51所示。

图2-51　换向极和补偿绕组对电枢极性的检查接线
a) 换向极对电枢　b) 补偿极对电枢

　　毫伏表接于电刷两端，当手动开关S合上的瞬间，电枢绕组中产生感应电动势，其方向可由毫伏表确定，如毫伏表指针向右偏转（即电枢绕组的 A_2 端与换向极绕组的 B_1 端或补偿绕组的 C_1 端为同名端），则表示两绕组之间的连接是正确的。因为此时电枢绕组的磁通与换向极绕组和补偿绕组的磁通方向相反，反之则接线错误。若换向极绕组由两部分构成，则分别将电池接在电枢的两侧，分两次检查。

　　(2) 电刷中性线位置的确定

　　1) 确定目的：在电机各绕组正确接线情况下，为保证电机运转性能良好，电刷必须在中性线位置上，为此，在电机运转前，应对电刷中性线的位置进行检查。

　　2) 常用方法：

　　① 感应法。感应法是确定电刷中性线位置最常用的方法。当电刷在中性线位置时，主磁极绕组和静止的转子绕组之间的感应电动势为零。因此，在电机静止状态下，先将毫伏表接在相邻两组电刷上，同时在励磁绕组上接上 1.5~6V 直流电源，并交替接通或断开电源；然后逐步移动刷架位置，在不同位置上测量出励磁电流断开时的转子绕组感应电动势的值。感应电动势为零时电刷所在的位置，就是电刷中性线位置。然后紧固刷架固定螺钉。在固定刷架位置后，再重复校验一遍，看其是否在最佳中性线位置。

② 正反转法。用正反转法确定电刷中性线位置时，电机最好接成他励方式进行试验。电机在外施电压不变、励磁电流不变的情况下空载进行正转和反转，分别测量电机在正转和反转时的转速，若两者转速相等，此时电刷所在的位置即是中性线位置。若转速不相等，则需要移动刷架进行调整。

刷架调整的方法是：假设电机正转时的转速为 1500r/min，反转时的转速为 1400r/min，此时应将刷架按电机反转时的旋转方向移动，使转速升高到 1450r/min，再进行正转方向验证，看是否也下降到 1450r/min，若仍不相等，则继续按上述方法进行调整，直到电机在正反两个方向旋转时转速数值相等或正反转时的转速与其算术平均值之差都小于 5% 为止。

注意：用此法测定刷架中心时，电机若带有串励绕组时，试验时串励绕组不可接入，以便于试验。若带串励绕组试验时，在电机反转时，串励绕组也必须跟着反接。

（3）绕组直流电阻的测定

1）测定目的：确定直流电机电枢绕组及接线是否正确。

2）测定方法：测量绕组的直流电阻最好采用双臂电桥。测量时应测量三次，取其算术平均值，同时用温度计测量环境温度。

测得的各绕组的直流电阻值与制造厂或安装时最初测得的数据进行比较，其相差不得超过 ±2%。

（4）空载试验

1）试验的目的：主要是检查直流电机各部分有无过热，电刷下有无火花。这时对直流发电机要测定空载电压的建立是否正常，尤其是并励发电机，一定要能建立正常电压。对直流电动机要监视其在额定电压下的转速是否正常及稳定。

2）试验方法：试验时，逐步增加电机的励磁电流，直至电枢两端的电压为额定电压的 1.2 倍；然后逐步减少励磁电流到零，逐段记录电枢两端电压及励磁电流的数据（在额定电压左右多取几点数据），作出空载特性曲线。同时可以在空载试验中检查铁心是否发热或过热、轴承的温度是否过高、噪声及正反向转动时的换向火花是否正常。

（5）负载试验

1）试验目的：考验电机在额定工作条件下输出是否稳定，并检查电机的换向和振动情况，检查电机各部分的温升是否合格。

2）试验方法：直流电动机额定负载试验如图 2-52 所示。

图 2-52　直流电动机额定负载试验

当电动机在额定电流、电压及额定励磁电流时，加上额定负载，检查换向火花、转速及温升。各项技术指标应符合要求。

试验时，每半小时记录一次电枢电压、电流、励磁电压、励磁电流、转速、火花等级及温度等数据。

（6）短时过载试验

1）试验目的：主要是检验电机的过载能力及力学性能。

2）试验方法：如图2-52所示，改变 R_2 的阻值，使负载增加至额定负载的1.5倍，超载时间15s，电机应不损坏或变形，并检查换向火花是否超过所允许的换向火花等级要求。

◇◇◇ 第五节　电气设备的使用与维修技能训练实例

● 训练1　三相异步电动机定子绕组接地故障的检修

1. 工具、仪表、器材

故障电动机1台、绝缘电阻表、MF47型万用表、电工工具、绝缘材料等。

2. 训练步骤

1）拆开接线盒内的绕组连接片。

2）将三相异步电动机解体，取出端盖及转子。

3）用绝缘电阻表分别测量各相绕组与机壳之间的绝缘电阻，若测出某相对地绝缘电阻为零，则说明该相为故障相。

4）将定子绕组加热，使绝缘软化。

5）将接地相绕组分成两半，用万用表测量并找出接地部分。以此类推，逐步缩小故障范围，直至找出故障点。

6）由于接地故障一般均发生在槽口边上，因此可用绝缘板撬动故障线圈，或用小木棒敲击该线圈两端面的齿片，通过测量查找出接地点。

7）打出该槽口的槽楔，用划线板在接地处撬动线圈，在该处垫上绝缘材料，并涂上少量绝缘漆。

8）用绝缘电阻表测量绝缘电阻，如合格，即可恢复接线及打上槽楔。

9）如时间允许，可对定子绕组进行浸漆、烘干处理。

3. 注意事项

1）用绝缘电阻表测量绝缘电阻，如合格后即可恢复接线及打上槽楔。

2）用木槌和木棒敲击槽口端面齿片时，要轻轻敲击，不能使齿片损坏绝缘。

3）要仔细操作和观察，正确找出故障点。

4. 评分标准（见表2-14）

表2-14 三相异步电动机定子绕组接地故障检修的评分标准

项目内容	配分	评 分 标 准	扣分	得分
寻找故障点	40分	① 拆开电动机步骤不对扣10分 ② 绝缘电阻测量有误扣10分 ③ 查找接地点方法有错扣10分 ④ 未能正确判定接地点扣10分		
修理质量	40分	① 不能正确排除故障扣20分 ② 第二次仍未排除故障扣20分 ③ 电动机装配顺序不对扣10分		
安全、文明操作	10分	每一项不合格扣5分		
工时：3h	10分	每超时5min扣2分		
评 分				

● 训练2 直流电动机电枢绕组故障的检修

1. 设备、仪表、工具

直流电动机、万用表、直流毫伏表、6V直流电源、6V低压校验灯、大功率电烙铁及焊锡、电工工具等。

2. 训练步骤

（1）电枢绕组接地故障的检查 将低压直流电源按图2-53b接到相隔$K/4$或$K/2$的两片换向片上（可用胶带纸将接头粘在换向片上），注意一个接头只能和一片换向片接触。将直流毫伏表一端接转轴，另一端依次与换向片接触，观察毫伏表的读数。若测量结果大致相同，则无接地故障。若测量到某片换向片时毫伏表无读数或读数明显变小时，则该片换向片或所接的绕组元件有接地故障。

~36V

a）   b）

图2-53 检查电枢绕组接地方法

a）校验灯法 b）毫伏表法

判别是绕组元件接地还是换向片接地的方法如下:

1)用电烙铁将绕组元件接头从换向片升高处焊下来。

2)用万用表或校验灯判定故障部分。

(2)电枢绕组短路故障的检查

1)将低压直流电源按图2-54接到相应的换向片上。

图2-54 用毫伏表检查电枢绕组短路

2)用直流毫伏表依次测量并记录相邻两换向片间的电压。

3)若读数很小或为零,则接在该两片换向片上的绕组元件短路或换向片间短路。

4)最后判定故障部分可参照"接地故障"判定方法进行。

(3)电枢绕组断路故障的检查

1)同前法,将低压直流电源接到相应的换向片上。

2)用直流毫伏表依次测量并记录相邻两片换向片间的电压。

3)若相邻两换向片间电压基本相符,则表明电枢绕组无断路故障。

4)若电压表读数明显增大,则接在这两片换向片上的绕组元件断路。

3. 注意事项

1)毫伏表要选择合适的量程。

2)注意防止直流电源直接短路。

4. 评分标准(见表2-15)

表2-15 直流电动机电枢绕组故障检修的评分标准

项目内容	配分	评分标准	扣分	得分
电路接线	15分	接线错误,每次扣10分		
仪表使用	15分	① 使用方法不正确,每次扣10分 ② 损坏仪表扣20分		
故障检查	50分	① 检查方法不正确,每次扣15分 ② 故障判断有错,每次扣20分		
安全、文明操作	10分	每一项不合格扣5分		
工时:7h	10分	每超5min扣2分		
评 分				

● 训练3 交流弧焊机线圈的修理和重绕

1. 工具、仪表及器材

1）导线、绕线机及绕线模具。

2）常用电工工具、万用表、绝缘电阻表等。

2. 训练步骤

（1）短路线圈的修理 如果发现焊机冒烟，可判定是它的绝缘烧毁，一般是由匝间短路引起的。此时应拆下焊机外壳，检查短路点。弧焊机线圈一般采用饼式平绕结构，如图 2-55 所示。

图 2-55 电焊变压器线圈

由于交流弧焊机匝数较少，导线较粗，短路点一般较易发现。找到短路点后，把短路的线圈与其他线圈之间断开，然后用低压大电流对故障线圈加热。待绝缘软化后，把短路点相邻的导体撬开一些，用黄蜡绸对短路点进行包扎。另外也可采用其他绝缘物（例如 0.5mm 以下的环氧树脂板或云母片）把短路点垫开，再用绝缘带包扎。绝缘处理完毕后，把线圈回位，即完成了修理。

如果用上述方法不能消除短路点，则必须重绕线圈。

（2）线圈的重绕 焊机绕组通常由两层叠成，如图 2-56 所示。它的进出线在线圈两侧的外圈。这种线圈不能在线模上一次缠绕成形，必须按照以下工艺步骤绕制。

图 2-56 电焊变压器线圈绕制工艺

a）预缠导线 b）第一层线饼 c）第二层线饼

1—导线 2—线轴 3—绕线模 4—第一层线饼 5—第二层线饼

1）旧线圈参数测量。测量拆下的旧线圈，记录总匝数、导线截面、线饼的圈数、每圈尺寸、抽头位置、采用的绝缘材料及尺寸，并测出线圈直流电阻。

2）制造绕线模。按旧线圈尺寸制造绕制线圈的线模。

3）绕第一层线饼。如图 2-56a 所示，把绕线模和线轴一齐夹在绕线机轴上，并把新导线的一半预缠在线轴上。使用余下的一半新线在绕线模上绕制出线圈的第一层线饼，如图 2-56b 所示。绕完后用扎线扎紧。

4）绕第二层线饼。从绕线机轴上取下线轴和绕线模（连同已绕好的第一层线饼），把绕线模翻转 180°，重新套入绕线机轴并夹紧。缠有另一半导线的线轴不再套入绕线机轴内。把线轴中的另一半导线在绕线模上绕出另一个线饼，如图 2-56c 所示，与第一个线饼并列。

线圈的整个绕制过程中，应注意在层间、匝间、线饼之间采用与旧线圈相同的绝缘。若旧线圈在层间或匝间留有风道，也应按原样留出。线圈的线头、线尾、抽头的扎紧固定方法也可按旧线圈的方法进行。

5）测定线圈直流电阻。绕制完毕，包扎好的线圈，应进行直流电阻测定。测量结果与旧线圈记录值比较，误差应小于 ±5%。

6）浸漆。交流弧焊机线圈的浸漆，可采用普通变压器线圈浸漆的工艺。在现场修理，条件不具备时，也可把绕好的线圈先装入铁心，通入低压大电流加热至 60 ~ 70℃，干燥后浇绝缘漆。浇漆后，通电升温至 70 ~ 80℃，保持 4h 再浇一次，然后通电烘干。烘干后，漆膜应均匀，无皱纹与漆瘤，不粘手。

7）装配和焊接。把绕制好的线圈按原样装回焊机，即可进行焊接。焊机绕组导线较粗，一般采用铜焊。可采用气焊枪或低压电源通过碳电极进行加热。把需焊接头加热至 600 ~ 700℃（呈暗红色），即可加入焊剂和焊料，完成焊接。焊后包扎好接头绝缘，就完成了修理。

（3）重绕线圈后的试验　对重绕线圈的焊机一般应作以下试验：

1）检查绝缘电阻：对重绕后的新线圈，一次线圈对外壳或一、二次线圈间的绝缘电阻可用绝缘电阻表进行测试，不应小于 1MΩ；二次线圈对外壳的绝缘电阻不能低于 0.5MΩ。

2）对重绕线圈的空载、负载、耐压试验：空载试验的条件是一次加额定电压，二次开路。这时，焊机的空载电流不应大于该调节位置额定电流的 10%。同时，在整个焊接电流调节范围内，焊机二次空载电压均不应超过 80V。

负载试验是在一次加额定电压，二次进行焊接，测取焊接电流和二次工作电压合格的焊机，焊接电流应能在最小与最大调节范围内变化。焊机的实际最小焊接电流不应大于它的额定最小焊接电流的 25%；而实际最大焊接电流不应小于焊机额定最大焊接电流的 120%。

耐压试验在线圈与机壳之间进行。在各线圈与壳间加规定电压，持续 1min，无闪烁和击穿即为合格。耐压试验电压与焊机额定电压有关。当一次电压为220V时，试验电压为1500V；一次电压为380V时，试验电压为2000V。

3. 评分标准（见表2-16）

表2-16 交流弧焊机线圈的修理和重绕的评分标准

项目内容	考核要求	配分	评分标准	扣分	得分
故障原因分析	准确分析故障原因，准确掌握故障部位	20分	1）故障原因分析不清扣10分 2）故障部位判断不准确扣10分		
故障处理	对短路点、接地点进行绝缘处理	20分	1）绝缘处理不好，每处扣5分 2）绝缘处理后外观有毛刺每处扣5分		
线圈重绕	线圈绕制紧凑、整齐，无交叉、无崩线，绝缘无损伤、处理得当	20分	1）绕制不紧扣5分；有崩线扣5分 2）排列不整齐，有交叉扣5分 3）绝缘损伤或处理不好扣5分		
调整检测	调整合适，所有测试项目均满足要求	30分	1）外观质量不合格扣5分 2）绝缘电阻偏小扣5分 3）空载电压偏高扣5分 4）空载电流偏大扣5分 5）运行中严重发热或有响声扣5分 6）无电压输出扣5分		
安全文明操作		10分	1）每违反一次操作规程扣5分 2）工作场所不整洁扣5分		
操作工时		2h	每超时5min扣3分		
项目考核成绩					

复习思考题

1. 简述变压器的工作原理。
2. 重绕三相异步电动机定子绕组的步骤有哪些？
3. 小型电焊机的用途是什么？
4. 绕制三相异步电动机定子绕组时的注意事项有哪些？
5. 直流电动机换向器出现灼伤后如何修理？

6. 直流电动机的性能试验有哪些项目？

7. 自耦变压器一、二次绕组之间的功率是如何传递的？

8. 交流电弧焊对变压器的电性能有什么要求？电焊变压器在结构上有什么特点？它是如何满足电弧焊接的要求？

9. 交流电焊变压器与普通变压器有何区别？

10. 如何判断一台三相异步电动机定子绕组的直流电组是否平衡？

第三章

低压电器和电动机控制电路的应用

培训学习目标 熟悉低压电器的应用原理和选用方法；熟悉三相电动机起动控制电路的电路组成和工作原理；熟悉三相电动机制动控制电路的电路组成和工作原理；熟悉三相电动机调速控制电路的电路组成和工作原理；熟悉绕线转子异步电动机控制电路的电路组成和工作原理；掌握电动机控制电路的安装方法。

◇◇◇ 第一节 低压电器的应用

一、计数器的原理与应用

计数器在工业自动化控制中有着广泛的应用。近几年，随着经济的发展，计数器已由原来在控制电路中作计数控制，逐步发展成为不仅能计数控制，还可以实现自动确定长度的控制。由于这种功能的实现，使得计数器不仅适用于重工业自动化控制，而且在轻工业领域也有广泛的应用，例如纺织、印刷、食品等行业。

计数器按适用范围可以分为：

（1）滚动式计数器

1）适用范围：滚动式计数器是用于测量长度和各种机械传动的仪器，一般用于纺织、印染、塑料薄膜、人造皮革等长度记录的场合。其外形如图3-1所示。

2）工作原理：当记录长度为1m（或1码）时，滚动轮旋转3圈，计数器数字显示1，依此类推，采用十进位，但不能逆向计数。复位机构采用手动复

图 3-1 滚动式计数器的外形

位，旋转一周后数字全部为"0"字，然后为下次计数做好准备。

3）主要技术参数：

① 计数范围：0～99999。

② 转动比：1:3。

③ 最高计数速度：200 次/min。

（2）电磁式计数器

1）适用范围：常用电磁式计数器采用十进制，广泛用于印刷、纺织、印染、机械等行业。其外形如图 3-2 所示。

图 3-2 电磁式计数器的外形

2）主要技术参数：

① 计数位数：分为二位、三位、四位、五位、六位。

② 复位方式：可手动复位。

③ 最大积算容积：999999。

④ 电压种类：DC 12～220V；AC 24～220V。

⑤ 计数速度：DC 25 次/s；AC 10 次/s。

⑥ 功率：DC 3.75W；AC 4.0V·A 。

⑦ 最小脉冲宽度（通/断）：直流 25/22ms；交流 50/50ms。

（3）电子式计数器

1）适用范围：电子式计数器广泛适用于产品数量、流量、长度等所有需要计数的场合，并可与二次仪表组成显示仪器。其外形如图 3-3 所示。

图 3-3　电子式计数器的外形

2）主要技术参数：

① 额定电源电压、计数电压：AC 24V、110V、220V；DC 6.3V、12V、24V。

② 电源功耗：不大于 3W。

③ 工作环境温度：-10 ~ +45℃（无冷凝水）。

④ 预计数：1 ~ 9999（×1、×10、×100 通过面板上开关选择）。

⑤ 计数输入方式：电压输入型，即电压通过触点信号或非触点信号（电信号、传感器信号如光敏开关、接近开关等）。

⑥ 停电保持：一次开机可保持数据 3 个月以上，电池寿命 3 年以上。

⑦ 可按预置数接通或分断电路；设 ×1、×10、×100 倍率，供选择。

⑧ 装置方式：面板式、插装式。

⑨ 触点容量：28V DC 5A（阻性）；250V AC 3A。

⑩ 最大计数速度：30 次/s。

⑪ 最小计数脉宽：15ms。

⑫ 显示器件：采用大规模集成电路，LED（或 LCD）数字显示，可靠性强。

（4）红外线计数器　检测方式采用红外线遮光方式。其常见外形如图 3-4 所示。其特点是：抗干扰能力强，工作性能稳定可靠，计数范围广，高亮度数码显示等。在日常生活及生产科研中有着非常广泛的用途，可广泛应用于包装、印刷、制药、食品、纺织、造纸、陶瓷、石油、化工、冶金等行业作计数、流量等控制。

1)电路组成:由电源电路、光电输入电路、脉冲形成电路和计数与显示电路等组成。

① 电源电路:如图3-5所示,220V交流电源经过变压器降压,再经过桥式整流电路整流、电容 C_1 滤波,成为约14V的直流电;再经三端稳压集成电路LM7805稳压形成5V稳定直流电,作为光电输入电路、脉冲形成电路和计数与显示电路的工作电源。

图3-4 红外线计数器的外形

图3-5 电源电路

② 光电输入电路:红外对射管将输入电流在发射器上转换为光信号射出,接收器再根据接收到的光线的强弱或有无对目标物体进行探测。每当物体通过红外对射管中间一次,红外光就被遮挡一次,光电接收管的输出电压便发生一次变化,这个变化的电压信号经过 VT1 的放大并向计数脉冲形成电路输送信号,如图3-6所示。

图3-6 红外对射管的工作原理

③ 脉冲形成电路:当用遮挡物按正方向(设定物体从电路板下方向上移动为正方向)先挡住两红外对射管下面一次,下方的 VT2 输出高电平,经过两个非门给 C_2 充电,VT1 输出为低电平,使 U7A 输入端为 0 和 1,输出为 1,再经一

个与非门后输出为 0，即借位为 0。当用遮挡物按正方向再挡住两红外线对射管上面一次，上方的 VT1 输出高电平，经过两个非门给 C_1 充电，此时 VT2 集电极为高电平，使 U5A 两输入端为 0 和 1，输出为 0，再经一个与非门后输出为 1，即进位为 1。上方的 VT1 输出高电平时，C_2 放电使 U7A 输入端仍为 0 和 1，输出为 1，再经一个与非门后输出为 0，即借位还为 0。同理，当用遮挡物按负方向挡住两红外对射管各一下，借位输出 1，进位输出为 0，如图 3-7 所示。

图 3-7　脉冲形成电路的工作原理

④ 计数与显示电路：如图 3-8 所示，译码电路采用两块 CD40110 分别组成 BCD 七段译码器，驱动 LED 数码显示器。CD40110 计数集成电路能完成十进制的加法、减法、进位、借位等计数功能，并能直接驱动小型 LED 数码管。CR 为清零端，CR = 1 时，计数器复位；CP 为时钟端（CPU 为加法计数器时钟，CPD 为减法计数器时钟）；CO 输出进位脉冲，BO 输出借位脉冲；$\overline{CT}$ 为触发器使能端，$\overline{CT}$ = 0 时计数器工作，$\overline{CT}$ = 1 时计数器处于禁止状态。七段数码显示器件为小型 LED 共阴极数码管，CD40110 与数码管配合使用可直接显示计数结果。

2）工作原理：利用被检测物对光束的遮挡或反射，检测物体的有无，所有能遮挡或反射光线的物体均可被检测。红外计数器的工作原理框图如图 3-9 所示。

图 3-8　计数与显示电路的工作原理

图 3-9　红外计数器的工作原理框图

二、继电器的原理与应用

继电器是一种电子控制器件，它具有输入电路和输出电路，通常应用于自动控制电路中，它实际上是用较小的电流去控制较大电流的一种"电动开关"。因此，它在电路中起着自动调节、安全保护、转换电路等作用。

1. 继电器的分类

继电器的分类方法较多，可以按作用原理、外形尺寸、触点容量、防护特征、用途等分类。

（1）按作用原理分类

1）电磁继电器。在输入电路内电流的作用下，由机械部件的相对运动产生预定响应的一种继电器。它包括直流电磁继电器、交流电磁继电器、磁保持继电器、极化继电器、舌簧继电器、节能功率继电器等。

2）固态继电器。输入/输出功能由电子元器件完成而无机械运动部件的一种继电器。

（2）按外形尺寸分类　继电器按外形尺寸不同，可分为微型、超小型和小型继电器，见表3-1。

表 3-1　常用继电器的外形尺寸

名　称	外 形 尺 寸
微型继电器	最长边尺寸不大于 10mm
超小型继电器	最长边尺寸大于 10mm，但不大于 25mm
小型继电器	最长边尺寸大于 25mm，但不大于 50mm

（3）按触点容量分类　继电器按触点可通过的电流大小不同，可分为微功率、弱功率、中功率、大功率和节能功率继电器，见表 3-2。

表 3-2　常用继电器的触点容量

名　称	触 点 容 量
微功率继电器	小于 0.2A
弱功率继电器	0.2~2A
中功率继电器	2~10A
大功率继电器	10A 以上
节能功率继电器	20~100A

（4）按防护特征分类　继电器按不同的防护特征，可分为密封、塑封、防尘罩和敞开继电器，见表 3-3。

表 3-3　继电器的防护特征

名　称	防 护 特 征
密封继电器	采用焊接或其他方法，将触点和线圈等密封在金属罩内，其泄漏率较低
塑封继电器	采用封胶的方法，将触点和线圈等密封在塑料罩内，其泄漏率较高
防尘罩继电器	用罩壳将触点和线圈等封闭加以防护
敞开继电器	不用防护罩来保护触点和线圈

（5）按用途分类　继电器按用途不同，可分为通信、机床、家电用、汽车和安全继电器，见表 3-4。

表 3-4　继电器的用途

名　称	特　点
通信继电器	该类继电器（包括高频继电器）触点负载范围从低电流到中等电流，环境使用条件要求不高
机床继电器	机床中使用的继电器，触点容量大，寿命长
家电用继电器	家用电器中使用的继电器，要求安全性能好
汽车继电器	汽车中使用的继电器，该类继电器切换负载功率大，抗冲、抗振性高
安全继电器	用于实现安全功能的继电器。主要的产品以皮尔磁为代表的用于安全控制的系列产品

2. 小型通用继电器

小型通用继电器适用于电气电子控制设备，常用于家用电器、办公自动化、试验、保安（密）、通信设备、机床、建筑设备、仪器仪表等场合。可作为遥控、中间转换或放大元件，其引出端子适用于印制板（PCB）电路安装与使用，而且其端子间距和外形尺寸已标准化、系列化、国际通用。

例如：JQX 系列小型通用继电器具有体积小，通断负载电流大，使用寿命长等特点，可用于各种控制通信设备及继电器保护设备中作为切换交、直流电路信号使用，也可用于各种电子设备、通信设备、电子计算机控制设备中，用于切换电路及扩大控制范围。其外形如图 3-10 所示。

图 3-10　JQX 系列小型通用继电器的外形

小型通用继电器一般由铁心、线圈、衔铁、触点簧片等组成的。只要在线圈两端加上一定的电压，线圈中就会流过一定的电流，从而产生电磁效应，衔铁就会在电磁力吸引的作用下克服返回弹簧的拉力吸向铁心，从而带动衔铁的动触点与静触点（常开触点）吸合。当线圈断电后，电磁的吸力也随之消失，衔铁就会在弹簧力作用下返回原来的位置，使动触点与静触点（常闭触点）吸合。这种触点的吸合、释放，从而达到了在电路中的导通、切断的目的。

3. 固态继电器

固态继电器是一种全部由固态电子元器件组成的新型无触点开关器件，它利用电子元器件（如开关晶体管、双向晶闸管等半导体器件）的开关特性，可达到无触点无火花地接通和断开电路的目的，因此又被称为"无触点开关"，它问世于 20 世纪 70 年代，由于它的无触点工作特性，使其在许多领域的电控及计算机控制方面得到日益广泛的应用。其外形如图 3-11 所示。

固态继电器按使用场合不同，可以分为交流型和直流型两大类，它们分别在交流或直流电源上作为负载开关，不能混用。

（1）交流（过零型）固态继电器的工作原理　固态继电器由输入电路、隔

图 3-11　固态继电器的外形

离（耦合）电路和输出电路组成。如图 3-12 所示，在输入电路控制端加入信号后，光耦合器 IC1 内部光敏晶体管呈导通状态，串接电阻 R_1 对输入信号进行限流，以保证光耦合器不会损坏。发光二极管 LED 用于指示输入端控制信号，VD1 可防止输入信号正负极性接反时用于保护光耦合器 IC1。晶体管 V1 在电路中起到交流电压检测的作用，使固态继电器在电压过零时开启，在负载电流过零时关断。当 IC1 中光敏晶体管截止时（控制端无信号输入时），V1 通过 R_2 获得基极电流使之饱和导通，从而使晶闸管 SCR 门极触发电压 U_{GT} 被钳在低电位而处于关断状态，最终导致双向晶闸管 BTA 在门极控制端 R_6 上无触发脉冲而处于关断状态。当 IC1 中光敏晶体管导通时（控制端有信号输入时），晶闸管 SCR 的工作状态由交流电压零点检测晶体管 V1 来确定其工作状态。如电源电压经 R_2 与 R_3 分压，A 处电压大于过零电压（$U_A > U_{BE1}$）时，V1 处饱和导通状态，SCR、BTA 都处于关断状态；如电源电压经 R_2 与 R_3 分压，A 处电压小于过零电压（$U_A > U_{BE1}$）时，V1 处于截止状态，SCR 通过 R_4 获得触发信号而导通，从而

图 3-12　交流固态继电器

使 BTA 在 R_6 上也获得触发信号后呈导通状态，对负载电源进行关断控制。如此时控制端信号关断后，负载电流也随之减小至 BTA 的维持电流 I_h 时可自行关断，切断负载电源。

交流过零型固态继电器，因其电压过零时开启，负载电流过零时关断的特性，它的最大接通、关断时间是半个电源周期，在负载上可得到一个完整的正弦波形，也相应减少了对负载的冲击，而在相应的控制电路中产生的射频干扰也大大减少，因此在工控领域中得到广泛应用。

（2）直流固态继电器的工作原理　如图 3-13 所示，在输入控制电路中电阻 R_1 串接在光耦合器 IC1 输入端，它的作用是对发光二极管进行限流保护，发光二极管 LED 对输入控制信号给予指示，VD1 对输入端的反偏电压进行保护。当控制端无信号输入时，光耦合器 IC1 中的光敏晶体管呈截止高阻状态，V1 通过 R_2 获得其基极电流使之饱和导通，从而导致晶体管 V2、V3、V4 均处在截止状态，使其固态继电器呈关断状态。当控制端有信号输入时，IC1 中光敏晶体管导通，使 V1 呈截止状态，因 V2、V3、V4 导通而使固态继电器呈接通状态，并将电源加至负载上，直流固态继电器的输出端因输入端信号的加入而导通，因输入信号的消失而关断。

图 3-13　直流固态继电器

大功率低电压的直流固态继电器的输出开关普遍采用功率场效应晶体管来替代功率晶体管，以此来降低输入控制功率。

直流固态继电器与交流固态继电器相比，无过零控制电路，也不必设置吸收电路，开关器件一般用大功率开关晶体管，其他工作原理相同。

在使用直流固态继电器时应注意以下几点：

1）负载为感性时，如直流电磁阀或电磁铁，应在负载两端并联二极管，极性如图 3-13 所示，二极管的电流应等于工作电流，电压应大于工作电压的 4 倍。

2）固态继电器工作时应尽量靠近负载，其输出引线应满足负荷电流的需要。

3）使用的电源经交流电整流所得，其滤波电解电容应足够大。

（3）固态继电器的主要特点 它成功地实现了弱电信号对强电（输出端负载电压）的控制。由于光耦合器的应用，使控制信号所需功率极低（约十毫瓦就可正常工作），而且弱电信号所需的工作电平与 TTL、HTL、CMOS 等常用集成电路兼容，可以实现直接连接。这使固态继电器在数控和自控设备等方面得到广泛应用。在相当程度上可取代传统的线圈—簧片触点式继电器。

固态继电器由于是由全固态电子元器件组成的，它没有任何可动的机械部件，工作中也没有任何机械动作；固态继电器由电路的工作状态变换实现"通"和"断"的开关功能，没有电接触点，所以它具有一系列线圈—簧片触点式继电器不具备的优点，即工作高可靠、长寿命、无动作噪声、耐振耐机械冲击、安装位置无限制、很容易用绝缘防水材料灌封做成全密封形式，而且具有良好的防潮、防霉、防腐性能，在防爆和防止臭氧污染方面的性能也极佳。

交流固态继电器由于采用过零触发技术，因而可以使固态继电器安全地应用在计算机输出接口上，不必为在接口上采用线圈—簧片触点式继电器而产生的一系列对计算机的干扰而烦恼。此外，固态继电器还有能承受在数值上可达额定电流 10 倍左右的浪涌电流的特点。

（4）固态继电器的特性参数 固态继电器的特性参数包括输入和输出参数等，现对主要几个参数说明如下：

1）额定输入电压。它是指在额定条件下能承受的稳态阻性负载的最大允许电压有效值。如果受控负载是非稳态或非阻性的，必须考虑所选产品是否能承受工作状态或条件变化时（冷热转换、静动转换、感应电动势、瞬态峰值电压、变化周期等）所产生的最大合成电压。例如，负载为感性时，所选额定输出电压必须大于两倍电源电压值，而且所选产品的阻断（击穿）电压应高于负载电源电压峰值的两倍。

又如，在电源电压为交流 220V、一般的小功率非阻性负载的情况下，应选用额定电压为 400～600V 的固态继电器产品；但对于频繁起动的单相或三相电动机负载，应选用额定电压为 660～800V 的固态继电器产品。

2）额定输出电流。额定输出电流是指在给定条件下（环境温度、额定电压、功率因数、有无散热器等）所能承受的最大电流的有效值。如周围温度上升，应按曲线作降额使用。

3）浪涌电流。浪涌电流是指在给定条件下（室温、额定电压、额定电流和持续的时间等）不会造成永久性损坏所允许的最大非重复性峰值电流。交流继电器的浪涌电流为额定电流的 5～10 倍（一个周期），直流产品为额定电流的 1.5～5 倍（1s）。

(5) 固态继电器的选用方法

1) 在选用时, 如负载为稳态阻性, 固态继电器可全额或降额10%使用。

2) 对于电加热器、接触器等, 初始接通瞬间出现的浪涌电流可达3倍的稳态电流, 因此, 固态继电器降额20% ~30%使用。

3) 对于白炽灯类负载, 固态继电器应按降额50%使用, 并且还应加上适当的保护电路。

4) 对于变压器负载, 所选产品的额定电流必须高于负载工作电流的两倍。

5) 对于感应电动机负载, 所选产品的额定电流值应为电动机运转电流的2~4倍, 固态继电器的浪涌电流值应为额定电流的10倍。

6) 固态继电器对温度的敏感性很强, 工作温度超过标称值后, 必须降热或外加散热器, 例如额定电流为10A的JGX—10F型固态继电器, 不加散热器时的允许工作电流只有10A。

◇◇◇◇ 第二节 三相笼型异步电动机的起动控制电路

在工业生产中, 多以电力为原动力, 用电动机拖动生产机械使之运转的方法称为电力拖动。电力拖动是由电动机、控制和保护设备、生产机械及传动装置等部分组成。

任何复杂的控制电路都是由一些比较简单的、基本的控制电路或控制环节所组成的。

三相笼型异步电动机有全压起动和减压起动两种起动方式。起动时, 其定子绕组上的电压为电源额定电压的, 属于全压起动, 也称为直接起动。对于较大功率的电动机时, 一般采用减压起动。

(1) 全压起动 全压起动控制电路简单、电气设备少, 是一类最简单、经济的起动方法。只要电网的容量允许, 应尽量采用此种方法。但全压起动时电流较大, 可达电动机额定电流的4~7倍, 会使电网电压显著降低, 影响在同一电网工作的其他设备的稳定运行, 甚至使其他电动机停转或无法起动。

(2) 减压起动 减压起动的主要目的是减小起动电流, 避免起动瞬间电网电压的显著下降。

减压起动时降低加在电动机定子绕组上的电压, 待电动机起动后, 再将电压恢复到额定值, 使电动机在额定电压下运行。常用的减压起动方式有: 串电阻(或电抗器)减压起动、丫-△减压起动、自耦变压器减压起动、延边三角形减压起动等。

一、串电阻减压起动控制电路

1. 定子绕组串电阻减压起动

图 3-14 中 KM1 为接通电源接触器，KM2 为短接电阻接触器，R 为减压起动电阻。电动机起动时在三相定子绕组中串入电阻，使定子绕组上的电压降低，起动结束后再将电阻短接，电动机全压运行。

图 3-14 定子绕组串电阻减压起动控制电路

该电路的工作原理如下：合上电源开关 QS，按下起动按钮 SB2，接触器 KM1 通电并自锁，时间继电器 KT 通电，电动机定子串入电阻 R 减压起动。经一段时间后，KT 的常开触头延时闭合，接触器 KM2 通电，三对主触头将电阻 R 短接，电动机全电压运行。

注意：KT 的延时时间应根据电动机的起动要求来调整。

2. 自动与手动控制定子绕组串电阻的减压起动

图 3-15 是在图 3-14 的基础上增加了一只开关 SA，其手柄有两个位置，当手柄置于 M 位置时为手动控制，当手柄置于 A 位置时为自动控制；另外还增加了按钮 SB3，用于完成电动机进入全压运行的升压控制；在控制回路中设置了 KM2 自锁触头与联锁触头，从而提高了电路的可靠性。

该电路的工作原理如下：

（1）自动控制 将开关 SA 的手柄置于 A 位置，按下起动按钮 SB2，KM1 线圈通电并自锁，主触头闭合，电动机串电阻减压起动；KM1 的辅助常开触头闭合，KT 线圈通电，经过延时后，其延时触头闭合，KM2 线圈通电并自锁，主触头闭合，将 KM1 主触头和电阻 R 短接后，电动机进入全压运行，从而实现了定子绕组串电阻减压起动的自动控制。

图 3-15　自动与手动串电阻减压起动控制电路

（2）手动控制　将开关 SA 的手柄置于 M 位置，按下起动按钮 SB2，KM1 线圈通电并自锁，主触头闭合，使电动机串电阻减压起动；当其转速接近稳定转速时，则按下按钮 SB3，KM2 线圈通电并自锁，将 KM1 主触头和电阻 R 短接后，电动机进入全压运行，从而实现了定子回路串电阻减压起动的手动控制。

定子绕组串电阻减压起动方式具有结构简单、起动平稳且运行可靠的优点，但该方式仅适于空载起动或轻载起动的场合。另外，因使用起动电阻，将使控制柜体积增大、电能损耗增大，所以对于大功率电动机往往采用连接电抗器来实现减压起动。

二、丫-△减压起动控制电路

对于正常运行时定子绕组为"△联结"的三相笼型异步电动机，可采用丫-△减压起动的方式，即电动机起动时，将定子绕组先连接为丫联结（此时每相绕组承受的电压为全压起动的 $1/\sqrt{3}$，起动电流为全压起动时电流的 1/3，起动转矩为全压起动时的 1/3）；待电动机转速上升到一定值时，再将定子绕组转为△联结，使电动机在全压下运行。

丫-△减压起动方式，只适用于轻载或空载下的起动。常用的控制电路有以下两种：

1. 两只接触器控制的丫-△减压起动

图 3-16 中，KM1 为电源接触器，KM2 为丫-△联结接触器。该电路常用于功率为 4~13kW 的三相笼型电动机的控制。

该电路的工作原理如下：

起动时，按下按钮 SB2，其常闭触头先断开联锁接触器 KM2 的线圈回路；

图 3-16 两只接触器控制的丫-△减压起动控制电路

SB2 的常开触头随即闭合，使接触器 KM1 的线圈通电，KM1 的主触头闭合，将三相电源接入电动机的定子绕组，电动机丫联结减压起动。同时，时间继电器 KT 的线圈也已通电，经过整定时间的延时后，其常闭触头先断开，使接触器 KM1 的线圈断电，KM1 的主触头断开，电动机定子绕组断开丫联结；KM1 的辅助常闭触头复位，此时 KT 的常开触头闭合，使接触器 KM2 的线圈通电并自锁。由于 KM2 主触头的动作，使电动机的定子绕组由丫联结转为△联结，并使接触器 KM1 的线圈再次通电，KM1 的主触头闭合，给电动机定子绕组接通电源，此时电动机△联结全压运行。

停止时，按下停止按钮 SB1，KM1、KM2 线圈断电，所有触头均复位，电动机停止运行。

2. 三只接触器控制的丫-△减压起动

图 3-17 中，KM1 为电源接触器，KM2 为△联结接触器，KM3 为丫联结接触器，KT 为通电延时时间继电器。当电动机功率大于 13kW 时，多采用此种电路。

该电路的工作原理如下：

合上电源开关，按下按钮 SB2，接触器 KM1 线圈通电并自锁，使接触器 KM3 线圈也通电；KM1、KM3 的主触头闭合，电动机接成丫联结，接入三相电源减压起动。同时，时间继电器 KT 线圈通电，经过整定时间延时后，其常闭触头断开，接触器 KM3 线圈失电，其辅助常闭触头复位，为接触器 KM2 线圈通电做准备；KM3 主触头断开，使电动机断开丫联结；KT 的另一对常开触头闭合，接触器 KM2 线圈通电并自锁，KM2 主触头闭合，电动机接成△联结全压运行。

停止时，按下停止按钮 SB1 即可。上述电路中由时间继电器完成从丫联结起动到△联结运行的自动控制。

注意：时间继电器延迟动作时间的长短，可依电动机功率来决定，电动机功

图 3-17 三只接触器控制的丫-△减压起动控制电路

率大延迟时间长，功率小则延迟时间短。

注意：实际上还经常用到成形丫-△起动器，以实现减压起动。

图 3-18 所示为 QJX2 系列成形丫-△起动器，适用于交流 50Hz（或 60Hz）、额定电压为 380V 时控制功率至 80kW 的三相笼型异步电动机，用于控制电动机定子绕组由星形联结至三角形联结的换接起动、运行及停止。若配装相应规格的热继电器后，可实现对电动机的过载及断相保护。

图 3-18 QJX2 系列成形丫-△起动器

三、自耦变压器减压起动控制电路

自耦变压器减压起动是利用三相自耦变压器将电动机在起动过程中的端电压降低，以达到减小起动电流的目的。

减压起动用的自耦变压器又称为起动补偿器。设自耦变压器的电压比为 k，则减压起动时，电动机定子电压为直接起动时的 $1/k$，定子电流也为直接起动时的 $1/k$，则变压器一次电流降为直接起动时的 $1/k^2$。由于电磁转矩与外加电压的二次方成正比，故起动转矩也降低为直接起动时的 $1/k^2$。

自耦变压器二次侧有电源电压的 60%、80%、100% 等抽头，使用时可根据电动机起动转矩的要求具体选择。因能获得 42.3%、72.3% 及 100% 全压起动时的转矩，显然比Y-△减压起动时的 33% 的起动转矩要大得多，所以自耦变压器虽然价格较贵，但仍适用于功率较大的、不能用Y-△减压起动的异步电动机。

常用的自耦变压器减压起动控制电路有以下两种：

1. 两只接触器控制的自耦变压器减压起动

图 3-19 中，KM1 为减压接触器，KM2 为运行接触器，T 为三相自耦变压器。

图 3-19 两只接触器控制的自耦变压器减压起动控制电路

该电路的工作原理如下：

合上电源开关 QS，按下起动按钮 SB2，KM1 和 KT 线圈同时通电，KM1 辅助常开触头自锁；主触头闭合，将自耦变压器接入电动机的定子绕组；联锁触头断开 KM2 线圈回路。自耦变压器作星形联结，电动机由自耦变压器的二次侧供电实现减压起动。经整定时间延时后，继电器 KT 的常开触头闭合，使中间继电器 KA 的线圈通电并自锁，KA 的常闭触头断开，使 KM1 线圈失电，主触头断开，切除自耦变压器；辅助常闭触头复位，为 KM2 线圈的通电做好准备。KA 的常开触头闭合，使接触器 KM2 的线圈通电，其主触头闭合，电动机全压运行。

注意：此种电路在电动机起动过程中会出现二次涌流冲击，因此仅适用于不频繁起动，电动机功率在 30kW 以下的设备中。

2. 三只接触器控制的自耦变压器减压起动

图 3-20 中，转换开关 SA 有手动和自动两个位置；KM1、KM2 为减压接触器；KM3 为运行接触器；T 为三相自耦变压器。

图 3-20　三只接触器控制的自耦变压器减压起动控制电路

该电路的工作原理如下：

（1）自动控制　将开关 SA 置于自动控制位置 A 上，按下按钮 SB2，接触器 KM1 线圈通电，其主触头闭合，将自耦变压器作星形联结；KM1 辅助常闭触头断开，切断 KM3 线圈回路，实现联锁；KM1 辅助常开触头闭合，使接触器 KM2 线圈通电，KM2 辅助常开触头闭合，维持 KM1、KM2 线圈通电；KM2 主触头闭合，将三相电源接入自耦变压器的一次侧，电动机定子绕组经由自耦变压器二次侧实现减压起动。

因 KM2 辅助常开触头闭合，使中间继电器 KA 和时间继电器 KT 的线圈通电，KA 常开触头闭合，KA 和 KT 的线圈持续通电；KA 在主电路中的常开触头闭合，将电动机定子绕组的电流互感器二次侧中热继电器 FR 的热元件短接。

经过整定时间延时后，继电器 KT 的常闭触头断开，使接触器 KM1 线圈断电，KM1 常闭触头复位，为 KM3 线圈通电做准备；KM1 常开触头复位，使 KM2 线圈断电，由此电动机定子绕组断开了自耦变压器。时间继电器 KT 常开触头闭合使 KM3 线圈通电并自锁，KM3 主触头闭合，电动机全压运行。

（2）手动控制　将开关 SA 置于自动控制位置 M 上，按下按钮 SB2 后电动机减压起动的工作过程与自动控制时相同，只是在转入全压运行时，尚需再按下 SB3，使接触器 KM1 线圈断电，KM3 线圈通电并自锁，实现全压运行。

注意：当操作按钮 SB2 时，按下的时间应稍长些，待接触器 KM2 线圈通电并自锁后才可松开，否则自耦变压器无法接入，不能实现减压起动。

自耦变压器减压起动多用于电动机功率较大的场合，因无大容量的热继电器，故采用电流互感器后使用小容量的热继电器来实现过载保护。

四、延边三角形减压起动控制电路

三相笼型异步电动机的丫-△减压起动不需要专用起动设备，但其起动转矩只有全压起动时转矩的 1/3，仅适用于空载或轻载下起动。而延边三角形减压起动是在既不增加专用起动设备，还可适当提高起动转矩的一种减压起动方法。

延边三角形减压起动，是在起动过程中将定子绕组的一部分△联结，而另一部分丫联结，使整个绕组成为延边三角形联结，待起动结束后，再将绕组接成△联结的一种减压起动方法。所以，电动机每相绕组至少有 3 个抽头，其连接情况如图 3-21 所示。

图 3-21　延边三角形减压起动时电动机定子绕组抽头的连接情况
a) 初始状态　b) 起动状态　c) 运行状态

在三相电路中，当电动机定子绕组作△联结时，每相绕组承受的相电压要比三角形联结时低，比星形联结时高。因介于两者之间，所以每相绕组的电压为 220 ~ 380V，而延边三角形减压起动转矩大于丫-△减压起动转矩。这样既降低了起动电压，又可提高起动转矩。

图 3-22 中，KM1 为延边三角形联结接触器，KM2 为电源接触器，KM3 为△联结接触器。

该电路的工作原理如下：

按下按钮 SB2，KM1、KM2、KT 线圈同时通电，KM1 的联锁触头断开，切断 KM3 线圈回路；KM1、KM2 的主触头闭合，将电动机接成延边三角形联结减压起动。经过整定时间延时之后，KT 的触头动作，其常闭触头断开，使接触器 KM1 线圈断电，电动机绕组断开延边三角形联结；KT 的常开触头闭合，KM3 线圈通电并自锁，其联锁触头断开，切断 KM1、KT 线圈回路，其主触头闭合，使电动机换接成△联结全压运行。

注意：由于此种电动机制造工艺较复杂，且其控制系统的安装与接线也较繁琐。所以，延边三角形减压起动没有被广泛应用。

图 3-22　延边三角形减压起动控制电路

五、软起动

软起动是利用软起动器使电压从某一较低值逐渐上升至额定值，起动后再用旁路接触器使电动机投入正常使用。使用时要根据电动机起动转矩的要求具体选择起动电压的大小。软起动控制电路如图 3-23 所示。

交流电动机的软起动方式能够有效地减小电动机起动时对传动系统的破坏和起动冲击，减小对电动机的热冲击负荷及对电网的影响，从而达到节约电能并延长电动机使用寿命的目的。"软起动"特别适用于经常处于轻载状态的三相交流异步电动机的减压起动和节能运行。

图 3-23　软起动控制电路

◈◈◈ 第三节　三相笼型异步电动机的制动控制电路

电动机断开电源后，因惯性作用要经过一段时间后才会完全停止下来。对于某些生产机械，这种情况是不适宜的，所以有时要对电动机进行制动。

所谓制动，是指在切断电动机电源后使它迅速停转而采取的措施。制动方式分为两种类型：机械制动和电气制动。

一、机械制动

机械制动是利用电磁铁操纵机械装置，迫使电动机在切断电源后迅速停转的方法，常用的有电磁制动器和电磁离合器制动。

1. 电磁制动器制动

电磁制动器分为通电制动型和断电制动型两种。断电制动型制动器在起重机械上被广泛采用，其优点是能够准确定位，同时可防止电动机突然断电时重物的自行坠落。

（1）电磁断电制动器控制电路（见图3-24a）

图 3-24　电磁制动器控制电路和基本结构

a）控制电路　b）基本结构

该电路的工作原理如下：

1）起动运转。先合上电源开关 QS，再按下起动按钮 SB1，接触器 KM 线圈得电，其自锁触头和主触头闭合，电动机 M 接通电源，同时电磁制动器 YB 线圈得电，衔铁与铁心吸合，衔铁克服弹簧拉力，迫使制动杠杆向上移动，从而使制动器的闸瓦与闸轮分开，电动机正常运转。

2）制动停转。按下停止按钮 SB2，接触器 KM 线圈失电，其自锁触头和主触头分断，电动机 M 失电，同时电磁制动器线圈 YB 也失电，衔铁与铁心分开，在弹簧拉力的作用下，闸瓦紧紧抱住闸轮，使电动机被迅速制动而停转。

（2）电磁通电制动型控制电路　此种通电制动型与上述断电制动型的控制方法稍有不同。当电动机得电运转时，电磁制动器线圈断电，闸瓦与闸轮分开，无制动作用；当电动机失电需停转时，电磁制动器的线圈得电，使闸瓦紧紧抱住闸轮制动；当电动机处于停转常态时，电磁制动器线圈也无电，闸瓦与闸轮分开。

2. 电磁离合器制动

电磁离合器的制动原理和电磁制动器相类似。某些机床设备和电动葫芦的绳轮就采用了这种制动方法。其中，断电制动型电磁离合器的基本结构如图3-25所示。

图3-25   断电制动型电磁离合器的基本结构

图中，电磁铁的静铁心靠导向轴（图中未画出）连接在电动葫芦本体上，动铁心与静摩擦片固定在一起，并只能作轴向移动而不能绕轴转动。动摩擦片通过连接法兰与绳轮轴（与电动机共轴）由键固定在一起，可随电动机一起转动。

它的制动原理是：电动机静止时，线圈无电，制动弹簧将静摩擦片紧紧地压在动摩擦片上，此时电动机通过轮轴被制动。当电动机通电运转时，线圈也同样得电，电磁铁的动铁心被静铁心吸合，使静摩擦片与动摩擦片分开，动摩擦片连同轮轴在电动机的带动下正常起动运转。当电动机切断电源时，线圈也同时失电，制动弹簧立即将静摩擦片连同动铁心推向转动着的动摩擦片，因弹簧张力迫使动、静摩擦片间产生较大的摩擦力，使电动机断电后立即受制动停转。

二、电气制动

电气制动是指在电动机停转时利用电气原理产生一个与实际转动方向相反的转矩来迫使其迅速停转的方法。电气制动的方法有反接制动、能耗制动、电容制动和发电制动等，本节主要介绍常用的反接制动和能耗制动。

1. 反接制动

反接制动是在电动机断电时，接入反相序电源，即交换电动机定子绕组任意两相电源线的接线顺序，以产生制动转矩使电动机停转。

反接制动适用于 10kW 以下小功率电动机的制动，并且对 4.5kW 以上的电动机进行反接制动时，需要在定子回路中串入限流电阻 R，以限制反接制动电流。通常使用速度继电器来完成对电动机转速变化的控制，并自动和及时切断电源。

（1）单向运行的反接制动控制电路　如图 3-26 所示，图中 KM1 为单向运转接触器，KM2 为反接制动接触器，KS 为速度继电器，R 为反接制动电阻。

图 3-26　单向运行的反接制动控制电路

该电路的工作原理如下：

起动时，合上电源断路器 QF，按下起动按钮 SB1，接触器 KM1 线圈通电并自锁，KM1 常闭触头断开，切断 KM2 线圈回路；同时 KM1 主触头闭合，电动机通电后旋转。当电动机转速上升到120r/min以上时，速度继电器 KS 的常开触头闭合，为制动做好准备。

停车时，按下停止按钮 SB2，接触器 KM1 线圈断电，KM1 主触头断开，电动机断开电源，但依然惯性旋转，所以速度继电器 KS 的常开触头依然闭合，此时由于 KM2 触头闭合以及 KM1 的常闭触头的复位，使 KM2 线圈通电并自锁，其主触头闭合，接入反向电源，定子绕组串接制动电阻开始制动。电动机转速迅速下降，当接近于 100r/min 时，KS 的常开触头复位，使 KM2 线圈断电，其主触头断开，电动机及时脱离电源迅速停车，制动结束。

注意：当操作按钮 SB2 时，应一按到底，否则反接制动无法实现。当电动机转速接近零时，需立即切断电源以防电动机反转。

（2）双向运行的反接制动控制电路　图 3-27 中，KM1、KM2 为双向运行接触器，KM3 为短接电阻的接触器，R 为反接制动电阻；KS-1 为正转闭合时速度继电器的常开触头，KS-2 为反转闭合时的常开触头。

图 3-27 双向运行的反接制动控制电路

该电路的工作原理如下：

正转起动时，合上电源开关 QS，按下正转起动按钮 SB2，接触器 KM1 线圈通电并自锁，KM1 辅助常闭触头（12－13）断开，切断接触器 KM2 线圈电路；KM1 主触头闭合，使电动机定子绕组经两相电阻 R 接通正向电源，电动机开始减压正向起动。当电动机转速上升到 120r/min 以上时，速度继电器 KS 的正转常开触头 KS-1 闭合，为制动做好准备，同时使接触器 KM3 的线圈通过 KS-1、KM1（14－15）通电工作，KM3 主触头闭合，于是电阻 R 被短接，电动机全压正转运行。

制动时，按下停止按钮 SB1-1，使接触器 KM1、KM3 线圈相继断电，KM1主触头断开，电动机断开正向电源惯性旋转，速度继电器 KS-1 触头依然闭合；KM3 主触头断开，电动机定子绕组接入制动电阻 R。

此时由于 SB1-2 常开触头（3－19）闭合使 KA3 线圈通电，KA3 常闭触头（15－16）断开，切断 KM3 的线圈回路；KA3 的常开触头（10－18）闭合，使KA1 线圈通电，其自锁触头闭合，KA3 线圈通电持续通电；其常开触头（3－12）闭合，使接触器 KM2 线圈通电，KM2 主触头闭合，电动机接入反向电源，定子绕组串接制动电阻开始制动。电动机转速迅速下降，当接近于 100r/min 时，KS 的常开触头 KS-1 复位，使 KA1、KA3、KM2 线圈断电，其主触头断开，电动机断电迅速停车制动。

电动机的反向起动和停车反接制动过程与上述工作过程相同，在此不再赘述。反接制动具有制动快、制动转矩大等优点，同时也有制动电流冲击过大、适用范围小等缺点。

2. 能耗制动

所谓能耗制动，是指在运行的电动机断电后，立刻给其定子绕组接入直流电源，以产生静止磁场，利用转子感应电流和静止磁场相互作用所产生的制动转矩对电动机制动的方法。

能耗制动比反接制动消耗的能量少，其制动电流比反接制动时要小得多，适用于电动机功率较大、要求制动平稳和频繁的场合，但能耗制动需要直流电源。

（1）时间继电器控制的单向能耗制动 图 3-28 中，KM1 为单向运行接触器，KM2 为能耗制动接触器，TC 为整流变压器，VC 为桥式整流器。

图 3-28　时间继电器控制的单向能耗制动控制电路

该电路的工作原理如下：

当电动机正常运行时，若按下停止按钮 SB1-1，其常闭触头断开，切断接触器 KM1 线圈电路，电动机断电后惯性旋转。与此同时，按钮 SB1-2 常开触头闭合，使时间继电器 KT 和接触器 KM2 线圈通电并自锁，KM2 主触头闭合，将两相定子绕组接入桥式整流器 VC 的电路，进行能耗制动。电动机转速迅速下降，当转速接近零时，时间继电器 KT 的整定时间到，其常闭触头断开使 KM2 和 KT 的线圈断电，制动过程结束。

（2）速度继电器控制的双向能耗制动 图 3-29 中，KM1、KM2 为双向运行接触器，KM3 为能耗制动接触器。

该电路的工作原理如下：

电动机作正向运行时，若需停车，可按下停止按钮 SB1，其常闭触头 SB1-1 断开，使接触器 KM1 线圈断电，电动机断电后惯性旋转，KS-1 常开触头仍然闭

图 3-29　速度继电器控制的双向能耗制动控制电路

合，同时因 SB1-2 触头闭合，使接触器线圈通电，KM3 主触头闭合，使直流电源加到定子绕组，电动机进行正向能耗制动，转子正向转速迅速下降。当降至 100r/min 时，速度继电器正转闭合的常开触头 KS-1 断开，KM3 线圈断电，主触头断开，定子绕组脱离直流电源，能耗制动结束。反向起动与反向能耗制动过程和上述正向情况相同。

（3）单管能耗制动控制电路　上述两种能耗制动控制电路均需用直流电源，由带变压器的桥式整流电路提供。为减少线路中的附加设备，对于功率较小（10kW 以下）且制动要求不高的电动机，可采用图 3-30 所示的无变压器单管能耗制动电路。图中 KM1 为运行接触器，KM2 为制动接触器，VD 为整流二极管，R 为限流电阻。

该电路的工作原理如下：

当电动机正常运行时，若按下停止按钮 SB1，其触头 SB1-1 断开，KM1 线圈断电；SB1-2 闭合，接触器 KM2 和时间继电器 KT 的线圈通电工作，KM2 主触头闭合。此时，电动机定子绕组断电，随即又经 KM2 主触头接入无变压器的单管半波整流电路。两相交流电源经 KM2 主触头接到电动机两相定子绕组，并由另一相绕组经接触器 KM2 主触头、整流二极管 VD 和限流电阻 R 接到零线，构成整流回路。由于定子绕组上有直流电流通过，所以电动机进行能耗制动，当其转速接近零时，KT 延时整定时间到，KM2 和 KT 线圈相继断电，制动过程结束。

图 3-30 无变压器单管能耗制动控制电路

◆◆◆ 第四节 多速异步电动机的控制电路

多速异步电动机可代替笨重的齿轮变速机构，满足只需要几种特定转速的调速装置。因其成本低，控制简单，早先在实际生产中使用较为普遍。

由电机原理可知，三相笼型异步电动机的转速公式为

$$n = \frac{60f(1-s)}{p}$$

式中 s——转差率；

f——电源频率；

p——定子绕组的磁极对数。

由此可知，若改变异步电动机的转速可通过 3 种方法来实现：一是改变电源频率 f；二是改变转差率 s；三是改变磁极对数 p。本节介绍通过改变磁极对数来实现异步电动机调速的控制。

一、双速异步电动机定子绕组的控制电路

双速异步电动机定子绕组的接线方式有两种：一种是绕组 Y 联结改接为 YY 联结；另一种是 △ 联结改接为 YY 联结。这两种方式都能使电动机的磁极对数减少 1/2。

图 3-31a 中电动机定子绕组接成三角形，三相电源线 L1、L2、L3 分别接到接线端 U1、V1、W1，每相绕组的中点各接出的一个出线端 U2、V2、W2（3 个出线端空着不接），此时电动机为低速运行；图 3-31b 为电动机定子绕组 YY 联

结，接线端 U1、V1、W1 连接在一起，U2、V2、W2 分别接三相电源 L1、L2、L3，此时电动机的转速接近于低速时的两倍。

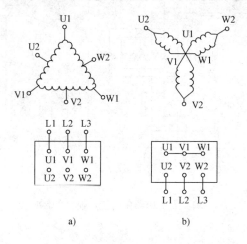

a)   b)

图 3-31   双速异步电动机定子绕组的接线方式

a) 低速△联结   b) 高速丫丫联结

1. 按钮手动控制的双速异步电动机控制电路

如图 3-32 所示，图中 KM1 为低速运行接触器，KM2 为高速运行接触器。

图 3-32   按钮手动控制的双速异步电动机控制电路

该电路的工作原理如下：

合上电源开关 QS，按下低速按钮 SB2，接触器 KM1 线圈通电并自锁，KM1 辅助常闭触头断开，切断接触器 KM2、KM3 线圈电路；KM1 主触头闭合，使电动机定子绕组为三角形联结，电动机以低速起动并运行。

如需换为高速运行，可按下高速按钮 SB3，其常闭触头断开，KM1 线圈断电，主触头断开，使电动机的定子绕组断开三角形联结，同时 KM1 辅助常闭触头复位闭合，为 KM2、KM3 线圈通电做好准备。当 SB3 的常开触头闭合后，KM2、KM3 线圈通电，KM2、KM3 辅助常闭触头断开，联锁接触器 KM1 线圈电路；KM2、KM3 主触头闭合，使电动机定子绕组为双星形联结，电动机以高速起动并运行。

2. 时间继电器自动控制的双速异步电动机控制电路

有些场合需要电动机以低速起动，然后自动转为高速运行，这个过程可以用时间继电器来控制，如图 3-33 所示。此电路的工作原理读者可自行分析。

图 3-33　时间继电器自动控制的双速异步电动机控制电路

二、三速异步电动机的控制电路

三速异步电动机定子绕组的接线方式如图 3-34 所示。图 3-34a 中定子绕组共有两套，10 个出线端，改变这 10 个出线端与电源的连接方式，就可得到 3 种不同的转速。要使电动机低速运行，只需将三相电源线 L1、L2、L3 接至接线端 U1、V1、W1，并将 W1 和 U3 出线端连接在一起（见图3-34b），其余 6 个出线端空着不接，电动机定子绕组接成△联结低速运转。

若将三相电源线 L1、L2、L3 接至接线端 U4、V4、W4（见图 3-34c），其余 7 个出线端空着不接，电动机定子绕组接成Y联结中速运转。若将三相电源线 L1、L2、L3 接至接线端 U2、V2、W2，而将 U1、V1、W1 和 U3 出线端连接在一起（见图3-34d），其余 3 个出线端空着不接，电动机定子绕组接为YY联结高速运转。

注意：图中 W1 和 U3 出线端分开的目的是当电动机定子绕组接为Y联结中

图 3-34　三速异步电动机定子绕组的接线方式

a) 两套绕组　b) △联结（低速）　c) Y联结（中速）　d) YY联结（高速）

速运转时，不会在△联结的定子绕组中产生感应电流。

采用时间继电器自动控制的三速异步电动机控制电路如图 3-35 所示。该电路的工作原理读者可自行分析。

图 3-35　时间继电器自动控制的三速异步电动机控制电路

◈◈◈◈ 第五节 绕线转子异步电动机的起动控制电路

在生产中对于要求起动转矩较大且能平滑调速的场合，通常采用三相绕线转子异步电动机。对于绕线转子异步电动机的控制，可通过集电环在转子绕组电路中串接外加电阻或频敏变阻器，以达到减小起动电流和提高起动转矩的目的。

按起动过程中绕线转子串接装置的不同，绕线转子异步电动机的起动可分为串电阻起动和串频敏变阻器起动两种方式。

一、转子绕组串电阻起动控制电路

串接在转子回路中的起动电阻，一般接成星形。起动时，起动电阻全部接入，起动过程中，起动电阻逐段被短接。短接电阻的方式有平衡短接法和不平衡短接法。凡用接触器控制时，采用平衡短接法，即将每相起动电阻对称等阻值短接。

1. 欠电流继电器控制的串电阻起动控制电路

图 3-36 中 KM1、KM2、KM3 为短接转子电阻接触器；R_1、R_2、R_3 为转子外接电阻；KUC1 ~ KUC3 为欠电流继电器。

图 3-36 欠电流继电器控制的串电阻起动控制电路

该电路的工作原理如下：

合上电源开关 QS，按下按钮 SB2，接触器 KM4 线圈通电并自锁，其主触头闭合，将三相电源接入电动机定子绕组，转子串入 R_1、R_2、R_3 全部电阻起动；同时 KM4 辅助常开触头闭合，使中间继电器 KA 线圈通电，KA 常开触头全部闭合，为接触器 KM1、KM2、KM3 线圈的通电做好准备。由于刚起动时电动机转速很小，转子绕组电流很大，3 个欠电流继电器 KUC1 ~ KUC3 吸合电流一样，故同时吸合动作，常闭触头同时断开，使 KM1、KM2、KM3 线圈均处于断电状态，保证所有转子电阻都串入转子电路，达到限制起动电流和提高起动转矩的目的。

在起动过程中，随着电动机转速的升高，起动电流逐渐减小，而 3 个欠电流继电器的释放电流不同，KUC1 释放电流最大，KUC2 次之，KUC3 最小，所以，当起动电流减小到 KUC1 释放电流值时，KUC1 首先释放，其常闭触头复位闭合，使接触器 KM1 线圈通电，KM1 的主触头闭合，短接一段电阻 R_1；由于电阻被短接，转子电流增加，起动转矩增大，致使转速又加快上升，这又使得转子电流下降，当降低到 KUC2 的释放电流时，KUC2 接着释放，其常闭触头复位闭合，使接触器 KM2 线圈通电，KM2 主触头闭合，短接第二段转子电阻 R_2；随着电动机的转速不断增加，转子电流进一步减小，直至 KUC3 释放，接触器 KM3 线圈通电，KM3 主触头闭合，短接第三段转子电阻 R_3；至此，转子电阻全部被短接，电动机起动过程结束。

为保证电动机转子串入全部电阻起动，控制电路中设置了中间继电器 KA。当 KM4 线圈通电时，其常开触头闭合，使 KA 线圈通电，再使 KA 常开触头闭合，在这之前起动电流已到达电流继电器的吸合值并已动作，其常闭触头已将 KM1、KM2、KM3 线圈回路断开，确保转子电路串入，避免了电动机的直接起动。

2. 时间继电器控制的串电阻起动控制电路

图 3-37 中 KT1、KT2、KT3 为通电延时时间继电器。转子回路三段起动电阻的短接是靠 KT1、KT2、KT3 三个时间继电器和 KM1、KM2、KM3 三个接触器的相互配合来完成的。

该电路的工作原理如下：

按下按钮 SB2 后，接触器 KM4 的通电并自锁，其主触头闭合，电动机接通电源；KM4 常开触头闭合，使时间继电器 KT1 线圈通电，但其触头未动作，因此电动机转子串全部电阻起动。经过整定时间延时后，KT1 的常开触头延时闭合，KM1 线圈通电，KM1 主触头闭合，电阻 R_1 被短接；同时 KM1 的辅助常开触头闭合，使时间继电器 KT2 线圈通电，经过一段时间延时后，KT2 的常开触头闭合，KM2 线圈通电，KM2 主触头闭合，电阻 R_2 被短接；同时 KM2 的辅助

图 3-37　时间继电器控制的串电阻起动控制电路

常开触头闭合，使时间继电器 KT3 线圈通电，经过一段时间延时后，KT3 的常开触头闭合，KM3 线圈通电并自锁，KM3 主触头闭合，电阻 R_3 被短接，KM3 辅助常闭触头断开，使 KT1、KM1、KT2、KM2、KT3 的线圈依次断电，至此所有电阻被短接，电动机起动结束，进入正常运行。

二、转子绕组串频敏变阻器起动控制电路

采用转子绕组串电阻的起动方法，使用电器较多，控制电路复杂，起动电阻体积较大，特别是在起动过程中，起动电阻的逐段切除，使起动电流和起动转矩瞬间增大，导致机械冲击。为了改善电动机的起动性能，获取较理想的机械特性，简化控制电路及提高工作可靠性，绕线转子异步电动机可以采取转子绕组串频敏变阻器的方法来起动。

1. 频敏变阻器

频敏变阻器是一种静止的、无触头的电磁元件，其电阻值随频率变化而变化。它由几块 30 ~ 50mm 厚的铸铁板或钢板叠成的三柱式铁心，在铁心上分别装有线圈，3 个线圈连接成星形联结，相当于三相电抗器，与电动机转子绕组相接。BP1 系列频敏变阻器的外形如图 3-38 所示。

频敏变阻器的等效电路及其与电动机的连接电路如图 3-39 所示。图中 R_b 为绕组的直流电阻，R 为涡流损耗的等值电阻，X 为等值感抗。

BP1 系列频敏变阻器适用于 50Hz、三相交流绕线转子异步电动机的轻载及重载做起动限流器件使用。例如：水泵、空压机、轧钢机、空气压缩机等，其型

图 3-38　BP1 系列频敏变阻器的外形

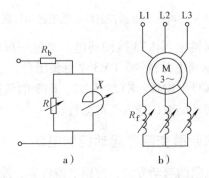

图 3-39　频敏变阻器的等效电路及其与电动机的连接电路
a) 等效电路　b) 与电动机的连接电路

号含义表示如下:

绕线转子异步电动机采用串接频敏变阻器可实现平滑无级起动, 常用于较大功率电动机的起动控制中。

2. 转子串频敏变阻器起动控制电路

(1) 单向运行电动机串接频敏变阻器起动控制电路　图 3-40 中 R_f 为频敏变

阻器，KM1 为电源接触器，KM2 为短接频敏变阻器的接触器。

图 3-40　单向运行电动机串频敏变阻器起动控制电路

该电路的工作原理如下：

按下按钮 SB2，时间继电器 KT 线圈通电，KT 瞬时触头闭合，接触器 KM1 线圈通电，KM1 辅助常开触头闭合，使 KT、KM1 线圈持续通电，KM1 主触头闭合，电动机定子绕组接通电源，转子接入频敏变阻器起动。随着电动机的转速平稳上升，频敏变阻器的阻抗逐渐自动下降，当转速上升到接近稳定转速时，时间继电器的延时时间已到，触头动作，接触器 KM2 线圈通电并自锁，KM2 主触头闭合，将频敏变阻器短接，电动机进入正常运行。

（2）正反向运行电动机串接频敏变阻器起动控制电路　图 3-41 中 KM1、KM2 为正反转电源接触器，KM3 为短接频敏变阻器的接触器，TA 为电流互感器，SA 为手动与自动选择开关。

该电路的工作原理如下：

1）自动控制：将选择开关 SA 扳向 A 位置，合上电源开关 QS，按下起动按钮 SB2，接触器 KM1 线圈通电并自锁，KM1 主触头闭合，接通电动机定子绕组的正向电源，转子接入频敏变阻器后正向起动。与此同时，KM1 辅助常开触头闭合，使中间继电器 KA 和时间继电器 KT 线圈通电，KA 的常开触头闭合，短接热继电器 FR 的热元件。

随着电动机转速的平稳上升，频敏变阻器的阻抗逐渐自动下降，当转速上升到接近稳定转速时，时间继电器的延时时间已到，触头动作，接触器 KM3 线圈通电并自锁，KM3 主触头闭合，将频敏变阻器短接，电动机进入正常的正转运

图 3-41　双向运行电动机串频敏变阻器起动控制电路

行。KM3 常闭辅助触头断开，KA 线圈失电。

反向起动控制与此相似，只是按下反向起动按钮 SB3，工作原理与上述过程相似。

2）手动控制：将选择开关 SA 扳向 M 位置，合上电源开关 QS，按下正向起动按钮 SB2，接触器 KM1 线圈通电并自锁，KM1 主触头闭合，接通电动机定子绕组的正向电源，转子接入频敏变阻器后正向起动。与此同时，KM1 辅助常开触头闭合，使中间继电器 KA 线圈通电，KA 的常开触头闭合，短接热继电器 FR 的热元件。电动机的转速平稳上升，频敏变阻器的阻抗逐渐自动下降，当转速上升到接近稳定转速时，按下手控按钮 SB4，接触器 KM3 线圈通电并自锁，KM3 主触头闭合，将频敏变阻器短接，电动机进入正常的正转运行。KM3 常闭辅助触头断开，KA 线圈失电，FR 起过载保护作用。

当进行手动控制电动机的起动时，时间继电器 KT 不起作用。电路中设置电流互感器 TA，目的是使用小容量的热继电器实现电路的过载保护。在电动机起动过程中，KA 线圈工作，其常开触头闭合，可避免因起动时间过长而使热继电器误动作。

3. 频敏变阻器的调整

频敏变阻器每相绕组备有 4 个接线端头，其中 3 个接线端头与公共接线端头之间分别对应 100%、85%、71% 的匝数，出厂时线接在 85% 的匝数上。

频敏变阻器上、下铁心由两面 4 个拉紧螺栓固定，上、下铁心的气隙大小可调，出厂时该气隙被调为零。在使用过程中，如果出现下列情况，可调整频敏变阻器的匝数或气隙。

1) 起动电流、起动转矩及电动机完成起动过程的时间的调整，均可通过换接抽头，改变匝数的方法来实现。如起动电流过小、起动转矩过小、完成起动时间过长时，可减少频敏变阻器的匝数。

2) 如果刚起动时，起动转矩过大，有机械冲击现象，而起动完毕后，稳定转速又偏低时，应将上、下铁心的气隙调大。具体方法是拧开铁心的拉紧螺栓，在上、下铁心间增加非磁性垫片。气隙的增大虽使起动电流有所增加，起动转矩稍有减小，但是起动完毕后电动机的转矩会增加，而且稳定运行时的转速也会得到相应的提高。

◇◇◇◇ 第六节　电动机控制电路的应用技能训练实例

● 训练 1　 Y-△减压起动控制电路的安装

1. 目的要求

掌握接触器控制的 Y-△减压起动控制电路的安装方法。

2. 工具、仪表及器材

（1）工具和仪表　螺钉旋具、尖嘴钳、断线钳、剥线钳、MF47 型万用表等。

（2）器材　控制板一块，导线、走线槽若干；U 形冷轧片等。

3. 安装步骤

1) 根据图 3-17 所示电路配齐所用电器元件，并检验元件质量。

2) 在控制板上安装电器元件和线槽，其位置可参照图 3-42，并贴上醒目的文字符号。

3) 进行线槽配线（板上配线的情况可先在图 3-42 中用电器接线图的形式绘制出来），压接导线前应在导线端部安装冷压接线头。

4) 连接控制板外部的导线。

5) 自检接线电路板。

6) 可靠连接电动机和电器元件的金属外壳的保护接地线。

7) 检查无误后通电试车。

注意：通电试车时应遵循开关操作顺序并安全操作。

图 3-42　训练 1 图

4. 评分标准（见表 3-5）

表 3-5　Y-△减压起动控制电路安装的评分标准

项目内容	配分	评分标准		扣分	得分
装前检查	10 分	① 电器元件漏检或错检	每处扣 1 分		
		② 元件布置不整齐、不匀称、不合理	每只扣 2 分		
		③ 元件安装不牢固	每只扣 2 分		
安装元件	15 分	① 安装元件时漏装木螺钉	每只扣 1 分		
		② 线槽安装不符合要求	每处扣 2 分		
		③ 损坏元件	每只扣 5 分		
布线	45 分	① 不按电路图接线	扣 10 分		
		② 布线不符合要求：主电路	每根扣 3 分		
		控制电路	每根扣 2 分		
		③ 接点不符合要求	每个接点扣 1 分		
		④ 损伤导线绝缘或线芯	每根扣 5 分		
		⑤ 漏套或错套编码套管	每处扣 1 分		
		⑥ 漏接接地线	扣 5 分		

（续）

项目内容	配分	评 分 标 准		扣分	得分
通电试车	30分	① 整定值未整定或整定错	每只扣3分		
		② 配错熔体，主、控电路	各扣5分		
		③ 第一次试车不成功	扣10分		
		第二次试车不成功	扣10分		
安全文明操作		违反安全操作规程扣5～10分			
定额时间	2.5h	每超时5min以内扣3分计算			
备注		除定额时间外，各项内容的最高扣分不应超过配分数			
开始时间		结束时间		成绩	

● 训练2　单向起动反接制动控制电路的安装与检修

1. 目的要求

掌握单向起动反接制动控制电路的安装和检修方法。

2. 工具、仪表及器材（同训练1）

3. 安装步骤

1）根据图3-26所示电路配齐所用电器元件，并检验元件质量。

2）在控制板上安装电器元件和线槽，其位置可参照图3-43，并贴上醒目的文字符号。

3）进行线槽配线，其接线可参照图3-43，压接导线前应在导线端部安装冷压接线头。

以后步骤同训练1的4）～7）。

4. 注意事项

1）安装速度继电器前，要弄清其结构，辨明常开触头的接线端。

2）速度继电器可以预先安装好，不属于定额时间。

3）通电试车时，若制动不正常，可检查速度继电器是否符合规定要求。

4）速度继电器动作值和返回值的调整，应先由指导教师示范后，再由学员自己调整。

5）制动操作不易过于频繁。

6）通电试车时，应有教师现场监护，应安全操作。

5. 控制电路故障检修的步骤和方法

1）故障设置：在控制电路或主电路中人为设置电气故障两处。

2）故障检修：其检修步骤如下：

① 用通电试验法观察故障现象，若发现异常情况，应立即断电检查。

图 3-43　训练 2 图

② 用逻辑分析法判断故障范围，并在电路图上用虚线标出故障部位的最小范围。

③ 用测量法准确迅速地找出故障点。

④ 采用正确方法快速排除故障。

⑤ 排除故障后通电试车。

6. 故障检修注意事项

1）检修前要掌握线路的构成、工作原理及操作顺序。

2）在检修过程中严禁扩大和产生新的故障。

3）带电检修必须有指导教师在现场监护，并确保用电安全。

7. 故障检修的评分标准（见表 3-6）

表 3-6　检修单向起动反接制动控制电路故障的评分标准

项目内容	配分	评分标准		扣分	得分
自编检修步骤	10 分	检修步骤不合理、不完善	扣 2～5 分		
故障分析	30 分	① 检修思路不正确 ② 标错电路故障范围	扣 5～10 分 每个扣 10 分		

（续）

项目内容	配分	评 分 标 准		扣分	得分
排除故障	60分	① 停电不验电　　　　　　每次扣3分 ② 工具及仪表使用不当　　每次扣5分 ③ 排除故障的顺序不对　　扣5~10分 ④ 不能查出故障　　　　　每个扣20分 ⑤ 查出故障、但不能排除　每个故障扣10分 ⑥ 产生新的故障： 　　　　　　　不能排除，每个扣10分 　　　　　　　已经排除，每个扣5分 ⑦ 损坏电动机　　　　　　扣30分 ⑧ 损坏电器元件　　　　　每只扣5~10分 ⑨ 排除故障后通电试车不成功　扣10分			
安全文明操作		违反安全规程或烧毁仪表　　　　　　扣10~30分			
定额时间	1h	每超时5min以内以扣10分计算			
备注		除定额时间外，各项内容的最高扣分不得超过配分数			
开始时间		结束时间		成绩	

● 训练3　单向起动能耗制动控制电路的安装与检修

1. 目的要求

掌握有变压器桥式整流单向起动能耗制动控制电路的安装与检修方法。

2. 工具、仪表及器材（同训练1）

3. 安装步骤

1）根据图3-28所示电路图配齐所用电器元件，并检验元件质量。

2）在控制板上安装电器元件和线槽，其位置可参照图3-44，并贴上醒目的文字符号。

3）进行线槽配线，其接线可参照图3-44，压接导线前应在导线端部安装冷压接线头。

以后步骤同训练1的4）~7）。

4. 注意事项

1）时间继电器的整定时间不要调得太长，以免制动时间过长引起定子绕组发热。

2）整流二极管要配装散热器和散热器支架。

3）进行制动时，停止按钮SB1要按到底。

4）通电试车时，必须有指导教师在现场监护，同时要安全操作。

图3-44 训练3图

5. 故障检修步骤与注意事项（可参照训练2的要求）

● 训练4 时间继电器控制双速电动机控制电路的安装与检修

1. 目的要求

掌握双速电动机自动控制电路的安装和检修方法。

2. 工具、仪表及器材（同训练1）

3. 安装步骤

1）根据图3-33所示电路配齐所用电器元件（见表3-7），并检验元件质量。

2）在控制板上安装电器元件和线槽。

3）进行线槽配线。

以后步骤同训练1的4）～7）。

表3-7 元件明细表

代　　号	名　　称	型　　号	规　　格	数量
M	三相异步电动机	YD112M—4/2	3.3kW/4kW、380V、7.4A/8.6A、△/YY、1440r/min 或 2890r/min	1
QS	组合开关	HZ10—25/3	三极、25A、380V	1
FU1	熔断器	RL1—60/25	500V、60A、配熔体25A	3
FU2	熔断器	RL1—15/4	500V、15A、配熔体4A	2

（续）

代　号	名　称	型　号	规　格	数量
KM1 ~ KM3	交流接触器	CJ10—20	20A、线圈电压380V	3
FR	热继电器	JR16—20/3	三极、20A、整定电流6 ~ 11A	1
KT	时间继电器	JS7—2A	线圈电压380V	1
SB1 ~ SB3	按钮	LA10—3H	保护式、380V、5A、按钮数3	1
XT	端子板	JD0—1020	380V、10A、20节	1
	主电路导线	BVR—1.5	$1.5mm^2 (7 \times 0.52mm)$	
	控制电路导线	BVR—1.0	$1mm^2 (7 \times 0.43mm)$	
	按钮线	BVR—0.75	$0.75mm^2$	
	接地线	BVR—1.5	$1.5mm^2$	
	线槽		$18mm \times 25mm$	

4. 注意事项

1）接线时，注意主电路中接触器 KM1、KM2 在两种转速下电源相序的改变，不能接错；否则，两种转速下电动机的转向相反，换向时将产生很大的冲击电流。

2）控制双速电动机△联结的接触器 KM1 和丫丫联结的 KM2 的主触头不能对换接线，否则不但无法实现双速控制要求，而且会在丫丫联结运转时造成电源短路事故。

3）通电试车前，要复查一下电动机的接线是否正确，并测试绝缘电阻是否符合要求。

4）通电试车时，必须有指导教师在现场监护，同时做到安全操作。

5. 检修故障步骤与注意事项（可参照训练2的要求）

复习思考题

1. 简述红外计数器的工作原理。

2. 简述小型通用继电器的工作原理。

3. 固态继电器的用途是什么？

4. 简述直流固态继电器的工作原理。

5. 使用直流固态继电器时的注意事项有哪些？

6. 选用固态继电器时应注意什么？

7. 在电动机的控制电路中，短路保护和过载保护各由什么电器来实现？它们能否互相替代？

8. 三相笼型异步电动机的起动电流一般为额定电流的4 ~ 7倍，为什么起动转矩却不大？

9. 三相笼型异步电动机在什么条件下可以直接起动？不能直接起动时，应采用什么方法起动？

10. 作图：设计并画出某机床运行的电路图，要求如下：

1）如图 3-45 所示，按下起动按钮后，刀架由原始位置前进，当碰到位置开关 SQ1 时返回（刀架返回是依靠机械改变的）；当返回到原位碰到开关位置 SQ2 时刀架停止。

2）刀架应能在前进或后退途中任意位置都能停止或再次起动。

图 3-45　复习题 10 图

11. 试将图 3-16 中三相异步电动机丫-△减压起动的通电延时控制改为断电延时控制状态的电路图。

12. 作图：画出一台小车运行的控制电路，其动作顺序如下：

1）小车由原位开始前进，至终端后自动停止。

2）在终端停留 2min 后自动返回原位停止。

3）要求能在前进或后退任意位置都能起动或停止。

13. 作图：设计一台绕线转子异步电动机的控制电路。要求如下：

1）电动机单方向旋转。

2）按起动按钮后，经 1s 后切除第一段转子电阻 R_1，经 2s 后切除第二段转子电阻 R_2，经 3s 后切除第三段转子电阻 R_3。

3）运行时只允许切除 R_3 的接触器工作，其余时间继电器断电。

4）具有过载、短路及零压保护环节。

14. 什么叫做减压起动？常见的减压起动方法有哪几种？

15. 简述笼型异步电动机几种电气制动方式的优、缺点和适用场合。

16. 三相异步电动机的调速方法有哪几种？

第 四 章

一般机械设备电气控制电路的检修

培训学习目标 熟悉机床电气一般故障的检修方法；熟悉典型设备的结构和电力拖动特点；掌握常用机械设备电气控制电路的安装方法；掌握各种机床电气控制电路的故障检修方法。

一般机械设备在日常使用中经常发生各种电气故障，这些故障多数是由于维护保养不当、操作失误、检修过程中操作不规范、机械故障、电气控制电路的接线端子松动、振动使电器开关移位、电器开关损坏等原因造成的。因此，作为维修电工人员，除了要掌握继电器-接触器基本控制电路的安装和维修方法，还应学会分析机床电气控制电路电气故障的方法、步骤，加深对典型控制电路的了解和应用，并在实践中不断地总结和提高。

◈◈◈ 第一节 机床一般电气故障的检修步骤与方法

正确分析和妥善处理一般机械设备电气控制电路中出现的各种故障，首先要找到故障的产生部位和原因。

一、一般电气故障的检修步骤

1. 故障调查

检修机械设备前要进行故障调查，即机械设备发生故障后，首先应向操作者了解故障发生前后的基本状况，再根据机械设备的工作原理来分析发生故障的原因。切忌再通电试车和盲目动手检修。

（1）问 一般询问的内容有：故障发生在开车前、开车后或是在运行中；是运行中自行停车，还是出现情况后由操作者停车的；发生故障时，机床工作在什么状态，按动了哪个按钮，扳动了哪个开关；故障发生前后，设备有无异常现象（如响声、气味、冒烟或冒火等）；以前是否发生过类似的故障以及是怎么处理的等。

（2）看　查看机床有无明显的外部损坏特征，例如：电动机、变压器、电磁铁线圈等有无过热冒烟；熔断器的熔丝是否熔断；其他电器元件有无发热、烧坏、断线；导线连接点有否松动；电动机的转速是否正常等。

（3）听　倾听电动机、变压器和电器元件在运行中声音是否正常，这样有助于查找故障发生的部位。

（4）摸　触摸电动机、机床控制变压器和电器元件的线圈等部位，因其发生故障后温度明显升高，可切断电源后用手去感触温升情况。

2. 电路分析

根据调查结果，参考该电气设备的电气原理图进行分析，初步判断故障产生的部位，逐步缩小故障范围，直至找到故障点并加以排除。分析故障时应有针对性，如接地故障一般先考虑电器柜外的电气装置，后考虑电器柜内的元件；而断路和短路故障，应先考虑频繁动作的电器元件，后考虑其他元件。

3. 断电检查

动手检查前应首先断开机床总电源，然后根据故障可能产生的部位，逐步找出故障点。检查时应先检查电源线进线处有无损伤而引起电源接地、短路等现象，螺旋式熔断器的熔断指示色点是否脱落，热继电器是否动作；然后检查电器外部有无损坏，连接导线有无断路、松动，绝缘部分有否过热或烧焦。

4. 通电检查

若断电检查仍未找到故障时，可对电气设备进行通电检查。通电检查法是指机床和机械设备发生电气故障后，根据故障的性质，在条件允许的情况下，通电检查故障发生的部位和原因。

在通电检查时，要尽量使电动机和机械传动部分彼此脱开，将控制器和转换开关置于零位，行程开关还原到正常位置，还要查看是否有断相和电压、电流不平衡的现象。通电检查的顺序为：先检查控制电路，后检查主电路；先检查交流系统，后检查直流系统；先检查开关电路，后检查调整系统。也可断开所有开关，取下所有熔断器，然后按顺序逐一放入欲检查各部分电路的熔断器，合上开关，观察各元件是否按要求动作，有否冒烟、熔断器熔断的现象，直至查到发生故障的部位。

注意：在通电检查时，必须注意人身和设备的安全。要遵守安全操作规程，不得随意触动带电部分。

二、一般电气故障的检修方法

1. 断路故障的检修

（1）验电器检修法 用验电器检修断路故障的方法如图 4-1 所示。检修时用验电器依次测试图中 1～7 各点，并按下按钮 SB2，当验电器测量到哪一点不亮时即为断路处。

注意：

1）在有一端接地的 220V 电路中测量时，应从电源侧开始，依次测量，并注意观察验电器的亮度，防止由于外部电场、泄漏电流造成氖管发亮，而误认为电路没有断路。

2）当检查 380V 且有变压器的控制电路中的熔断器是否熔断时，防止由于电源通过另一相熔断器和变压器的一次绕组回到已熔断的熔断器的出线端，造成熔断器没有熔断的假象。

图 4-1 用验电器检修断路故障的方法

（2）万用表检修法

1）电压测量法：检查时将万用表挡位开关转到交流电压 500V。

① 电压分阶测量法：如图 4-2 所示，检查时，首先用万用表测量 1 和 7 两点间的电压，若电路电压为 380V，然后按住起动按钮 SB2 不松开，此时将黑表笔接到 7 号线上，红表笔按 2、3、4、5、6 标号依次测量，即测量 7-2、7-3、7-4、7-5、7-6 各阶之间的电压。电路正常情况下，各阶的电压值均为 380V，假如 7-6 两点间无电压，则说明行程开关 SQ 的常闭触头（5-6）断路。

这种根据各阶电压值来检查故障的方法就像台阶一样，所以称为分阶测量法。这种方法判别故障的原理见表 4-1。

表 4-1 分阶测量法判别故障的原理

故障现象	测试状态	7-1	7-2	7-3	7-4	7-5	7-6	故 障 原 因
按动 SB2，KM1 不吸合	按动 SB2 不松开	380V	380V	380V	380V	380V	0	SQ 常闭触头接触不良
		380V	380V	380V	380V	0	0	KM2 常闭触头接触不良
		380V	380V	380V	0	0	0	SB2 常开触头接触不良
		380V	380V	0	0	0	0	SB1 常闭触头接触不良
		380V	0	0	0	0	0	FR 常闭触头接触不良

② 电压分段测量法：如图4-3所示，检查时，首先用万用表测试1、7两点之间的电压，若电压值为380V，说明电源电压正常。然后，将红、黑两根表笔逐段测量相邻两标点 1-2、2-3、3-4、4-5、5-6、6-7 间的电压。如电路正常，按下 SB2 后，除6-7两点间的电压为 380V 外，其他任何相邻两点间的电压值均为零。

图 4-2　电压分阶测量法

图 4-3　电压分段测量法

若按下按钮 SB2，接触器 KM1 不吸合，则说明发生了断路故障，此时可用电压表逐段测试各相邻点间的电压。如测量到某相邻两点间的电压为 380V 时，说明这两点间有断路故障，这种根据各段电压值来检查故障的方法称为分段测量法。其判别故障的原理见表 4-2。

表 4-2　分段测量法判别故障的原理

故障现象	测试状态	1-2	2-3	3-4	4-5	5-6	6-7	故 障 原 因
按动 SB2，KM1 不吸合	按动 SB2 不松开	380V	0	0	0	0	0	FR 常闭触头接触不良
		0	380V	0	0	0	0	SB1 常闭触头接触不良
		0	0	380V	0	0	0	SB2 常开触头接触不良
		0	0	0	380V	0	0	KM2 常闭触头接触不良
		0	0	0	0	380V	0	SQ 常闭触头接触不良
		0	0	0	0	0	380V	KM1 线圈断路

2) 电阻测量法：也可分为分阶测量法和分段测量法两种。

① 电阻分阶测量法：如图4-4所示，按下按钮 SB2，接触器 KM1 不吸合，则该回路有断路故障。

用万用表的电阻挡检测前应先断开电源，然后按下 SB2 不放，先测量 1-7 两点间的电阻，如电阻值为无穷大，说明1-7之间的电路断路；然后分阶测量1-2、1-3、1-4、1-5、1-6各点间的电阻值。若电路正常，则该两点间的电阻值为"0"；当测量到某标号间的电阻值为无穷大，则说明表笔刚跨过的触头或连接导线断路。

② 电阻分段测量法：如图4-5所示，检查时先切断电源，按下按钮SB2，然后依次逐段测量相邻两标号点1-2、2-3、3-4、4-5、5-6间的触头或连接导线的电阻。当测得2-3两点间电阻为无穷大时，说明停止按钮SB1或连接SB1的导线断路。

图4-4 电阻分阶测量法

图4-5 电阻分段测量法

电阻测量法使用注意事项如下：

① 用电阻测量法检查故障时一定要断开电源。

② 如被测电路与其他电路并联，必须将该电路与其他电路断开，否则所测得的电阻值将不准确。

③ 测量高电阻值的元器件时，应把万用表的选择开关旋至合适的电阻挡。

2. 短路故障的检修

（1）电源间短路故障的检修　这种故障一般是通过电器的触头或连接导线将电源短路的。

例如：图4-6中行程开关SQ的2号与0号线因某种原因被短路，合上电源并按下SB2后，熔断器FU就会立即熔断。现利用万用表进行检修，具体步骤如下：

1）将熔断器FU取下，令万用表的两表笔分别接到1号和0号线上，开关置于电阻挡，若指针指示值为"0"，则说明电源间短路。

2）将行程开关SQ常开触头上的0号线拆下，指针若不指"0"，说明电源短路在这个环节; 指针若仍指"0", 说明短路点在0号上。

(2) 电器触头本身短路故障的检修

图4-6中, 若停止按钮SB1的常闭触头短路, 会使接触器KM1、KM2工作后不能释放。又如接触器KM1的自锁触头短路, 这时一合上电源, KM1就会吸合, 这类故障较为明显, 只要通过分析即可确定故障点。

(3) 电器触头之间短路故障的检修 图4-7中, 接触器KM1的两对辅助触头3号和8号线因某种原因被短路, 当合上电源后, 接触器KM2即吸合。具体检修步骤如下:

1) 通电检修: 通电检修时可按下SB1, 如接触器KM2释放, 则可确定短路故障的一端在3号; 然后将SQ2断开, KM2也释放, 则说明短路故障可能在3号和8号之间。若拆下7号线, KM2仍吸合, 则可确定3号和8号为短路故障点。

图4-6 电源间的短路故障

图4-7 电器触头间的短路故障

2) 断路检修: 将熔断器FU取下, 用万用表的电阻挡测2-9之间, 若电阻为"0", 说明2-9之间有短路故障; 然后按SB1, 若电阻为"∞", 说明短路不在2

号；若将 SQ2 断开，测量电阻为"∞"，则说明短路也不在 9 号；然后将 7 号点断开，电阻为"0"，则可确定短路故障点在 3 号和 8 号。

◇◇◇ 第二节　CA6140 型车床电气控制电路的检修

车床是一种应用广泛的金属切削机床，能够车削外圆、内圆、螺纹、螺杆、端面以及车削定型表面等。

卧式车床由两个主要运动部分：一是卡盘或顶尖带动工件的旋转运动，称为主运动；二是溜板带动刀架的直线运动，称为进给运动。现以常用的 CA6140 型车床为例进行说明。该车床型号意义如下：

CA6140 型车床的外形如图 4-8 所示。

图 4-8　CA6140 型车床的外形

1—主轴箱　2—纵溜板　3—横溜板　4—转盘　5—方刀架

6—小溜板　7—尾架　8—床身　9—右床座　10—光杠

11—丝杠　12—溜板箱　13—左床座　14—进给箱

15—挂轮架　16—操纵手柄

一、CA6140 型车床电气控制电路分析

CA6140 型车床电气控制电路如图 4-9 所示。

1. 主电路

主电路共有 3 台电动机：M1 为主轴电动机，带动主轴旋转和刀架作进给运动；M2 为冷却泵电动机，用以输送切削液；M3 为刀架快速移动电动机。

将钥匙开关 SB 向右旋转，再扳动断路器 QF 引入三相交流电源。熔断器 FU 具有总短路保护功能；FU1 作为冷却泵电动机 M2、快速移动电动机 M3、控制变压器 TC 的短路保护。

主轴电动机 M1 由接触器 KM 控制，接触器 KM 具有失电压和欠电压保护功能；热继电器 FR1 作为主轴电动机 M1 的过载保护。

冷却泵电动机 M2 由中间继电器 KA1 控制，热继电器 FR2 为电动机 M2 实现过载保护。

刀架快速移动电动机 M3 由中间继电器 KA2 控制，因电动机 M3 是短期工作的，故未设过载保护。

2. 控制电路

控制变压器 TC 二次侧输出 110V 电压作为控制电路的电源。

（1）主轴电动机 M1 的控制　按下起动按钮 SB2，接触器 KM 获电吸合，KM 主触头闭合，主轴电动机 M1 起动。按下蘑菇形停止按钮 SB1，接触器 KM 失电释放，电动机 M1 停转。

（2）冷却泵电动机 M2 的控制　只有当接触器 KM 获电吸合，主轴电动机 M1 起动后，合上旋钮开关 SB4，使中间继电器 KA1 获电吸合，冷却泵电动机 M2 才能起动。当 M1 停止运行时，M2 自行停止。

（3）刀架快速移动电动机 M3 的控制　刀架快速移动电动机 M3 的起动是由安装在进给操纵手柄顶端的按钮 SB3 来控制的，它与中间继电器 KA2 组成点动控制环节。将操纵手柄扳到所需的方向，按下按钮 SB3，中间继电器 KA2 获电吸合，电动机 M3 获电起动，刀架就向指定方向快速移动。

3. 照明及信号灯电路

控制变压器 TC 的二次侧分别输出 24V 和 6V 电压，作为机床照明灯和信号灯的电源。EL 为机床的低压照明灯，由开关 SA 控制；HL 为电源的信号灯。

CA6140 型车床的电气设备明细见表 4-3，其接线图如图 4-10 所示。

二、CA6140 型车床常见电气故障的分析与检修

（1）主轴电动机 M1 不能起动

图 4-9 CA6140型车床电气控制电路

图4-10　CA6140型车床接线图

表 4-3　CA6140 型车床的电气设备明细

代　号	名　称	型号及规格	数量	用　途
M1	主轴电动机	Y132M—4—B3、7.5kW、1450r/min	1	主传动用
M2	冷却泵电动机	AOB—25、90W、3000r/min	1	输送切削液用
M3	快速移动电动机	AOS5634、250W、1360r/min	1	溜板快速移动用
FR1	热继电器	JR20—63L	1	M1 的过载保护
FR2	热继电器	JR20—63L	1	M2 的过载保护
KM	交流接触器	CJ20—20	1	控制 M1
KA1	中间继电器	JZ7—44、线圈电压 110V	1	控制 M2
KA2	中间继电器	JZ7—44、线圈电压 110V	1	控制 M3
SB1	按钮	LAY3—01ZS/1	1	停止 M1
SB2	按钮	LAY3—10/3.11	1	起动 M1
SB3	按钮	LA9	1	起动 M3
SB4	旋钮开关	LAY3—10X/2	1	控制 M2
SQ1、SQ2	位置开关	JWM6—11	2	断电保护
HL	信号灯	ZSD—0、6V	1	刻度照明
QF	断路器	AM2—40、20A	1	电源引入
TC	控制变压器	JBK2—100、380V/110V/24V/6V	1	变换电压

1）按下起动按钮 SB2 后，接触器 KM1 没有吸合，主轴电动机 M1 不能起动。故障应在控制电路中，可依次检查熔断器 FU2，热继电器 FR1 和 FR2 的常闭触头，停止按钮 SB1，起动按钮 SB2 和接触器 KM1 的线圈是否断路。

2）按下起动按钮 SB2 后，接触器 KM1 吸合，但主轴电动机 M1 不能起动。故障应在主电路中，可依次检查接触器 KM1 的主触头，热继电器 FR1 的热元件接线端及三相电动机的接线端。

（2）主轴电动机 M1 不能停车　这类故障的原因多是接触器 KM1 的铁心面上的油污使上下铁心不能释放或 KM1 的主触头发生熔焊，或停止按钮 SB1 的常闭触头短路所致。

（3）刀架快速移动电动机 M3 不能起动　按下点动按钮 SB3，中间继电器 KA2 没吸合，则故障应在控制电路中，此时可用万用表按分阶电压测量法依次检查热继电器 FR1 和 FR2 的常闭触头、停止按钮 SB1 的常闭触头、点动按钮，以及中间继电器 KA2 的线圈是否断路。

◆◆◆ 第三节　M7130 型平面磨床电气控制电路的检修

磨床是用砂轮的周边或端面对工件的表面进行机械加工的一种精密机床。

平面磨床是用来磨削加工各种零件平面的常用机床，其中 M7130 型平面磨床是使用较为普遍的一种，该磨床操作方便，磨削精度和表面粗糙度较高，适于磨削精密零件和各种工具，并可作镜面磨削。其型号意义如下：

M7130 型平面磨床的外形如图 4-11 所示。

图 4-11　M7130 型平面磨床的外形

一、M7130 型平面磨床电气控制电路分析

M7130 型平面磨床电气控制电路如图 4-12 所示。

1. 主电路

主电路共有 3 台电动机，M1 为砂轮电动机，M2 为冷却泵电动机，M3 为液压泵电动机。它们共用一组熔断器 FU1 作为短路保护。砂轮电动机 M1 用接触器 KM1 控制，用热继电器 FR1 进行过载保护；由于冷却泵箱和床身是分装的，所以冷却泵电动机 M2 通过接插器 X1 和砂轮电动机 M1 的电源线连接，并和 M1 在主电路实现顺序控制。冷却泵电动机的功率较小，没有单独设置过载保护，液压泵电动机 M3 由接触器 KM2 控制，由热继电器 FR2 进行过载保护。

2. 控制电路

控制电路采用交流 380V 电压供电，由熔断器 FU2 作为短路保护。

电路中串接着转换开关 QS2 的常开触头（6 区）和欠电流继电器 KUC 的常开触头（8 区），因此，三台电动机起动的必要条件是使 QS2 或 KUC 的常开触头闭合。欠电流继电器 KUC 的线圈串接在电磁吸盘 YH 的工作回路中，所以当电

图 4-12　M7130型平面磨床电气控制电路

磁吸盘得电工作时，欠电流继电器 KUC 线圈得电吸合，接通砂轮电动机 M1 和液压泵电动机 M3 的控制电路，这样就保证了在加工工件被 YH 吸住的情况下，砂轮和工作台才能进行磨削加工，保证了安全。

砂轮电动机 M1 和液压泵电动机 M3 都采用了接触器自锁正转控制电路，SB1、SB3 是起动按钮，SB2、SB4 是停止按钮。

3. 电磁吸盘电路

电磁吸盘电路包括整流电路、控制电路和保护电路 3 部分。

(1) 整流电路　整流变压器 T1 将 220V 的交流电压降为 145V，然后经桥式整流器 VC 后输出 110V 直流电压。

(2) 控制电路　QS2 是电磁吸盘 YH 的转换控制开关（又称为退磁开关），有"吸合"、"放松"和"退磁" 3 个位置。当 QS2 扳至"吸合"位置时，触头 (205-208) 和 (206-209) 闭合，110V 直流电压接入电磁吸盘 YH，工件被牢牢吸住。此时，欠电流继电器 KUC 线圈得电吸合，KUC 的常开触头闭合，接通砂轮和液压泵电动机的控制电路。待工件加工完毕，先把 QS2 扳到"放松"位置，切断电磁吸盘 YH 的直流电源。此时由于工件具有剩磁而不能取下，因此，必须进行退磁。将 QS2 扳到"退磁"位置，这时，触头 (205-207) 和 (206-208) 闭合，电磁吸盘 YH 通入较小的（因串入了退磁电阻 R_2）反向电流进行退磁。退磁结束，将 QS2 扳回到"放松"位置，即可将工件取下。

如果有些工件不易退磁时，可将附件退磁器的插头插入插座 XS，使工件在交变磁场的作用下进行退磁。

若将工件夹在工作台上，而不需要电磁吸盘时，则应将电磁吸盘 YH 的 X2 插头从插座上拔下，同时将转换开关 QS2 扳到"退磁"位置，这时，接在控制电路中 QS2 的常开触头 (3-4) 闭合，接通电动机的控制电路。

(3) 保护电路　电磁吸盘的保护电路是由放电电阻 R_3 和欠电流继电器 KUC 组成。电阻 R_3 是电磁吸盘的放电电阻，它的作用是在电磁吸盘断电瞬间给线圈提供放电通路，吸收线圈释放的磁场能量。欠电流继电器 KUC 用以防止电磁吸盘断电时工件脱出发生事故。

电阻 R_1 与电容器 C 的作用是防止电磁吸盘回路交流侧的过电压。

4. 照明电路

照明变压器 T2 将 380V 的交流电压降为 36V 的安全电压供给照明电路。EL 为照明灯，一端接地，另一端由开关 SA 控制。

二、M7130 型平面磨床常见电气故障的分析与检修

1. 三台电动机都不能起动

造成三台电动机都不能起动的原因是欠电流继电器 KUC 的常开触头和转换

开关 QS2 的触头（3-4）接触不良、接线松脱或有油垢，使电动机的控制电路处于断电状态。检修故障时，应将转换开关 QS2 扳至"吸合"位置，检查欠电流继电器 KUC 的常开触头（3-4）的接通情况，不通时修理或更换元件便可排除故障。否则，应将转换开关 QS2 扳至"退磁"位置，拔掉电磁吸盘插头，检查 QS2 的触头（3-4）的通断情况，不通则修理或更换转换开关。

若 KUC 和 QS2 的触头（3-4）无故障，三台电动机仍不能起动，可检查热继电器 FR1、FR2 的常闭触头是否动作或接触不良。

2. 砂轮电动机的热继电器 FR1 经常脱扣

砂轮电动机 M1 为装入式电动机，它的前轴承是铜瓦，易磨损。磨损后易发生堵转现象，使电流增大，导致热继电器脱扣。若是这种情况，应修理或更换轴瓦。另外，砂轮进给量太大，电动机超负载运行，造成电动机堵转，电流急剧上升，热继电器脱扣。因此，工作中应选择合适的进给量，防止电动机超载运行。除以上原因外，更换后的热继电器规格选得太小或没有调整好整定电流，使电动机还未达到额定负载时，热继电器就已经脱扣。因此，应注意热继电器必须按其被保护电动机的额定电流进行选择和调整。

3. 冷却泵电动机烧坏

造成这种故障的原因有以下几种：一是切削液进入电动机内部，造成匝间或绕组间短路，使电流增大；二是反复修理冷却泵电动机后，使电动机端盖轴间隙增大，造成转子在定子内不同心，工作时电流增大，电动机长时间过载运行；三是冷却泵被杂物塞住引起电动机堵转，电流急剧上升。由于该磨床的砂轮电动机与冷却泵电动机共用一个热继电器 FR1，而且两者容量相差太大，当发生以上故障时，电流增大不足以使热继电器 FR1 脱扣，从而造成冷却泵电动机烧坏。若给冷却泵电动机加装热继电器，就可以避免发生这种故障。

4. 电磁吸盘无吸力

出现这种故障时，首先用万用表测三相电源电压是否正常。若电源电压正常，再检查熔断器 FU1、FU2、FU4 有无熔断现象。常见的故障是熔断器 FU4 熔断，造成电磁吸盘电路断开，使吸盘无吸力。FU4 熔断是由于整流器 VC 短路，使整流变压器 T1 二次绕组流过很大的短路电流造成的。如果检查整流器输出空载电压正常，接通吸盘后，输出电压下降不大，欠电流继电器 KUC 不动作，吸盘无吸力，这时，可依次检查电磁吸盘 YH 的线圈、插接器 X2、欠电流继电器 KUC 的线圈有无断路或接触不良的现象。检修故障时，可使用万用表测量各点电压，查出故障元件，进行修理或更换，即可排除故障。

5. 电磁吸盘吸力不足

引起这种故障的原因是电磁吸盘损坏或整流器输出电压不正常。M7130 型平面磨床电磁吸盘的电源电压由整流器 VC 供给。空载时，整流器直流输出电压应为 130～140V，负载时不应低于 110V。若整流器空载输出电压正常，带负载时电压远低于 110V，则表明电磁吸盘线圈已短路，短路点多发生在线圈各绕组间的引线接头处。由于吸盘密封不好，切削液流入，引起绝缘损坏，造成线圈短路。若短路严重，过大的电流会使整流器件和整流变压器烧坏。出现这种故障，必须更换电磁吸盘线圈，并且要处理好线圈绝缘，安装时要完全密封好。

若电磁吸盘电源电压不正常，多是因为整流器件短路或断路造成的。应检查整流器 VC 的交流侧电压及直流侧电压。若交流侧电压正常，直流输出电压不正常，则表明整流器发生器件短路或断路故障。如某一桥臂的整流二极管发生断路，将使整流电压降到额定电压的 1/2；若相邻的两个二极管都断路，则输出电压为零。整流器件损坏的原因可能是器件过热或过电压造成的。由于整流二极管热容量很小，在整流过载时，器件温度急剧上升，烧坏二极管；当放电电阻 R_3 损坏或接线断路时，由于电磁吸盘线圈电感很大，在断开瞬间产生过电压将整流器件击穿。排除此类故障时，可用万用表测量整流器的输出及输入电压，判断出故障部位，查出故障器件，进行更换或修理即可。

6. 电磁吸盘退磁效果不好致使工件取下困难

电磁吸盘退磁效果不好的故障原因：一是退磁电路断路，根本没有退磁，应检查转换开关 QS2 接触是否良好，以及退磁电阻 R_2 是否损坏；二是退磁电压过高，应调整电阻 R_2，使退磁电压调至 5～10V；三是退磁时间太长或太短，对于不同材料的工件，所需的退磁时间不同，注意掌握好退磁时间。

◈◈◈ 第四节 Z3040 型摇臂钻床电气控制电路的分析

钻床是一种用途广泛的孔加工机床，主要用于钻床钻削精度要求不太高的孔，还可以用来扩孔、铰孔、镗孔以及攻螺纹等。钻床的结构形式很多，有台式钻床、立式钻床、深孔钻床及多轴钻床等。

摇臂钻床是一种立式钻床，它适用于单件或批量生产中带有多孔的大型零件的孔加工。现以常用的 Z3040 型钻床为例进行说明。该钻床的型号意义如下：

Z 3040
钻床 ⌐ ⌐ └ 最大钻孔直径40mm
摇臂 └────┘ 摇臂钻床系

一、Z3040 型摇臂钻床的结构和运动形式

Z3040 型摇臂钻床主要由底座、内立柱、外立柱、摇臂、主轴箱、工作台等

部分组成。内立柱固定在底座上，在它外面套着空心的外立柱，外立柱可绕着内立柱回转360°。摇臂一端的套筒部分与外立柱滑动配合，借助于丝杠，摇臂可沿着外立柱上下移动，但两者不能作相对转动，因此摇臂与外立柱一起相对内立柱作回转运动。其外形和结构如图4-13所示。

图4-13 Z3040型摇臂钻床的外形和结构

主轴箱是一个复合部件，它包括主轴及主轴旋转和进给运动（轴向前进移动）的全部传动变速和操作机构。主轴箱安装于摇臂的水平导轨上，可通过手轮操作使它沿着摇臂上的水平导轨作径向移动。当需要钻削加工时，利用夹紧机构将主轴箱紧固在摇臂导轨上，摇臂紧固在外立柱上，外立柱紧固在内立柱上，使加工时主轴不会移动、刀具不会振动，保证加工精度。

根据工件高度的不同，摇臂借助于丝杠可带动主轴箱沿外立柱升降。在升降之前，摇臂自动松开；当达到升降所需位置后，摇臂又自动夹紧在立柱上。摇臂连同外立柱绕内立柱的回转运动依靠人力推动进行，但回转前必须先将外立柱松开。主轴箱沿摇臂上导轨的水平移动也是手动的，移动前也必须先将主轴箱松开。

摇臂钻床的主运动是主轴带动钻头的旋转运动；进给运动是钻头的上下运动；辅助运动是指主轴箱沿摇臂水平移动、摇臂沿外立柱上下移动以及摇臂连同外立柱一起相对于内立柱的回转运动。

二、Z3040型摇臂钻床的拖动方式与控制要求

1）主轴电动机M2承担钻削及进给任务，只要求单向旋转。主轴的正反转通过摩擦离合器来实现，主轴钻速和进刀量用变速机构调节。

2）摇臂的夹紧与放松、立柱本身的夹紧与放松、主轴箱的夹紧与放松都是由电动机 M3 配合液压装置自动进行的。

3）摇臂的升降是由电动机 M2 来完成的，摇臂的升降要求有限位保护。

4）钻削加工时，需要对刀具及工件进行冷却，由冷却泵电动机 M4 输送冷却液。

5）为了安全，本机床设有"开门断电"功能。

三、Z3040 型摇臂钻床电气控制电路分析

Z3040 型摇臂钻床的电气控制电路如图 4-14（见书后插页）所示。

1. 主电路

主电路共有 4 台电动机，除冷却泵电动机采用断路器直接起动外，其余三台异步电动机均采用接触器直接起动。M1 是主轴电动机，由交流接触器 KM1 控制，只要求单向旋转，主轴的正反转由机械手柄操作。M1 装于主轴箱顶部，拖动主轴及进给传动系统运转。热继电器 FR1 作为电动机 M1 的过载及断相保护，短路保护由断路器 QF1 中的电磁脱扣器来完成。M2 是摇臂升降电动机，装于立柱顶部，用接触器 KM2 和 KM3 控制其正反转。由于电动机 M2 是间断性工作的，所以不设置过载保护。M3 是液压夹紧电动机，用接触器 KM4 和 KM5 控制其正反转。由热继电器 FR2 作为过载及断相保护。该电动机的主要作用是拖动液压泵供给液压装置液压油，以实现摇臂、立柱以及主轴箱的松开和夹紧。

摇臂升降电动机 M2 和液压夹紧电动机 M3 共用断路器 QF3 中的电磁脱扣器作为短路保护。M4 是冷却泵电动机，由断路器 QF2 直接控制，并实现短路、过载及断相保护。

电源配电盘在立柱前下部。冷却泵电动机 M4 装于靠近立柱的底座上，升降电动机 M2 装于立柱顶部，其余电气设备置于主轴箱或摇臂上。由于 Z3040 型摇臂钻床内、外立柱间未装设汇流环，故在使用时，请勿沿一个方向连续旋转摇臂，以免发生事故。

主电路电源电压为交流 380V，由断路器 QF1 作为电源引入开关。

2. 控制电路

控制电路电源由控制变压器 TC 降压后供给 110V 电压，熔断器 FU1 作为短路保护。

（1）开车前的准备工作　为保证操作安全，该钻床设有"开门断电"功能。所以开车前应将立柱下部及摇臂后部的电气箱门盖关好，方能接通电源。合上 QF3（5 区）及总电源开关 QF1（2 区），则电源指示灯 HL1（10 区）亮，表示钻床的电气控制电路已进入带电状态。

（2）主轴电动机 M1 的控制　按下起动按钮 SB3（12 区），接触器 KM1 吸合

并自锁，使主轴电动机 M1 起动运行，同时指示灯 HL2（9 区）亮。按下停止按钮 SB2（12 区），接触器 KM1 释放，使主轴电动机 M1 停转，同时指示灯 HL2 熄灭。

（3）摇臂升降控制 按下上升按钮 SB4（15 区）（或下降按钮 SB5），则时间继电器 KT1 线圈（14 区）通电吸合，其瞬时闭合的常开触头（17 区）闭合，接触器 KM4 线圈（17 区）通电，液压夹紧电动机 M3 起动，正向旋转，供给液压油。液压油经分配阀体进入摇臂的"松开油腔"，推动活塞移动，活塞推动菱形块，将摇臂松开。同时活塞杆通过弹簧片压下位置开关 SQ2，使其常闭触头（17 区）断开，常开触头（15 区）闭合。前者切断了接触器 KM4 的线圈电路，KM4 主触头（6 区）断开，液压夹紧电动机 M3 停止工作。后者使交流接触器 KM2（或 KM3）的线圈（15 区或 16 区）通电，KM2（或 KM3）的主触头（5 区）接通 M2 的电源，摇臂升降电动机 M2 起动旋转，带动摇臂上升（或下降）。若此时摇臂尚未松开，则位置开关 SQ2 的常开触头则不能闭合，接触器 KM2（或 KM3）的线圈无电，摇臂就不能上升（或下降）。

当摇臂上升（或下降）到所需位置时，松开按钮 SB4（或 SB5），则接触器 KM2（或 KM3）和时间继电器 KT1 同时断电释放，M2 停止工作，随之摇臂停止上升（或下降）。

由于时间继电器 KT1 断电释放，经 1~3s 时间的延时后，其延时闭合的常闭触头（18 区）闭合，使接触器 KM5（18 区）吸合，液压夹紧电动机 M3 反向旋转，随后泵内液压油经分配阀进入摇臂的"夹紧油腔"使摇臂夹紧。在摇臂夹紧后，活塞杆推动弹簧片压下的位置开关 SQ3，其常闭触头（19 区）断开，KM5 断电释放，M3 最终停止工作，完成了摇臂的松开—上升（或下降）—夹紧的整套动作。

组合开关 SQ1a（15 区）和 SQ1b（16 区）作为摇臂升降的超程限位保护。当摇臂上升到极限位置时，压下 SQ1a 使其断开，接触器 KM2 断电释放，M2 停止运行，摇臂停止上升；当摇臂下降到极限位置时，压下 SQ1b 使其断开，接触器 KM3 断电释放，M2 停止运行，摇臂停止下降。

摇臂的自动夹紧由位置开关 SQ3 控制。如果液压夹紧系统出现故障，不能自动夹紧摇臂，或者由于 SQ3 的调整不当，在摇臂夹紧后不能使 SQ3 的常闭触头断开，都会使液压夹紧电动机 M3 因长期过载运行而损坏。为此电路中设有热继电器 FR2，其整定值应根据电动机 M3 的额定电流进行整定。

摇臂升降电动机 M2 的正反转接触器 KM2 和 KM3 不允许同时获电工作，以防止电源相间短路。为避免因操作失误、主触头熔焊等原因而造成短路事故，在摇臂上升和下降的控制电路中采用了接触器联锁和复合按钮联锁，以确保电路安全工作。

(4) 立柱和主轴箱的夹紧与放松控制　立柱和主轴箱的夹紧（或放松）既可以同时进行，也可以单独进行，由转换开关 SA1（22～24 区）和复合按钮 SB6（或 SB7）（20 或 21 区）进行控制。SA1 有三个位置，扳到中间位置时，立柱和主轴箱的夹紧（或放松）同时进行；扳到左边位置时，立柱夹紧（或放松）；扳到右边位置时，主轴箱夹紧（或放松）。复合按钮 SB6 是松开控制按钮，SB7 是夹紧控制按钮。

1) 立柱和主轴箱同时松开、夹紧。将转换开关 SA1 拨到中间位置，然后按下 SB6，时间继电器 KT2、KT3 线圈（20、21 区）同时得电。KT2 的延时断开常开触头（22 区）瞬时闭合，电磁阀 YA1、YA2 得电吸合。而 KT3 延时闭合的常开触头（17 区）经 1～3s 延时闭合，使接触器 KM4 获电吸合，液压夹紧电动机 M3 正转，液压油进入立柱和主轴箱的松开油腔，使立柱和主轴箱同时松开。

松开 SB6，时间继电器 KT2 和 KT3 的线圈断电释放，KT3 延时闭合的常开触头（17 区）瞬时分断，接触器 KM4 断电释放，液压夹紧电动机 M3 停转。KT2 延时分断的常开触头（22 区）经 1～3s 后分断，电磁阀 YA1、YA2 线圈断电释放，立柱和主轴箱同时松开的操作结束。

立柱和主轴箱同时夹紧的工作原理与松开相似，只要按下 SB7，使接触器 KM5 得电吸合，液压夹紧电动机 M3 反转即可。

2) 立柱和主轴箱单独松开、夹紧。如果希望单独控制主轴箱，可将转换开关 SA1 扳到右侧位置。按下松开按钮 SB6（或夹紧按钮 SB7），时间继电器 KT2 和 KT3 的线圈同时得电，这时只有电磁阀 YA2 单独通电吸合，从而实现主轴箱的单独松开（或夹紧）。

松开复合按钮 SB6（或 SB7），时间继电器 KT2 和 KT3 的线圈断电释放，KT3 的通电延时闭合的常开触头瞬时断开，接触器 KM4（或 KM5）的线圈断电释放，液压夹紧电动机 M3 停转。经 1～3s 的延时后 KT2 延时分断的常开触头（22 区）分断，电磁阀 YA2 的线圈断电释放，主轴箱松开（或夹紧）的操作结束。

同理，把转换开关 SA1 扳到左侧，则使立柱单独松开或夹紧。因为立柱和主轴箱的松开与夹紧是短时间的调整工作，所以采用点动控制。

(5) 冷却泵电动机 M4 的控制　扳动断路器 QF2，就可以接通或切断电源，操纵冷却泵电动机 M4 的工作或停止。

3. 照明、指示电路

照明、指示电路的电源也由控制变压器 TC 降压后提供 24V、6V 的电压，由熔断器 FU3、FU2 作为短路保护，EL 是照明灯，HL1 是电源指示灯，HL2 是主轴指示灯。

Z3040 型摇臂钻床的电气设备明细见表 4-4。

表4-4 Z3040型摇臂钻床的电气设备明细

代 号	名 称	型 号	规 格	数量	用 途
M1	主轴电动机	Y112M-4	4kW、1500r/min	1	驱动主轴及进给
M2	摇臂升降电动机	Y90L-4	1.5kW、1500r/min	1	驱动摇臂升降
M3	液压夹紧电动机	Y802-4	0.75kW、1500r/min	1	驱动液压系统
M4	冷却泵电动机	AOB-25	90W、2800r/min	1	驱动冷却泵
KM1	交流接触器	CJ0-20B	线圈电压110V	1	控制主轴电动机
KM2～KM5	交流接触器	CJ0-10B	线圈电压110V	4	控制 M2、M3 正反转
FU1、FU2	熔断器	BZ-001A	2A	3	短路保护
KT1、KT2	时间继电器	JJSK2-4	线圈电压110V	2	
KT3	时间继电器	JJS142-2	线圈电压110V	1	
FRI	热继电器	JR0-20/3D	6.8～11A	1	M1 过载保护
FR2	热继电器	JR0-20/3D	1.5～2.4A	1	M3 过载保护
QF1	低压断路器	DZ5-20/330FSH	10A	1	总电源开关
QF2	低压断路器	D25-20/330H	0.3～0.45A	1	M4 控制开关
QF3	低压断路器	DZ5-20/330H	6.5A	1	M2、M3 电源开关
YA1、YA2	交流电磁铁	MFJ1-3	线圈电压110V	2	液压分配
TC	控制变压器	BK-150	380V/110V、24V、6V	1	电路供电
SB1	按钮	IAY3-11ZS/1	红色	1	总停止开关
SB2	按钮	IAY3-11		1	主轴电动机停止
SB3	按钮	IAY3-11D	绿色	1	主轴电动机起动
SB4	按钮	LAY3-11		1	摇臂上升
SB5	按钮	LAY3-11		1	摇臂下降
SB6	按钮	IAY3-11		1	松开控制
SB7	按钮	IAY3-11		1	夹紧控制
SQ1	组合开关	HZ4-22		1	摇臂升、降限位
SQ2、SQ3	位置开关	LX5-11		2	摇臂松、紧限位
SQ4	门控开关	JWM6-11		1	门控
SA1	万能转换开关	LW6-2/8071		1	液压分配开关
HL1	指示灯	XD1	6V、白色	1	电源指示
HL2	指示灯	XD1	6V	1	主轴指示
EL	钻床工作灯	JC-25	40W、24V	1	钻床照明

四、Z3040 型摇臂钻床常见电气故障的分析与检修

在检修摇臂钻床时，应特别注意正确控制摇臂升降电动机的电源相序，若电源相序不对，操作时电动机旋转方向发生改变，则使 SQ1a（或 SQ1b）开关失去保护作用。

Z3040 型摇臂钻床电气控制的特殊环节是摇臂升降、立柱和主轴箱的夹紧与松开。其工作过程是由电气、机械以及液压系统的紧密配合实现的，因此在维修中不仅要注意电气部分能否正常工作，而且也要注意它与机械和液压部分的协调关系。

1. 各台电动机均不能起动

当发现该机床的所有电动机都不能正常起动时，一般可以断定故障发生在电气控制电路的公用部分。可按下面的步骤来检查：

1）在电气箱内检查从汇流环 YG 引入电气控制箱的三相电源是否正常，如发现三相电源有断相或其他故障现象，则应在立柱下端配电盘处，检查引入机床电源断路器 QF1 处的电源是否正常，并查看汇流环 YG 的接触点是否良好。

2）检查熔断器 FU1 的熔体是否熔断。

3）控制变压器 TC 的一、二次绕组的电压是否正常，如一次绕组的电压不正常，则应检查变压器的接线有否松动；如果一次绕组两端的电压正常，而二次绕组电压不正常，则应检查变压器输出 110V 端绕组是否断路或短路。

如上述检查都正常，则可依次检查热继电器 FR1、FR2 的常闭触头；SB1、SB2 的常闭触头；线圈连接线的接触是否良好，有无断路故障等。

2. 主轴电动机 M1 的故障

（1）主轴电动机 M1 不能起动　若接触器 KM1 已获电吸合，但主轴电动机 M1 仍不能起动旋转。可检查接触器 KM1 的三对主触头接触是否正常，连接电动机的导线有否脱落或松动。若接触器 KM1 不动作，则首先检查熔断器 FU1 的熔体是否熔断，然后检查热继电器 FR1 是否动作，其常闭触头的接触是否良好，接触器 KM1 的线圈接线头有否松脱；有时由于供电电压过低，使接触器 KM1 不能吸合。

（2）主轴电动机 M1 不能停止　若按下 SB2 按钮时，主轴电动机 M1 仍不能停转，故障多半是由于接触器 KM1 的主触头发生熔焊所造成的，此时应立即断开低压断路器 QF1，才能使电动机 M1 停转，已熔焊的主触头需要更换和处理；同时必须找出发生触头熔焊的原因，彻底排除故障后才能重新起动电动机。

3. 摇臂升降运动的故障

Z3040 型摇臂钻床的升降运动是借助电气、机械传动的紧密配合来实现的。因此在检修时既要注意电气控制部分，又要注意机械部分的协调。

（1）摇臂升降电动机 M2 的某个方向不能起动　电动机 M2 只有一个方向能正常运转，这一故障一般是出在该故障方向的控制电路或供给电动机 M2 电源的接触器上。例如：电动机 M2 带动摇臂上升方向有故障时，接触器 KM2 不吸合，此时可依次检查位置开关 SQ1a 的常闭触头、SQ2 触头、接触器 KM3 的联锁触头以及接触器 KM2 的线圈和连接导线等有否断路故障；若接触器 KM2 能动作吸合，则应检查其主触头的接触是否良好。

（2）摇臂不能升降　由摇臂升降过程可知，升降电动机 M2 旋转，带动摇臂升降，其条件是使摇臂从立柱上完全松开后，活塞杆压合位置开关 SQ2。所以发生故障时，应首先检查位置开关 SQ2 是否动作，如果 SQ2 不动作，常见故障是 SQ2 的安装位置移动或已损坏。这样，摇臂虽已放松，但活塞杆压不上 SQ2，摇臂就不能升降。有时，液压系统发生故障，使摇臂放松不够，也会压不上 SQ2，使摇臂不能运动。由此可见，SQ2 的位置非常重要，排除故障时，应配合机械、液压调整好后紧固。

另外，电动机 M3 电源相序接反时，按上升按钮 SB4（或下降按钮 SB5），M3 反转，使摇臂夹紧，压不上 SQ2，摇臂也就不能升降。所以，在钻床大修或安装后，一定要检查电源相序。

（3）摇臂升降后，摇臂夹不紧　由摇臂夹紧的动作过程可知，夹紧动作的结束是由位置开关 SQ3 来完成的，如果 SQ3 动作过早，将导致 M3 尚未充分夹紧就停转。常见的故障原因是 SQ3 安装位置不合适、固定螺钉松动造成 SQ3 移位，使 SQ3 在摇臂夹紧动作未完成时就被压上，切断了 KM5 回路，使 M3 停转。

排除故障时，首先判断是液压系统的故障（如活塞杆阀芯卡死或油路堵塞造成的夹紧力不够），还是电气系统故障。对电气方面的故障，应重新调整 SQ3 的动作距离，固定好螺钉即可。

（4）立柱、主轴箱不能夹紧或松开　立柱、主轴箱不能夹紧或松开的可能原因是油路堵塞、接触器 KM4 或 KM5 不能吸合所致。出现故障时，应检查按钮 SB6、SB7 接线情况是否良好。若接触器 KM4 或 KM5 能吸合，M3 能运转，可排除电气方面的故障，则应请液压、机械修理人员检修油路，以确定是否是油路故障。

（5）摇臂上升或下降限位保护开关失灵　组合开关 SQ1 的失灵分两种情况：一是组合开关 SQ1 损坏，SQ1 触头不能因开关动作而闭合或接触不良使电路断开，由此使摇臂不能上升或下降；二是组合开关 SQ1 不能动作，触头熔焊，使电路始终处于接通状态，当摇臂上升或下降到极限位置后，摇臂升降电动机 M2 发生堵转，这时应立即松开 SB4 或 SB5。根据上述情况进行分析，找出故障原因，更换或修理失灵的组合开关 SQ1 即可。

（6）按下 SB6 立柱、主轴箱能夹紧，但释放后就松开　由于立柱、主轴箱的夹紧和松开机构都采用机械菱形块结构，所以这种故障多为机械原因造成的。可能是菱形块和承压块的角度方向装错，或者距离不合适，也可能因夹紧力调得太大或夹紧液压系统压力不够导致菱形块立不起来。此时，可找机修钳工配合检修。

复习思考题

1. 对于一般机械设备，进行故障检修时应遵循什么步骤？
2. 使用万用表"交流电压"挡检查和判断设备故障时，应注意哪些问题？
3. CA6140 型车床电气控制电路的主电路有哪些控制特点？
4. 试分析 CA6140 型车床开机后按下停止按钮不能停机的原因。
5. CA6140 型车床的电气控制箱开门断电功能是如何实现的？
6. 平面磨床中使用电磁吸盘固定工件有何有缺点？
7. M7130 型磨床电磁吸盘吸力不足会造成什么后果？吸力不足的原因有哪些？
8. M7130 型磨床的电气控制是由几台电动机完成拖动的？各电动机有什么作用？
9. 平面磨床电磁吸盘的电路保护是怎样完成的？
10. Z3040 型摇臂钻床的电力拖动方式和控制要求有哪些？
11. Z3040 型钻床的电气控制是由几台电动机完成拖动？各电动机有什么作用？
12. Z3040 型钻床的主运动和进给运动形式是什么？
13. Z3040 型钻床的摇臂不能实现升降控制，试分析原因。

第 五 章

电子技术和电力电子技术

◇◇◇ 第一节 模拟电子电路的安装与调试

一、单相桥式整流滤波电路的安装与调试

1. 电路组成

应用二极管的单向导电性，可以把交流电变为直流电，称为整流。整流后的直流电脉动很大，往往还需将脉动直流再经电阻器、电容器或电感组成的滤波器进行滤波，从而得到比较平稳的直流电压。电路由变压器、桥式整流器、电容滤波器三部分构成，如图 5-1 所示。

图 5-1 单相桥式整流滤波电路

a) 桥式整流电路 b) 整流滤波电路

2. 仪器仪表

万用表一台，示波器一台。

3. 安装

1）按电路要求选择电源变压器、整流二极管、滤波电容器及电阻器，并用万用表逐一进行测试。

2）将挑选出的电器组件，根据元器件参数及标注极性焊接到电路板上。

4. 调试

1）用万用表交流电压挡测试变压器二次电压应为 16V。

2）用万用表直流电压挡测量桥式整流输出电压的直流分量 U'。

3）用示波器分别观察变压器输出电压 u_2 和桥式整流输出电压 u'_o 的波形（注意：此时不能用双踪示波器同时观察这两个波形）。

4）用示波器观察滤波后输出电压的波形。

5. 注意事项

1）示波器输入端应采用"直流耦合"方式，才能完整正确地观察被测试信号。当需仔细观察锯齿波波形时，应暂时采用交流耦合方式并将波形放大。

2）安装滤波电容时，"＋"、"－"极不能接错。否则会损坏滤波电容器。

二、串联型可调稳压电源的安装与调试

1. 电路

串联型可调稳压电源电路如图 5-2 所示。

2. 电路工作原理分析

图 5-2 中 VD1 ~ VD4 是整流电路部分。C_1 为滤波电容。R_3、RP、R_4 组成取样电路，取出电压变动量的一部分，送给晶体管 VT3 的基极。R_2 与稳压管 VS 为 VT3 的发射极提供一个基本稳定的直流参考电压。R_4 与 VT3 将取样电路送来的输出电压变动量与基准电压进行比较，放大后，再去控制调整管。调整管由复合管 VT1、VT2 组成，它受比较放大部分输出电压的控制，自动调整管压降的大小，以保证输出电压稳定不变。图中当 RP 的滑臂向上滑动时，相当于减小 R_3'，

图 5-2　串联型可调稳压电源电路

增大 R_4'，输出电压下降；反之，当 RP 的滑臂向下滑动时，输出电压上升。当然，可调范围是有限的，因为当 R_3' 过小就会使 VT3 饱和；R_4' 过大又会使 VT3 截止，所以 R_3' 过小及 R_4' 过大都会导致稳压电路失控。

3. 元器件选择

电路元器件明细见表 5-1。

表 5-1 电路元器件明细（一）

符 号	名 称	型号及参数	件 数
S	电源开关		1
T	变压器	BK50 220V/380V	1
FU1、FU2	熔断器	BX0.4A	1
VD1 ~ VD4	二极管	2CZ11K	4
VS	稳压管	2CW56	1
VT1	晶体管	3CG12	1
VT2、VT3	晶体管	3DG6	2
C_1	电容器	100μF/50V	1
C_2	电容器	10μF/50V	1
C_3	电容器	500μF/50V	1
R_1、R_2	电阻	1kΩ	1
R_3	电阻	510Ω	1
R_4	电阻	300Ω	1
RP	电位器	470Ω ~ 1kΩ	1

4. 安装

1）根据电路元器件明细表配齐元器件并进行测试。

2）清除通用电路板背面的氧化层，剥去电源连接线及负载连接线的线端绝缘，清除氧化层，均加以搪锡处理。

3）考虑元器件在通用电路板上整体布局。

4）根据电路原理图焊接元器件。

5. 调试

1）先用万用表交流挡测试变压器二次电压，然后用万用表直流挡测试电容器 C_1 两端的电压，应为 22V 左右，接着再测量稳压管 VS 两端的电压，应为 7V 左右，最后测量输出电压，应为 12V 可调。

调节电位器 RP，以使输出端电压 U_o 在一定范围内变化，即 12V 可调。用万用表直流 50V 挡测试输出电压。将 RP 向上调节时，输出电压会随着变化，调至极限位置时,输出端电压约为 14V;将 RP 向下调节时,输出端电压会随之变小,调至极限位置时,输出端电压约为 10V。

2)故障检查

① 电容器 C_1 两端电压与正常值有很大的偏差,若为 16V 左右,则可能是 C_1 脱焊或断路;若为 8V 左右,则可能是在 C_1 脱焊或断路的情况下,整流桥中有某一只二极管脱焊或断路。

② 如果 C_1 两端电压正常,VT1 发射极与集电极之间的电压 U_{CE} 与 C_1 两端电压相等,呈截止状态特征;或者 U_{BE} 很小,呈饱和状态特征。出现上述现象很可能是调整管已损坏。

③ 测量稳压管 VS 两端电压应为 7V。若稳压管 VS 两端电压为 0,可能是稳压二极管接反或击穿。

④ 旋动电位器 RP,若输出电压没有变化,则应检查 RP 是否已损坏。

6. 注意事项

1)二极管、电解电容器应正向连接;稳压二极管应反向连接;晶体管的 B、C、E 三个极不可接错。

2)不可出现虚、假焊接与漏焊现象。

3)测量电压时,必须选择适当的量程而且注意交流与直流的区别,测直流时正、负极性不能接错。

三、集成放大电路的安装与调试

如图 5-3 所示,该电路是使用低频放大电路将拾取的音频信号进行放大的装置。传统的由分立元器件组成的低频放大电路,已被性能优良的集成电路所取代。低频放大电路是电子电路应用较广泛的电路之一。

图 5-3 集成放大电路

1. 工作原理

集成电路（IC）按其功能，分为模拟集成电路和数字集成电路两大类，本电路采用的 LM386 是一种模拟集成电路，它具有音频功率放大的功能，其外形封装为双列直插式，属于塑封类集成电路，其引脚排列方式如图5-4 所示。

LM386 是美国国家半导体公司系列功放集成电路中的一个品种，因其具有功耗低、工作电源电压范围宽、外围组件少和装置调整方便等优点，广泛应用于通信设备、收录音机、电子琴和各类电子设备中，其典型电参数如下：

图5-4　LM386 外形引脚

工作电压范围4～12V，静态电流4mA，输出功率660mW（最大），电压增益为46dB（最大），带宽300kHz，谐波失真0.2%，输入阻抗50kΩ，输入偏置电流250mA。

该电路有同相、反相两个输入端，即：从5 脚输出电压信号的极性与3 脚（同相端）输入信号的极性相同，而与2 脚（反相端）输入信号的极性相反。这两种输入形式单从声音上是听不出差别的，无论哪一种输入，电路都一样工作。1 脚与8 脚为增益调整，当两脚悬空时，电路的增益由内部设计决定；当在1 脚与8 脚之间接入一个几十微法的电容器时，电路增益达到最大值。电路增益可根据实际需要进行调整。图5-3 中由于 LM386 的电压放大倍数为20 倍，对输入几毫伏的音频信号来说，这个电压放大倍数不能产生足够的音量输出。因而需要用晶体管 VT 进行前置放大，提高电路的总电压放大倍数。

电路中 R_2 为晶体管 VT 集电极负载电阻，R_1 提供 VT 的偏置电流，$C_1 \sim C_3$ 分别为输入、输出隔直流电容。电位器 RP 起音量调节的作用。伴随输入信号的变化，输出功率会在大范围内上下快速波动，由于负载的变化会引起电源电压的变化，这将造成工作不稳定和电气性能变坏，利用电容 C_4、C_5 两端电压不能瞬时跃变的特点，就可以防止这类现象的发生。电容 C_4、C_5 称为去耦电容，由于电解电容等效电感较大，100μF 电解电容 C_5 对高频信号的滤波效果不好，故采用小电容 C_4 与之并联，提高对高频信号的滤波效果。双刀双掷开关 S 用于转换扬声器 B_A 和 B_B 分别为听、讲的工作状态。

此放大器也适合在其他输入信号低的场合使用，如前置放大与话筒组成小型放大器等，应用时注意过高的电平信号将使输入级过载造成严重失真。

2. 元器件选择

电路元器件明细见表5-2。

表 5-2　电路元器件明细（二）

名　　称	符　　号	型　　号
功率放大集成电路	IC	LM386
NPN 型小功率晶体管	VT	3DG6
小型碳膜电位器	RP	100kΩ
1/8W 碳膜电阻器	R_1	1MΩ
1/8W 碳膜电阻器	R_2	4.7MΩ
铝电解电容器	C_1	1μF/16V
铝电解电容器	C_2	10μF/16V
铝电解电容器	C_3，C_5	100μF/16V
涤纶或瓷介质电容器	C_4	0.1μF/63V
电动式扬声器	B_A，B_B	8Ω
双刀双掷开关	S	2×2

3. 安装与调试

1）按图 5-3 所示电路进行组装。

2）根据外观辨认晶体管的管脚和极性，用万用表检测验证后，在面包板上组装由晶体管构成的前置放大器。

3）组装 LM386 集成电路，由于 LM386 是所有音频功率放大集成电路中使用最简便的一种，只要电路组装正确，无需调试即可使用。

4）在输入端加入一个音频信号（频率为 50~500Hz，电压为几十毫伏），即可在扬声器中发出音响。调节电位器 RP 输出强度将随之变化。

5）将双刀双掷开关 S 分别置于扬声器听、讲两种工作状态，模拟有线对讲机来检验电路的放大效果。

◈◈◈ 第二节　数字电路的安装与调试

一、集成芯片的识别与测试

1. 集成电路的分类

集成电路按其结构和工艺方法不同，可以分成半导体集成电路、薄膜集成电路、厚膜集成电路和混合集成电路。其中发展最快、品种最多、产量最大、应用最广的是半导体集成电路。

半导体集成电路的分类，见表 5-3。

表5-3　半导体集成电路的分类

按 功 能分类	数字集成电路	门电路	与门、或门、非门、与非门、或非门、与或非门、异或门
		触发器	RS 触发器、JK 触发器、D 触发器、锁定触发器等
		存储器	随机存储器（RAM）、只读存储器（ROM）、移位寄存器等
		功能部件	译码器、数据选择器、磁心驱动器、半加器、全加器、奇偶校验器等
		微处理器	
	模拟集成电路	线性电路	直流运算放大器、通用运算放大器、音频放大器、高频放大器、宽频放大器等
		非线性电路	电压比较器、直流稳压源、读出放大器、模/数变换器、模拟乘法器、晶闸管触发器等
按有源器件分类	双极型		DTL：二极管-晶体管逻辑电路 TTL：晶体管-晶体管逻辑电路 HTL：高抗干扰逻辑电路 ECL：射极耦合逻辑电路 I^2L：集成注入逻辑电路
	MOS 型（单极性）		PMOS：P 沟道增强型绝缘栅场效应晶体管集成电路 NMOS：N 沟道增强型绝缘栅场效应晶体管集成电路 CMOS：互补对称型绝缘栅场效应晶体管集成电路
	BiMOS 型		BiPMOS：双极与 PMOS 兼容集成电路 BiNMOS：双极与 NMOS 兼容集成电路 BiCMOS：双极与 CMOS 兼容集成电路
按规模分类	小规模（SSI）		1～10 个等效门/片，10～100 个等效门/片
	中规模（MSI）		10～100 个等效门/片，10^2～10^3 个等效门/片
	大规模（LSI）		大于 10^2 个等效门/片，组件数在 10^3 个以上等效门/片
	超大规模（VLSI）		组件数超过 10 万个以上等效门/片，ECL 超过 2 万以上等效门/片
	特大规模（ULSI）		组件数超过 10^7 万个以上等效门/片

2. 集成电路的型号命名

根据国家标准《半导体集成电路型号命名方法》的规定，半导体集成电路的型号命名由 5 部分组成，其组成部分的符号及意义见表5-4。

表5-4　半导体集成电路的型号命名

第一部分	第二部分		第三部分	第四部分		第五部分	
用字母表示器件符号（国标标准）	用字母表示器件的类型		用阿拉伯数字表示器件的系列和品种代号	用字母表示器件的工作温度范围		用字母表示器件的封装	
符号 意义	符号	意义		符号	意义	符号	意义
	T	TTL 电路				F	多层陶瓷扁平
	H	HTL 电路				B	塑料扁平
	E	ECL 电路				D	陶瓷双列直插
	C	CMOS 电路				P	塑料双列直插
	F	线性放大器	由 3 位阿拉伯数字表示（001～999）[①]			J	黑瓷双列直插
	D	音响、电视电路		C	0～70℃	K	金属菱形
C 中国国标产品	W	稳压器		G	-25～70℃	T	金属圆形
	J	接口电路		L	-25～85℃	C	陶瓷芯片载体
	B	非线性电路		E	-40～85℃	E	塑料芯片载体
	M	存储器		R	-55～85℃	H	黑瓷扁平
	μ	微型机电路		M	-55～125℃	G	网格针栅阵列
	AD	A/D 转换器				SOI	小引线封装
	DA	D/A 转换器					
	SC	通信专用电路					
	SS	敏感电路					

①其中 TTL 分为：54/74×××国际通用系列、54/74H×××高速系列、54/74L×××低功耗系列、54/74S×××肖特基系列、54/74LS×××低功耗肖特基系列、54/74AS×××先进肖特基系列、54/74ALS×××先进低功耗肖特基系列、54/74F×××高速系列。CMOS 分为：4000 系列；54/74HC×××高速 CMOS，有缓冲输出级，输入输出为 CMOS 电平；54/74HCT×××高速 CMOS，有缓冲输出级，输入 TTL 电平，输出 CMOS 电平；54/74HCU×××高速 CMOS，不带输出缓冲级；4/74AC×××改进型高速 CMOS；4/74ACT×××改进型高速 CMOS，输入 TTL 电平，输出 CMOS 电平。

3. 集成电路的封装与引脚识别

（1）封装　集成电路的封装可分为：圆形金属外壳封装、扁平形陶瓷封装、塑料外壳封装、陶瓷和塑料双列直插封装、单列直插封装等，如图5-5 所示。其中单列直插、双列直插集成电路较常见。陶瓷封装散热性能差、体积小、成本低。金属封装具有散热性能好，可靠性高，但安装不方便，成本高。塑封的最大特点是工艺简单、成本低，因而被广泛使用。

图 5-5　集成电路封装图示

a）陶瓷双列封装　b）塑料双列封装　c）金属圆形封装　d）塑料小外形双列封装

e）陶瓷熔封扁平封装　f）塑料带散热片单列封装　g）塑料四面引线扁平封装

h）塑料单列封装　i）塑料"z"形引线封装

（2）引脚　集成电路引出脚排列顺序的标志一般有色点、凹槽、管键及封装时压出的圆形标志。对于双列直插集成块，引脚识别方法是：将集成电路水平放置，引脚向下，标志朝左边，左下角第一个引脚为 1 脚，然后按逆时针方向数，依次为 2、3、…，如图 5-6 所示。

图 5-6　集成电路引出脚排列识别

对于单列直插集成电路也让引出脚向下，标志朝左边，从左下角第一个引出脚到最后一个引出脚依次为 1、2、3、…。

4. 集成电路的使用常识

集成电路是一种结构复杂、功能多、体积小、价格贵、安装与拆卸麻烦的电子器件，在选购、检测和使用中应十分小心。

1）集成电路在使用时不允许超过极限参数。

2）集成电路内部包括几千甚至上万个 PN 结。因此，它对工作温度敏感，环境温度过高或过低，都不利于其正常工作。

3）在手工焊接集成电路时，不得使用功率大于45W的电烙铁，连续焊接时间不应超过10s。

4）MOS集成电路要防止静电感应击穿。焊接时要保证电烙铁外壳可靠接地，若无接地线可将电烙铁拔下，利用余热进行焊接。

5）数字集成电路型号的互换：数字集成电路绝大部分有国际通用型，只要后面的阿拉伯数字对应相同即可互换。

5. 数字集成电路使用注意事项

表5-5以TTL集成电路和CMOS集成电路为例，说明在使用它们时的注意事项。

表5-5　使用TTL、CMOS集成电路的注意事项

		TTL	CMOS
电源规则	范围	$+4.75V < V_{CC}$ $< +5.5V$	$V_{min} < V_{DD} < V_{max}$ 考虑到瞬间变化，应保持在绝对的最大极限电源电压范围内。例如：CC4000B系列的电源电压范围为3~18V，而推荐使用的 V_{CC} 为4~15V
	注意事项	① 电源和地的极性千万不能颠倒接错，否则过大的电流将造成器件损坏 ② 电源接地时，不可移动、插入、拔出或焊接集成电路器件，否则会造成永久性损坏 ③ 对H-CMOS器件，电源引脚的交流高、低频去耦要加强，几乎每个H-CMOS器件都要加上0.01~0.1μF的电源去耦电容	
输入规则	幅度	$-0.5V \leqslant V_i \leqslant +5V$	$V_{SS} \leqslant V_i \leqslant V_{DD}$
	边沿	① 组合逻辑电路 V_i 的边沿变化速度小于100ns/V ② 时序逻辑电路 V_i 边沿变化速度小于50ns/V	一般的CMOS器件：$t_r(t_f) \leqslant 15ns$ H-CMOS器件：$t_r(t_f) \leqslant 0.5ns$
	多余输入端的处理	① 多余输入端最好不要悬空，根据逻辑关系的需要作相应处理 ② 触发器的不使用端不得悬空，应按逻辑功能接入相应的电平	① 多余输入端绝对不可悬空，即使同一片未被使用但已接通电源的CMOS电路的所有输入端均不可以悬空，都应根据逻辑功能作处理 ② 作振荡器或单稳态电路时，输入端必须串入电阻用以限流

（续）

	TTL	CMOS
输出规则	① 输出端不允许与电源或地发生短路 ② 输出端不允许"线与"，即不允许输出端并联使用。只有 TTL 集成电路中三态或集成电极开路输出结构的电路可以并联使用 ③ TTL 集电极开路的电路"线与"时，应在其公共输出端加接一个预先算好的上拉负载电阻到 V_{CC}	
操作规则	电路存放	存放在温度 10～40℃干燥通风的容器中，不允许有腐蚀性气体进入。存放 CMOS 电路要屏蔽；一般存放在金属容器内，也可用金属箔将脚短路
	电源和信号源的加入	开机时先接通电路板电源，后开信号源；关机时先关信号源，后关电路板电源。尤其是 CMOS 电路未接通电源时，不允许有输入信号加入

二、智力抢答器的安装与调试

1. 电路分析

图 5-7 所示为电子抢答器电路，主持人闭合 S 抢答开关。假定轻触开关 SB3 先按下，则晶闸管 VT3 触发导通指示灯 HL3 亮，振荡器工作，扬声器发声，表示持 SB3 按钮者获优先抢答权。由于 VD1、VD2 导通，使电路中 A、B 两点电位很接近。此时其他按钮再按下，已没有足够的触发电压使未导通的晶闸管导通，即其他指示灯不会再亮。当主持人断开 S，再闭合，即可进行下一轮抢答。

图 5-7　电子抢答器电路

2. 元器件选择

电子抢答器电路元器件明细见表 5-6。

表 5-6　电子抢答器电路元器件明细

元器件名称	符　号	型号与参数	数　量
二极管	VD1、VD2	IN4001	2
晶体管	V1	9011	1

（续）

元器件名称	符　号	型号与参数	数　量
晶体管	V2	3AX31	1
晶闸管	VT1～VT4	MCR100-6	4
电阻	R_1	3kΩ	1
电阻	R_2	2kΩ	1
电阻	R_3	20kΩ	1
涤纶电容器	C	0.1μF	1
指示灯	HL1～HI4	0.3A、2.5V	4
扬声器	B	8Ω	1
按钮	SB1～SB4		1
轻触开关	S		4
电池	E	1.5V	4
安装线			
印制电路板			

3. 安装与调试

1）按图5-7正确安装各元器件，选用元器件时可参考表5-6。

2）检查各元器件装配无误后，接上6V电源，把电流表串接在按钮S两端（按钮处于断开状态），测得电流约为1.25mA，用镊子短路晶闸管的阳极和阴极，扬声器发声，电流表读数约为175mA。

3）接通轻触开关S，并按下SB1～SB4中的某一个按钮，相对应的一只指示灯亮，扬声器发声。此时再按下其他按钮，其他指示灯不会再亮。

4）断开轻触开关S，再闭合，检查其他按钮和指示灯、晶闸管是否正常。电路中晶闸管、指示灯可根据实际情况进行增减。

三、计数、译码和显示电路的安装与调试

1. 原理分析

计数、译码电路属于时序电路，它们由触发器和门电路组成（或集成块：TTL、CMOS），其特点是任一时刻的输出信号（状态），不仅取决于该时刻的输入信号，还取决于该电路的原始状态。它和组合逻辑电路所不同的是它具有记忆功能。

计数器是实现计数功能的时序电路，不仅可用来计脉冲数，而且还常用来实现数字系统的定时、分频、数字运算及其他特定的逻辑功能。常用的有74LS90、T210、C180等。

译码器是将计数器中的逻辑代码信息，翻译为另一种逻辑代码，以便控制其他部件，如显示器、显示计数器中的数字就需要通过译码器才能显示出来，如74LS48、T338、C305 等是这种译码器集成组件。

　　显示器是接收译码器的输出信号，并显示出来。LC30、13S201、BT201、YSB-3 等便是数码显示管。

　　2. 器件选择

　　（1）计数单元　74LS90 计数器是由四组 JK 触发器按 8421 码或 5421 码的反馈形式构成的十进制计数器，如图 5-8 所示。

图 5-8　十进制计数器

74LS90 计数器管脚示意图如图 5-9 所示。

图 5-9　74LS90 计数器管脚示意图

当 Q_A 与 CP_B 相连，CP_A 输入单脉冲，管脚 2、3、6、7、10、13 接地时，则组成 8421 码十进制计数器，其真值表见表 5-7。

当 Q_D 与 CP_A 相连，CP_B 输入单脉冲，管脚 2、3、6、7、10、13 接地时，则组成 5421 码十进制计数器，其真值表见表 5-8。

根据图 5-8 所示计数器的逻辑图，验证表 5-7 和表 5-8。

表 5-7 8421 码计数真值表

计　数	输　出			
	Q_D	Q_C	Q_B	Q_A
0	0	0	0	0
1	0	0	0	1
2	0	0	1	0
3	0	0	1	1
4	0	1	0	0
5	0	1	0	1
6	0	1	1	0
7	0	1	1	1
8	1	0	0	0
9	1	0	0	1

表 5-8 5421 码计数真值表

计　数	输　出			
	Q_D	Q_C	Q_B	Q_A
0	0	0	0	0
1	0	0	0	1
2	0	0	1	0
3	0	0	1	1
4	0	1	0	0
5	1	0	0	0
6	1	0	0	1
7	1	0	1	0
8	1	0	1	1
9	1	0	0	0

（2）译码显示单元　译码就是将给定的代码"翻译"成相应的状态。本电路用 74LS48 BCD 七段译码器和 LC30 七段数码管。它们的管脚示意图分别如图 5-

10 和图 5-11 所示。

图 5-10　74LS48 译码器管脚示意图

74LS48BCD 七段译码器仅用作译码时，管脚 3、4、5 端悬空，A、B、C、D 为译码器的 4 个输入端，a～g 各管脚为译码器的 7 个输出端。

当 74LS90 计数器的 4 个输出端与 74LS48 译码器输入端相接，而译码器的 7 个输出端（a～g）与 LC30 七段数码管相接后，在 CP 脉冲作用下，可以从数码管上清楚地观察到 0～9 的十个数字。

图 5-11　LC30 数码管
管脚示意图

（3）数码显示器　电路板/LC30 数码管组件一套。

3. 安装与调试

根据计数器、译码器和数码管的管脚示意图，把它们安装到电路板上并逐一进行调试。

1）用 74LS90 组件按 8421 码接成十进制计数器，4 个输出端 Q_A、Q_B、Q_C、Q_D 分别接到电路板的 4 个电平指示灯上。CP 端输入单脉冲，验证其计数功能，并记入到表 5-9 中。

2）用 74LS90 组件按 5421 码接成十进制计数器，观察电平指示灯的显示规律，并记入到表 5-10 中。

表 5-9　8421 码状态表

计　数	输　出			
	Q_D	Q_C	Q_B	Q_A
0				
1				
2				
3				
4				

（续）

计　　数	输　　出			
	Q_D	Q_C	Q_B	Q_A
5				
6				
7				
8				
9				

表 5-10　5421 码状态表

计　　数	输　　出			
	Q_A	Q_D	Q_C	Q_B
0				
1				
2				
3				
4				
5				
6				
7				
8				
9				

3）将 74LS90 译码器的 7 个输出端（a~g）分别接到数码显示器上，译码器的 4 个输入端（A~D）分别接到 4 个逻辑开关上，有规律地拨动逻辑开关，根据指示灯的亮暗规律，验证译码器的逻辑功能。

4）将 74LS90 组成的计数器，74LS48 组成的译码器和 LC30 七段数码管相连，计数器"清零"后，CP 端分别接在单次或连续脉冲上，观察数码管的数字变化规律，以验证整个逻辑电路的功能。

4. 仪器设备

（1）逻辑实验机　一台。

（2）示波器　一台。

5. 注意事项

（1）通电前检查　首先仔细检查电路各部分接线是否正确，检查电源、地线、信号线元器件引脚之间有无短路，器件有无接错。

（2）通电检查　接入电路所要求的电源电压，通电调试。观察电路中各部分器件有无异常现象，如果出现异常现象，应立即关断电源，待排除故障后方可重新通电。

（3）单元电路调试　调试顺序按信号的流向进行，这样可以把前面调试过的输出信号作为后一级的输入信号，为最后的整机联调创造条件。通过调试掌握必要的数据、波形、现象，然后对电路进行分析、判断，排除故障，完成调试要求。

（4）整机联调　整机联调时主要观察动态结果，检查电路的性能和参数，分析测量的数据和波形是否符合设计要求，对发现的故障和问题及时采取处理措施。

四、数字秒表电路的安装与调试

1．电路组成

数字秒表电路如图 5-12 所示。图中 5G1555 接成多谐振荡器，产生 50Hz 的脉冲信号作为时钟脉冲。集成计数电路 T210 接成五进制计数器，它对由 5G1555 多谐振荡器产生的 50Hz 时钟脉冲进行计数，逢五进一。因此，它是产生一个周期 0.1s 的时钟脉冲。由"与非"门 1、2 构成的 RS 触发器，作为此秒表启停开关。"与非"门 3、4 构成微分单稳电路，经晶体管 V2 接入计数器 C180 的清

图 5-12　数字秒表电路

"0"端。两块 C180 组成两级十进制计数器，对由 T210 输出的 0.1s 脉冲进行计数。最大计时数为 9.9s。C305 是译码器，它将由 T210 输出的 BCD（2～10 进制）码进行译码，译成八段数字显示（YSB—3）。

2. 工作原理

先按一次按钮 S2，使与非门 1 输出为高电平。需要计时时，按一次按钮 S1，在按下的瞬间 RS 触发器反转，"与非"门 1 的输出由高电平变为低电平，跳变过程中经与非门 3、4 组成的微分单稳电路将计数器 T210、C180 清零，清零后立即对 0.1s 脉冲进行计数显示，在与非门 2 输出为高电平的作用下，接通与非门 6 的输入端，5G1555 产生的脉冲通过与非门 6 进行分频计算。不需计数时按 S2，使与非门 2 为"0"，与非门为"1"，当与非门 2 为"0"时封锁 35G1555 脉冲输出，保持所计时间值。

V1、V2 组成的反相器是为 TTL 和 CMOS 之间电平转换而设置的。

3. 安装与调试

根据图 5-12 数字秒表电路及电路中器件参数要求（5G1555、T210、C305、YS13-3、DG6 或 3DK），选择并安装元器件。

1）按图 5-12 接线，检查无误即可通电，调节 10kΩ 电位器 RP 使 5G1555 输出端产生一个 50Hz 脉冲信号。

2）交替按动 S1、S2，用示波器监视与非门 4 输出，检查微分单稳电路工作是否正常。

3）用示波器观察计数器的输出端 Q_B、Q_C、Q_D 波形是否正常。

4）接上译码器 C305，显示 YSB—3，观察译码显示情况。

5）秒表试验：利用其他秒表对本秒表进行校验。

4. 仪器设备

（1）示波器 一台。

（2）万用表 一只。

（3）稳压电源 一台。

（4）秒表 一只。

◆◆◆◆ 第三节 电力电子技术

一、触发电路的安装与调试

1. 电路

单结晶体管触发电路如图 5-13 所示。

2. 电路工作原理分析

图 5-13 所示电路较简单，且温度特性较好，具有一定的抗干扰能力，脉冲前沿比较陡，输出功率比较小，脉冲宽度比较窄，只能手动调节 RP，无法加入其他信号，移相范围小于或等于 180°，一般情况下约为 150°。此电路可以用在单相可控整流要求不高的场合，能触发 50A 以下的晶闸管。

图 5-13 单结晶体管触发电路

交流电压经桥式整流和稳压管削波而得到梯形电压。脉冲的形成过程是，梯形同步电压经 RP、R_5 对电容器 C 充电，电容器 C 两端电压上升到单结晶体管的峰点电压 U_P 时，单结晶体管由截止变为导通，电容器 C 通过 e-b_1、R_3 放电，放电电流在电阻 R_3 上产生一组尖端脉冲电压，由 R_3 输出一组触发脉冲，其中第一个脉冲使单结晶体管触发导通，后面的脉冲对单结晶体管的工作没有影响。随着电容器 C 不断放电，当电容器两端的电压下降至单结晶体管谷点电压 U_V 时，单结晶体管重新截止；电容器 C 又重新充电，重复上述过程，R_3 上又输出一组尖端脉冲电压，这个过程反复进行。

当梯形电压过零时，电容器 C 两端电压也为零，因此电容器每一次连续充放电的起点，就是电源电压过零点，这样就保证输出脉冲电压的频率和电源频率的同步。

移相是通过改变 RP 的大小实现的。改变 RP 的大小，可以改变 C 充电的速度，由此就改变了第一个脉冲出现的时间，从而达到移相的目的。

3. 元器件选择

电路元器件明细见表 5-11。

表 5-11 电路元器件明细（三）

名　称	符　号	型号与规格	数　量
单结晶体管	VU	BT33A	1
二极管	VD1 ~ VD4	2CP11	4
稳压管	VS	2CW63	1
电位器	RP	WT、100kΩ、0.25W	1
电阻	R_2	RT、510Ω、1/4W	1
电阻	R_3	RT、100Ω、1/4W	1
电阻	R_4	RT、3kΩ、1W	1
电阻	R_5	RT、4.7kΩ、1/4W	1
电容器	C	CGZX、160V、0.15μF	1

4. 仪器仪表

万用表一台，示波器一台。

5. 安装

1）按单结晶体管触发电路元器件明细表配齐元器件和其他附件，并对其进行检测。

2）根据电路原理图合理安排元器件的位置和走线，并为元器件位置和走线做好标记。

3）清除元器件引脚、通用电路板、连接导线端的氧化层。

4）焊接元器件，并特别注意稳压管极性检查。

6. 调试

具体调试操作步骤是：依据电路的工作原理和结构，把电路分成几个部分，按所分部分逐一通电调试；先检查电源输入情况；再检查整流输出情况；后调试受控触发电路，并依据几个关键波形和电压值来判断触发电路可能发生的故障。现以图 5-14 所示的受输入信号控制的单结晶体管触发电路为例来加以介绍。

图 5-14　触发电路调试示意图

1）用万用表测量同步电源电压 U_{o1}，并用示波器检查①点的电压是不是如图 5-14 所示的梯形波；同时，检查稳压管 VS 是否温度过高。

如果电压和波形符合要求，则表示同步电源正常；如果不正常，或稳压管电流超过稳压电流的规定值而温升过高，则要检查电源变压器 TC 的一次电压和二次电压是否符合要求。

2）用示波器观察②点处电容器 C 上的波形是不是锯齿波。

如果②点无图 5-14 中所示的波形，就要进行检查。如果二极管和电阻都没问题，应检查单结晶体管 VU 是否良好。如果也没问题则调整电阻 RP 的大小，使②点出现锯齿波。

3）用示波器观察③点是否有尖顶触发脉冲，幅度是否符合主电路晶闸管触发电压要求，如果脉冲电压幅度偏小达不到要求时，可更换分压比大一些的单结晶体管。

二、晶闸管整流电路的安装与调试

1. 电路

晶闸管单相桥式半控整流电路如图 5-15 所示。

图 5-15　晶闸管单相桥式半控整流电路

2. 电路工作原理分析

图 5-15 中，VD1 ~ VD4 组成桥式整流电路，经 R_1、VS1、VS2 削波后获得稳定的梯形波电压。晶体管 VT1、VT2、单结晶体管 VU、电容器 C_2、电阻 R_7、R_8 等构成自激振荡器，二极管 VD5 输出触发脉冲。当 C_2 上的电压达到峰点电压 U_P 时，单结晶体管导通，经 VD5 输出正向触发脉冲，改变 RP 的阻值即改变了流过 VT1 和 VT2 的电流，也即改变了电容 C_2 的充电时间常数（VT1、VT2 可视为可变电阻）。当 RP 可动端上移时，充电速度变快，触发脉冲前移，当 RP 可动端下移时，充电速度变慢，触发脉冲后移，这样就可以改变晶闸管的移相角 α，这种触发电路的移相范围一般小于 180°。

3. 仪器及设备

（1）示波器　一台。

（2）万用表　一台。

（3）同步变压器 220V/50V/24V　一台。

4. 安装

1）按图 5-15 要求选择同步变压器、二极管、晶体管、单结晶体管、晶闸管、滤波电容器及电阻器，并用万用表逐一进行测试。

2）将挑选出的元器件，根据具体参数及标注极性焊接到电路板上。

5. 调试

1）用万用表交流电压挡测试变压器二次电压应为 50V。

2）用万用表直流电压挡测量桥式整流输出电压的直流分量 u'_{o1}。

3）将 RP 可动端置于中间位置，用示波器一个通道观察变压器二次侧 50V 电压的波形，然后观察同步整流电压 u_{o1}，削波电压 u_{o2}，电容 C_2 两端电压 u_C 及单结晶体管输出电压 u_{o3}。

4）用示波器一个通道观察 u_C 波形，另一通道观察输出脉冲 u_{o3} 波形，调节 RP，观察脉冲移相的情况。

5）观察晶闸管整流电路的工作情况。

6. 注意事项

1）50V 电源与 24V 电源不要接错。

2）触发脉冲的极性不能接反。

3）变压器二次电压的波形只能用示波器的单踪显示方式观察，不能与 u_{o1}、u_{o2} 等波形一起用双踪显示方式观察。

4）在观察负载波形 u_L 时，最好与触发脉冲的波形一起观察，但此时应特别注意两条示波器信号输入线的接地端（黑夹子端）不能将负载短路，否则只能用单踪显示方式观察。

三、单相晶闸管变流技术

图 5-16 所示为单相晶闸管变流技术应用的一个实例——小容量无静差直流调速系统，其具有稳定性能好，抗干扰能力强，调速平滑等优点，适用于 1kW 以下直流电动机的调速。

1. 电路工作原理分析

整个系统由给定电压环节、运算放大器电压负反馈环节、电流截止负反馈环节组成。主要部分的工作原理简述如下：

（1）主电路　采用单相桥式半控整流电路，直接由 220V 交流电源供电，由于主电路串接了平波电抗器 L_d，故电流输出波形得到改善。

（2）电压负反馈环节　当采用电压负反馈后，可以补偿电枢内阻压降。电路中电压负反馈环节由 R_{16}、R_3、RP6 组成。反馈电压从电位器 RP6 取出加在放大器的输入端，和给定信号电压比较后，经放大器放大，送入集成相控触发组件 KC05（其内部结构及原理如图 5-17 所示）。

（3）电流截止反馈环节　为限制起动时产生的大冲击电流，以及确保系统稳定工作，加入了电流截止反馈环节。信号从主电路电阻 R_{15} 和并联的 RP5 取出，经二极管 VD15 注入 V1 的基极，VD15 起着电流截止反馈的开关作用。

图 5-16　小容量无静差直流调速系统

图 5-17　KC05 内部结构及原理示意图

当负载电流大于额定电流时，R_{15} 的压降增大，R_{15} 上的分压增大，RP5 分压也增大，加入 V1 基极电压增大，V1 集电极电位近似于零，即 KC05 的输入端 6 电位下降，这样，晶闸管的导通角减小，输出的直流电压减小，电流也随之减小。

本电路主要由运算放大器F007与集成相控触发组件KC05构成，系统稳定性高，电路简单可靠，抗干扰能力强，调速性能好。

2. 元器件选择

电路元器件明细见表5-12。

表5-12　电路元器件明细（四）

名　　称	符　　号	型号与规格	数　　量
晶闸管	VT1　VT2	3CT5A/800V	2
二极管	VD1、VD2、VD3、VD15	2CZ52C	4
二极管	VD4、VD5、VD6、VD7、VD8	2CZ84C	5
二极管	VD9、VD10、VD11、VD12	2CZ55T	4
二极管	VD13、VD14	2CZ57F	2
电阻	R_1	2kΩ	1
电阻	R_2、R_3、R_4	20kΩ	3
电阻	R_5	100Ω	1
电阻	R_6	10kΩ	1
电阻	R_7、R_{13}、R_{14}	220Ω	3
电阻	R_8、R_9	30kΩ	2
电阻	R_{10}	22kΩ	1
电阻	R_{11}、R_{12}	10Ω	2
电阻	R_{15}	0.36Ω	1
电阻	R_{16}	5kΩ	1
电位器	RP1	20kΩ	1
电位器	RP2	5.6kΩ	1
电位器	RP3	10kΩ	1
电位器	RP4	22kΩ	1
电位器	RP5	56Ω	1
电位器	RP6	4.7kΩ	1
电容器	C_1	1μF	1
电容器	C_2	10μF	1
电容器	C_3	0.47μF	1
电容器	C_4	0.047μF	1
电容器	C_5、C_6	220μF	2
电容器	C_7、C_8	100μF	2
晶体管	V1	3DG6D	1
稳压管	V2、V4	2CW140	2

复习思考题

1. 何为整流？单相桥式整流电路由哪些部分组成？

2. 时序电路的特点是什么？

3. 串联可调稳压电源电路由哪几部分组成？

4. 计数器的主要功能是什么？

5. 晶闸管的导通条件是什么？导通后如何将其关断？

6. 集成电路有哪些分类？不同分类的名称和主要特点是什么？

7. 译码器的作用是什么？

8. 对于出现故障的晶闸管单相桥式半控整流电路板，应按什么步骤查找故障？

9. 集成电路引脚排序的标志有哪些？

10. 集成电路有哪些使用常识？

第 六 章

可编程序控制器技术

培训学习目标　熟悉可编程序控制器（PLC）的基本结构和工作原理；了解可编程序控制器的技术性能指标；掌握松下FP系列PLC基本指令的功能及应用；掌握可编程序控制器（PLC）的使用操作技术；掌握PLC控制线路的故障排除方法。

随着工业控制及计算机技术的飞速发展，可编程序控制器（PLC）已成为现代工业自动化领域最重要、应用最多的控制装置；工业控制计算机与PLC组合形成的上位计算机与下位计算机控制系统的应用也越来越广泛。

◆◇◆◇ 第一节　概　　述

一、PLC 的控制功能

目前PLC已经广泛应用于冶金、化工、建材、电力、矿山、机械制造、轻纺、交通等行业。它的控制功能概括如下：

（1）开关量控制　这种开关量控制功能在单机控制、多机群控和自动生产线控制方面成功运用。如：机床电气控制、起重机的控制、传动带运输机的控制、包装机械的控制、注塑机和电梯的控制等。

（2）模拟量控制　PLC基本上都具有模拟量处理功能，通过模拟量 I/O 模块可对温度、压力、速度、流量等连续变化的模拟量进行控制，编程非常方便，如自动焊机控制、锅炉运行控制、连轧机的速度和位置控制等都是典型的闭环过程控制的应用场合。

（3）运动控制　也称为位置控制，指PLC对直线运动或圆周运动的控制。

早期 PLC 通过开关量 I/O 模块与位置传感器和执行机构的连接来实现这一功能，现在一般都使用专用的运动控制模块来完成，目前广泛应用在金属切削机床、电梯、机器人等种机械设备上，典型的例子是，PLC 和计算机数控装置 CNC 组合成一体，构成先进的数控机床。

（4）数据处理 现代 PLC 能够完成数学运算（函数运算、矩阵运算、逻辑运算）、数据的移位、比较、传递、数值的转换等操作，对数据进行采集、分析和处理。例如：柔性制造系统、机器人控制系统、多点同步运行控制系统等。

（5）通信联网 指 PLC 与 PLC 之间、PLC 与上位计算机或其他智能设备之间的通信，利用 PLC 和计算机的 RS-232 或 RS-422 接口、PLC 的专用通信模块，用双绞线和同轴电缆或光缆将它们联成网络，可实现相互间的信息交换，构成"集中管理、分散控制"的多级分布式控制系统，建立工厂的自动化网络。

二、PLC 的常用技术性能指标

（1）输入/输出点数 指外部输入、输出端子数。

（2）扫描速度 执行 1000 步指令所需的时间，单位 ms/千步。有时以执行一步指令的时间计，如 μs/步。

（3）内存容量 PLC 存放用户程序的量。在 PLC 中程序指令是按步存放的（一条指令往往不止一"步"），一"步"占用一个地址单元，一个地址单元一般占用两个字节。

（4）指令条数 衡量 PLC 软件功能强弱的主要指标。

（5）内部寄存器 PLC 内部有多种寄存器，用以存放变量状态、中间结果、数据等。如：内部继电器寄存器、特殊继电器寄存器、数据寄存器、定时/计数寄存器、系统寄存器等。这些辅助寄存器可以给用户提供许多特殊功能或简化整体系统设计。因此，寄存器的配置是衡量 PLC 硬件功能的一个指标。

（6）高功能模块 PLC 除主控模块外还可以配置各种高功能模块。主控模块实现基本控制功能，高功能模块实现某一种特殊功能控制。高功能模块的多少，是衡量 PLC 产品水平高低的重要标志。常用高功能模块如：A/D 模块、D/A 模块、高计数模块、速度控制模块、位置控置模块、温度控制模块、轴定位模块、通信模块、高级语言编辑以及各种物理量转换模块等。

三、PLC 的基本结构

PLC 的硬件系统由微处理器、存储器、输入/输出电路、专用 I/O 模块、智能 I/O 模块、电源、编程器、I/O 扩展单元等组成，如图 6-1 所示。

图 6-1　PLC 的硬件系统结构框图

（1）微处理器（CPU）　　PLC 常用的 CPU 有通用微处理器、单片机和位片式处理器。对于小型 PLC，大多采用 8 位微处理器或单片机，中型 PLC 大多采用 16 位微处理器或单片机，大型 PLC 大多采用高速位片式处理器。总之，PLC 的档次越高，所用的 CPU 的位数越多，运算速度越快，功能也越强。

（2）存储器　　PLC 配有系统存储器和用户存储器两种存储器，前者用于存放系统程序，后者用来存放用户编制的控制程序。常用类型有 ROM、RAM、EPROM 和 EEPROM。

（3）输入/输出电路　　抗干扰设计是 PLC 的核心问题。输入/输出口都有光电隔离装置，使外部电路与 PLC 内部之间完全避免了电的联系，有效地抑制了外部干扰源对 PLC 的影响，还可防止外部强电窜入内部 CPU；在 PLC 电源电路和输入/输出电路中设置有多种滤波电路，有效抑制高频干扰信号。

PLC 的输出形式主要有 3 种：继电器输出、晶体管输出和晶闸管输出。PLC 输出电路如图 6-2 所示。

（4）专用 I/O 模块和智能 I/O 模块　　PLC 具有多种 I/O 模块，常见的有 A/D、D/A 模块；还有快速响应模块、高速计数模块、通信接口模块、温度控制模块、中断控制模块和定位控制模块等种类繁多、功能各异的专用 I/O 模块和智能 I/O 模块。针对不同的工业控制应用场合，选择 I/O 功能模块与基本单元连用，可充分发挥 PLC 灵活、通用、可靠、迅捷的优势。

（5）电源　　PLC 配有开关稳压电源的电源模块，用来将外部供电电源转换成供 PLC 内部 CPU、存储器 I/O 接口等电路工作所需的直流电源。PLC 的电源部件有很好的稳压措施，因此对外部电源的稳定性要求不高，一般允许外部电源

图 6-2 PLC 输出电路

a）继电器输出 b）晶体管输出 c）晶闸管输出

电压的额定值在 −15% ~ +10% 的范围内波动。小型 PLC 的电源往往和 CPU 单元合为一体，大中型 PLC 都有专用电源部件。有些 PLC 的电源部件还可向外提供直流 24V 稳压电源，用于对外部传感器供电，避免由于外部电源污染或电源不合格引起的故障。

（6）编程器 编程器是 PLC 的最重要的外围设备，也是 PLC 不可缺少的一部分。它不仅可以写入用户程序，还可以对用户程序进行检查、修改和调试，以及在线监视 PLC 的工作状态。它通过接口与 PLC 联系，完成人机对话。简易编程器功能较少，一般只能用语句表形式进行编程，通常需要联机工作。简易编程器使用时直接与 PLC 的专用插座相连接，由 PLC 提供电源。它体积小，重量轻，便于携带，适合小型 PLC 使用。

（7）I/O 扩展单元 I/O 扩展单元用来扩展系统输入/输出点数。当用户所需的输入/输出点数超过 PLC 基本单元的输入/输出点数时，就需要加上 I/O 扩展单元来扩展，以适应控制系统的要求。扩展的原则是以大带小，资源合理共享。另外，还需要查阅所选机型使用手册中关于扩展的具体要求来综合考虑整体配置方案。

四、PLC 的工作原理

PLC 采用循环扫描工作方式，在 PLC 中用户程序按先后顺序存放，CPU 从

第一条指令开始执行程序，直至遇到结束指令，完成一个扫描周期。然后再从头开始，如此反复。每个扫描过程分为以下 3 个阶段：

（1）输入采样阶段　这一阶段也称为输入刷新阶段，即 PLC 以扫描方式按顺序先将所有输入端的信号状态读入输入状态寄存（输入器映像区）。输入采样结束后，即使输入信号状态发生改变，输入状态寄存（输入器映像区）中的相应内容也不会发生改变。

（2）程序执行阶段　PLC 将按梯形图从上至下、从左到右的顺序，对由各继电器、定时器、计数器等的触点构成的梯形图进行逻辑运算，然后根据逻辑运算结果，刷新输出继电器或系统内部继电器的状态。

（3）输出刷新阶段　当所有的指令执行完毕后，PLC 输出状态寄存器（将输出映像区）中所有状态通过输出电路驱动用户输出设备（负载），也就是 PLC 的输出刷新阶段。输出刷新后，PLC 再次执行输入采样过程，开始一个新的扫描周期。

◇◇◇ 第二节　松下 FP 系列 PLC 产品及性能简介

目前，在工业控制领域常见的 PLC 品种较多，例如：三菱、立石、西门子、松下、OMRON、台达等。这里主要以松下 FP 系列 PLC 来介绍其应用。松下 FP 系列 PLC 产品有：FP0、FP1、FP—M、FP—∑、FP—X 等型号。

一、FP 系列 PLC 的性能

（1）指令系统功能强　在 FP 系列 PLC 中，即使是小型机，也具有近 200 条指令。除能实现一般逻辑控制外，还可进行运动控制、复杂数据处理。FP 系列各类型 PLC 产品的指令系统都具有向上兼容性，便于应用程序的移植。

（2）CPU 处理速度快　FP 系列 PLC 各种机型的 CPU 速度快，如超小型机 FP0 型 PLC 执行每个基本指令只需 $0.9\mu s/$步，可捕捉短至 $50\mu s$ 的脉冲，这可用于传感器输入；FP1 型 PLC 执行每个基本指令只需 $1.6\mu s/$步。

（3）程序容量大　FP 系列 PLC，其小型机的程序容量一般都可达 3 千步左右，最高可达到 5 千步，而其大型机则最高可达 60 千步。

（4）编程工具功能强大　FP 系列 PLC 无论采用的是手持编程器还是编程工具软件，其编程及监控功能都很强。其中 FP—Ⅱ型手持编程器还具有用户程序转存功能。其编程软件除已汉化的 DOS 版 NPST—GR 外，还推出了 Windows 版的 FPSOFT，最新版的 FPWIN—GR 也已进入市场。这些工具都为用户的软件开发提供了方便的环境。

（5）网络通信功能强大　FP 系列 PLC 可配置通信功能模块，为开发 PLC 网络应用程序提供了方便。松下电工提供了多达 6 种的 PLC 网络产品，在同一子网络中集成了几种通信方式，用户可根据需要选用。用 RS232C 口（C24C C40C C56C 和 C72C 型及 FP—M）可通过 RS232C 口与计算直接连接，提供方便的一对一通信。FP 系列 PLC 内置有调制解调器通信功能，使用一根电话线，程序维护即可在远程设备上进行。使用 C—NET 适配器，一台计算机能最多与 32 台 FP1/FP—M 控制单元或控制板连接，如将条形码读出器接到 RS232C 口时，可用此系统采集多种生产控制信息。

二、FP1 系列 PLC 的产品及性能简介

FP1 系列 PLC 属于小型机。其产品型号以 C 字母开头代表主控单元（或称为主机），以 E 字母开头代表扩展单元（或称为扩展机），后面跟的数字代表 I/O 点数。该产品包括 C14 ~ C72 六款主控单元和 E8 ~ E40 四款扩展单元。表 6-1 列出了 FP1 系列 PLC 的主要产品规格类型。主控单元和扩展单元的 I/O 点数加起来最多可达 152 个点。在主控单元内含有高速计数器，可输入的脉冲频率高达 5kHz，并能同时输入两路脉冲，晶体管输出型 PLC 可输出频率可调的脉冲信号。主控单元还具有 8 个中断源的中断优先权管理等功能。同时通过 PC 可对 PLC 进行梯形图程序的编辑、状态监控等。除主控单元和扩展单元以外，还有 A/D、D/A 单元和 C—NET 链接单元等高级模块，可进行模拟量处理，并可方便地构成工业现场 PLC 控制网络。FP1 扩展单元和高级单元的配置见表 6-1。

表 6-1　FP1 系列 PLC 的主要产品规格类型

型　号	类　型	I/O 点数	内部寄存器	工作电压	输出形式
C14	标准型	8/6	EEPROM	DC 24V AC 100 ~ 240V	继电器、晶体管（NPN、PNP 型）
C16	标准型	8/8			
C24（C24C）	标准型（带 RS232 口和时钟/日历）	16/8			
C40（C40C）	标准型（带 RS232 口和时钟/日历）	24/16	RAM		
C56（C56C）	标准型（带 RS232 口和时钟，日历）	32/24			
C72（C72C）	标准型（带 RS232 口和时钟，日历）	40/32			

（续）

型　号	类　　型	I/O 点数	内部寄存器	工作电压	输出形式
E8	/	8/0 4/4 0/8	/	/	继电器、晶体管（NPN、PNP 型）
E16	/	16/0 8/8 0/16	/		
E24	/	16/8	/	DC 24V AC 100～240V	
E40	/	24/16	/		

FP1 系列 PLC 的指令系统共有 190 多条指令，除基本的逻辑运算、数据运算、数据处理、数制转换指令外，还有中断、子程序调用、步进控制、电子凸轮控制、速度及位置控制等特殊功能指令。另外，FP1 系列 PLC 还有功能完备的编程工具，利用这些工具，用户可以方便地进行编程和实现监控。表 6-2 为 FP1 系列 PLC 的基本性能。

表 6-2　FP1 系列 PLC 的基本性能

项　　目	C14	C16	C24	C40	C56	C72
主机 I/O 点数	8/6	8/8	16/8	24/16	32/24	40/32
最大 I/O 点数	54	56	104	120	136	152
运行速度	1.6μs/步：基本指令					
程序容量	900 步		2720 步		5000 步	
存储器类型	EEPROM		ROM （备用电池）和 EPROM			
指令条数	126		191		192	
内部继电器 （R）	256		1008			
特殊内部继电器 （R）	64					
定时器/计数器 （T/C）	128		144			
数据寄存器 （DT）	256		1660		6144	
特殊数据寄存器 （DT）	70					
索引寄存器 （IX、IY）	2					
主控指令(MC/MCE)点数	16		32			
跳转标记 （LBL） 个数 （用于 JMP、LOOP 指令）	32		64			
步进阶数	64		128			
子程序个数	8		16			
中断个数	/		9			
输入滤波时间	1～128ms					
自诊断功能	如：看家狗定时器、电池检测、程序检测					

三、FP1 系列 PLC 的内部寄存器及 I/O 配置

使用 PLC 前最重要的是要先了解 PLC 的内部寄存器及 I/O 配置情况。表 6-3
列出了 FP1 系列 PLC 的内部寄存器及 I/O 配置情况。

表 6-3　FP1 系列 PLC 的内部寄存器及 I/O 配置情况

功　　能		符号	编号（地址）		
			C14/C16	C24/C40	C56/C72
I/O 继电器	输入继电器用来存储外部开关信号	X（bit）	X0 ~ X12F		
		WX（word）	WX0 ~ WX12		
	输出继电器用来存储程序运行结果并输出	Y（bit）	Y0 ~ Y12F		
		WY（word）	WY0 ~ WY12		
内部继电器	通用内部继电器只能在 PLC 内部使用，不能用于输出	R（bit）	R0 ~ R15F	R0 ~ R62F	
		WR（word）	WR0 ~ WR15	WR0 ~ WR62F	
	特殊内部继电器具有特殊用途的内部继电器	R（bit）	R9000 ~ R903F		
定时器/计数器	定时器触点：定时时间到，触点动作。触点序号与定时器相同	T（bit）	T0 ~ T99		
	计数器触点：计数完毕触点动作，触点序号与计数器相同	C（bit）	C100 ~ C127	C100 ~ C143	
	定时器/计数器设定值寄存器用来存储定时器/计数器的设定值，寄存器的序号与定时器/计数器的序号一一对应	SV（word）	SV0 ~ SV127	SV0 ~ SV143	
	定时器/计数器经过值寄存器用来存储定时器/计数器的经过值，寄存器的序号与定时器/计数器的序号一一对应	EV（word）	EV0 ~ EV127	EV0 ~ EV143	
数据区	通用数据寄存器用来存储 PLC 内部处理数据	DT（word）	DT0 ~ DT255	DT0 ~ DT1659	DT0 ~ DT6143
	特殊数据寄存器具有特殊用途的内部寄存器		DT9000 ~ DT9121		
系统寄存器	专门用于系统设置的内部寄存器，在程序中不能使用	（word）	No. 0 ~ No. 418		
索引值	索引寄存器用来存储寄存器地址和常数的修正值	IX（word）	IX、IY 各一个		
		IY（word）			

（续）

功　能		符号	编号（地址）		
			C14/C16	C24/C40	C56/C72
常数	十进制常数（整数）范围： 16bit(K-32768 ~ K +32768) 32bit(K-2147483 ~ K +2147483647)	K	16bit（word）		
			32bit（2word）		
	十六进制常数范围： 16bit（H8000 ~ H7FFF） 32bit（H80000000 ~ H7FFFFFFF）	H	16bit（word）		
			32bit（2word）		

表 6-3 中 X 和 Y 分别表示输入、输出继电器，它们以位（bit）寻址；而 WX 和 WY 则是以字（word）寻址的输入、输出继电器（或称为输入、输出寄存器）。它们可以直接向输入、输出端子传递信息。寄存器位址（用十六进制表示）、寄存器地址（用十进制表示）、X 和 Y 的地址编号规则完全一样。

例如：X120 表示输入继电器（寄存器）WX12 的第 0 位，而 X12F 则表示输入继电器（寄存器）WX12 的第 15 位。

字地址为 0 时可省略前面字地址数字，只给位地址即可，如字寄存器 WX0 的各位则可写为 X0 ~ XF。

表中 R 和 WR 的编号规则与 X、WX 和 Y、WY 相同。

对表 6-3 作如下说明：

1）由表可见 I/O 继电器编号比实际 FP1 主机的外部输入、输出点多，表中所列值为最大可扩展能力。使用时，没有被外部 I/O 点占用的部分可以作为内部继电器使用。

2）所有寄存器（word）和 T、C 的编号均为十进制数，只有 X、Y、R 触点（bit）编号的最后一位是十六进制数。

3）定时器与计数器的编号是统一编排的，出厂时按照定时器在前，计数器在后进行编号。用户可以通过系统寄存器改变其编号分配，但定时器/计数器的总数不能改变。寄存器 SV 用来存储定时器/计数器的设定值，寄存器 SV 的序号与定时器/计数器的序号一一对应。寄存器 EV 用来存储定时器/计数器的经过值，寄存器 EV 的序号与定时器/计数器的序号一一对应。定时器编号：0 ~ 99；计数器编号：100 ~ 127（143）。

4）常数主要用来存放 PLC 输入数据。十进制常数用数据前加字母 K 来表示；十六进制常数用数据前加字母 H 来表示。不论是十进制数还是十六进制数，在 PLC 内部都将转换为补码形式的 16 位二进制数。

5）当索引寄存器 IX 和 IY 作为数据寄存器使用时，可作为 16bit 寄存器单独使用，也可与 32bit 寄存器连用，其中 IX 为低 bit，IY 为高 bit。

6）索引寄存器还可以以索引指针的形式与寄存器或常数一起使用，可起到寄存器地址或常数的修正值作用。下面举例说明：

① 地址修正值功能（适用于 WX、WY、WR、DT、SV 和 EV）：这一功能类似于计算机的变址功能。当索引寄存器与上述寄存器连在一起编程时，其寄存器的地址产生移动，移动量为索引寄存器（IX、IY）的值。使用时要注意确保修正过的寄存器地址不要超出有效范围。

例 1　有指令为 [F0 MV，DT0，IXDT100]，其执行结果如下：

若 IX = K10，DT0 中的内容被传送至 DT110。

若 IX = K40，DT0 中的内容被传送至 DT140。

② 常数修正值功能（适用于 K 和 H）：当索引寄存器与常数连在一起编程时，索引寄存器的值被加到原常数（K 或 H）上。

例 2　有指令为 [F0 MV，IXK50，DT100]，其执行结果如下：

若 IX = K10，传送至 DT100 的内容是 K60。

若 IX = K40，传送至 DT100 的内容是 K90。

◇◇◇◇ 第三节　指令系统

可编程序控制器是按照用户的控制要求编写程序来进行工作的。程序编制就是用特定的编程语言把一个控制任务描述出来。尽管国内外 PLC 生产厂家采用的编程语言不尽相同，但程序的表达方式基本有 4 种：梯形图、指令表、逻辑功能图和高级语言。绝大部分 PLC 是使用梯形图和指令表编程。

梯形图是一种图形语言，它沿用了传统的继电器-接触器控制系统中的继电器触点、线圈、串并联等术语和图形符号，还增加了许多功能强而又使用灵活的指令，将微机的特点结合进去，使编程更容易。梯形图比较形象、直观，对于熟悉继电器-接触器控制系统的人来说，也容易接受，国内外各生产厂家的 PLC 都把梯形图作为第一用户编程语言。

所谓指令就是用英文名称的缩写字母来表达 PLC 各种功能的助记符号。常用的助记符号语言类似于微机中的汇编语言。由指令构成的能完成控制任务的指令组合就是指令表，每一条指令一般由指令助记符和作用器件编号两部分组成。

例如：表 6-4 给出用 PLC 实现三相异步电动机起动/停止控制的两种编程语言的表示方法。对于不同型号的 PLC，其梯形图、指令表虽有一定差异，使用的符号也不完全相同，但编程的方法和原理是一致的。

表6-4　用PLC实现三相异步电动机起动/停止控制的两种编程方式

梯　形　图	指　令　表		
X0　X1　　　　　　Y0 ├─┤├─┤/├─────────┤ ├┤ Y0 ├─┤├─┤ 　　　　　　　　　─(ED)─	0 1 2 3 4	ST OR AN/ OT ED	X0 Y0 X1 Y0

PLC的基本指令类型包括：基本顺序指令和基本功能指令。

一、基本顺序指令

基本顺序指令是指对继电器及其触点进行逻辑操作的指令。它是以位（bit）为单位的逻辑操作，是构成继电器控制电路的基础，包括：ST、ST/、OT、NOT（/）、AN、AN/、OR、OR/、ANS、ORS、PSHS、RDS、POPS、DF、DF/、SET、RST、KP和NOP。它们的名称、说明和步数见表6-5。

表6-5　基本顺序指令表

名　称	助记符	说　明	步　数
初始加载	ST	以常开触点开始一个逻辑操作	1
初始加载非	ST/	以常闭触点开始一个逻辑操作	1
输出	OT	将操作结果输出	1
非	NOT（/）	将该指令处的操作结果取反	1
与	AN	串联一个常开触点	1
与非	AN/	串联一个常闭触点	1
或	OR	并联一个常开触点	1
或非	OR/	并联一个常闭触点	1
组与	ANS	指令块的与操作	1
组或	ORS	指令块的或操作	1
推入堆栈	PSHS	存储该指令处的操作结果	1
读出堆栈	RDS	读出由PSHS指令处的操作结果	1
弹出堆栈	POPS	读出并清除由PSHS指令处的操作结果	1
上升沿微分	DF	当检测到触发信号的上升沿时，触点仅"ON"一个扫描周期	1
下降沿微分	DF/	当检测到触发信号的下降沿时，触点仅"ON"一个扫描周期	1
置位	SET	保持触点（位）"ON"	3
复位	RST	保持触点（位）"OFF"	3
保持	KP	输出"ON"并保持	1
空操作	NOP	空操作	1

1. ST、ST/和OT指令

（1）指令功能

1）ST：常开触点与母线连接，开始一个逻辑运算。

2）ST/：常闭触点与母线连接，开始一个逻辑运算。

3）OT：线圈驱动指令，将运算结果输出到指定继电器。

（2）程序举例　梯形图程序及指令表见表6-6，操作数见表6-7。

表6-6　梯形图程序及指令表

梯 形 图	指 令 表	时 序 图
X0 —┤├— Y0 —( )— X1 —┤/├— Y1 —( )— —(ED)—	0　ST　X0 1　OT　Y0 2　ST/　X1 3　OT　Y1 4　ED	X0 ⎍ Y0 ⎍ X1 ⎍ Y1 ⎍

表6-7　操作数

指　　令	继　电　器			定时器/计数器触点	
	X	Y	R	T	C
ST　ST/	√	√	√	√	√
OT	×	√	√	×	×

程序解释：

1）当X0接通时，Y0接通。

2）当X1断开时，Y1接通。

（3）指令使用说明

1）初始加载指令（ST）开始逻辑运算，并且输入常开触点。

2）初始加载非指令（ST/）开始逻辑运算，并且输入常闭触点。

3）输出指令（OT）将逻辑运算结果输出到指定线圈。

2. "/"非指令

指令"/"的功能是将该指令处的运算结果取反。梯形图程序及指令表见表6-8。

表6-8　梯形图程序及指令表

梯 形 图	指 令 表	时 序 图
X0 X1 —┤├—┤├— Y0 —( )— Y1 —( )— 非 —┤/├— —(ED)—	0　ST　X0 1　AN　X1 2　OT　Y0 3　/ 4　OT　Y1 5　ED	X0 X1 Y0 Y1

程序解释：

1）当 X0 和 X1 都接通时，Y0 接通。

2）当 X0 和 X1 断开时，Y1 接通。

指令使用说明："非"指令（/）将该指令处的运算结果求反。

3. AN 和 AN/指令

（1）指令功能

1）AN：串联常开触点指令，把原来保存在结果寄存器中的逻辑操作结果与指定的继电器内容相"与"，并把这一逻辑操作结果存入结果寄存器。逻辑与指令梯形图表示为

说明：① 可以连续连接多个常开触点。

② 允许指定继电器种类包括：X，Y，R，T，C。

2）AN/：串联常闭触点指令，把原来被指定的继电器内容取反，然后与结果寄存器的内容进行逻辑"与"，操作结果存入结果寄存器。逻辑与指令非梯形图表示为

说明：① 可以连续连接多个常闭触点。

② 允许指定继电器种类包括：X，Y，R，T，C。

（2）程序举例　梯形图程序及指令表见表6-9，操作数见表6-10。

表6-9　梯形图程序及指令表

梯　形　图	指　令　表	时　序　图
（见图） X0 X1 X2 Y0　（ED）	0 ST X0 1 AN X1 2 AN/ X2 4 OT Y0 5 ED	（时序图 X0 X1 X2 Y0）

表6-10　操作数

指　　令	继　电　器			定时器/计数器触点	
	X	Y	R	T	C
AN　AN/	✓	✓	✓	✓	✓

程序解释：当 X0、X1 都接通且 X2 断开时，Y0 接通。

（3）使用说明

1）AN 和 AN/指令的使用：当串联常开触点时，使用 AN 指令；当串联常闭触点时，使用 AN/指令，如图 6-3 所示。

图6-3　梯形图（一）

2）AN 和 AN/指令可连续使用，如图 6-4 所示。

图6-4　梯形图（二）

4. OR 和 OR/指令

（1）指令功能

1）OR：并联常开触点指令，把结果寄存器的内容与指定继电器的内容进行逻辑"或"，操作结果存入结果寄存器。逻辑或指令梯形图表示为

说明：① 并联连接常开触点。

　　　② 允许指定继电器种类包括：X，Y，R，T，C。

　　　③ 允许索引寄存器修饰。

　　　④ 步数1（2）。

2）OR/：并联常闭触点指令，把指定继电器内容取反，然后与结果寄存器的内容进行逻辑"或"，操作结果存入结果寄存器。逻辑或非指令梯形图表示为

说明：① 并联连接常闭触点。

　　　② 允许指定继电器种类包括：X，Y，R，T，C。

（2）程序举例 梯形图程序及指令表见表 6-11，操作数见表6-12。

表 6-11 梯形图程序及指令表

梯 形 图	指 令 表	时 序 图
	0 ST X0 1 OR X1 2 OR/ X2 3 OT Y0 4 ED	

表 6-12 操作数

指　　令	继　电　器			定时器/计数器触点	
	X	Y	R	T	C
OR　　OR/	✓	✓	✓	✓	✓

程序解释：当 X0 或 X1 接通或 X2 断开时，Y0 接通。

（3）使用说明 将触点并联进行"或"逻辑运算。

5. ANS 指令

（1）指令功能 ANS 实现多个指令块的"与"逻辑运算。组逻辑与指令梯形图表示为

说明：若干个逻辑块直接连续连接。

（2）程序举例 梯形图程序及指令表见表 6-13。

表 6-13 梯形图程序及指令表

梯 形 图	指 令 表	时 序 图
	0 ST X0 1 OR X1 2 ST X2 3 OR X3 4 ANS 5 OT Y0	

程序解释：当 X0 或 X1 接通且 X2 或 X3 接通时，Y0 接通。

（3）使用说明

1）组与指令（ANS）用来串联指令块，如图 6-5 所示。

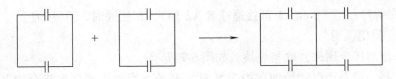

图 6-5　串联指令块

2）每一指令块以初始加载指令（ST）开始，当两个或多个指令块串联时，编程如图 6-6 所示。

图 6-6　多个指令块串联编程

6. ORS 指令

（1）指令功能　ORS 实现多个指令块的"或"运算。组逻辑或指令梯形图表示为

说明：① 若干个逻辑块并联连接。

　　　② 步数：1。

（2）程序举例　梯形图程序及指令表见表 6-14。

表 6-14　梯形图程序及指令表

梯　形　图	指　令　表	时　序　图
(X0 X1 / Y0; X2 X3 /) (ED)	0　ST　X0 1　AN　X1 2　ST　X2 3　AN　X3 4　ORS 5　OT　Y0 6　ED	X0 X1 X2 X3 Y0

183

程序解释：当 X0 和 X1 都接通或者 X2 和 X3 都接通时，Y0 接通。

（3）使用说明

1）组与指令用来并联指令块，如图 6-7 所示。

2）每一指令块以初始加载指令（ST）开始。当两个或多个指令块并联时，编程如图 6-8 所示。

7. PSHS、RDS、POPS 指令

（1）指令功能

1）PSHS：存储该指令处的运算结果（推入堆栈、压入堆栈）。其梯形图表示为

说明：① 存储记忆到此为止的运算结果。

　　　② 步数：1。

图 6-7　并联指令块

图 6-8　多个指令块并联编程

2）RDS：读出由 PSHS 指令存储的运算结果（读出堆栈）。其梯形图表示为

说明：① 读取由 PSHS 所记忆的运算结果。

② 步数：1。

3）POPS：读出并清除由 PSHS 指令存储的运算结果（弹出堆栈）。其梯形图表示为

说明：读取由 PSHS 所记忆的运算结果，并且在读出后清除记忆值。

（2）程序举例 梯形图程序及指令表见表 6-15。

表 6-15 梯形图程序及指令表

梯 形 图	指 令 表	时 序 图
推入堆栈 读出堆栈 弹出堆栈 (X0 X1 Y0 / X2 Y1 / X3 Y2 / (ED))	0 ST X0 1 PSHS 2 AN X1 3 OT Y0 4 RDS 5 AN X2 6 OT Y1 7 POPS 8 AN/ X3 9 OT Y2 10 ED	X0 X1 Y0 X2 Y1 X3 Y2

程序解释：

当 X0 接通时，则有：

1）存储 PSHS 指令处的运算结果，当 X1 接通时，Y0 输出为 ON。

2）由 RDS 指令读出存储结果，当 X2 接通时，Y1 输出为 ON。

3）由 POPS 指令读出存储结果，当 X3 断开时，Y2 输出为 ON；且 PSHS 指令存储的结果被清除。

（3）使用说明

1）PSHS：存储该指令处的运算结果并执行下一步指令。

2）RDS：读出由 PSHS 指令存储的结果，并利用该内容，继续执行下一步指令。

3）POPS：读出由 PSHS 指令存储的运算结果，并利用该内容，继续执行下一步指令，且 PSHS 指令存储的运算结果被清除。

4）重复使用 RDS 指令，可多次使用同一运算结果，当使用完毕时，一定要用 POPS 指令，如图 6-9 所示。

图 6-9　梯形图（三）

8. DF 和 DF/ 指令

（1）指令功能

1）DF：前沿微分（上升沿微分）指令，输入脉冲前沿使指定继电器接通一个扫描周期，然后复位。上升沿微分指令梯形图表示为

————(DF)————

说明：① 仅在检测到信号上升沿的 1 个扫描周期内将触点置为 ON。

　　　　② 步数：1。

2）DF/：后沿微分指令，输入脉冲后沿使指定继电器接通一个扫描周期，然后又复位。下降沿微分指令梯形图表示为

————(DF/)————

说明：① 仅在检测到信号下降沿的 1 个扫描周期内将触点置为 ON。

　　　　② 步数：1。

（2）程序举例　梯形图程序及指令表见表 6-16。

表 6-16　梯形图程序及指令表

梯　形　图	指　令　表		时　序　图
X0 ─┤├─(DF)─ Y0 ─( )─　X1 ─┤├─(DF/)─ Y1 ─( )─　────(ED)─	0　ST　X0 1　DF 2　OT　Y0 3　ST　X1 4　DF/ 5　OT　Y1 6　ED		X0 X1 Y0

程序解释：

1）当检测到 X0 接通时的上升沿时，Y0 仅 ON 一个扫描周期。

2）当检测到 X1 断开时的下降沿时，Y1 仅 ON 一个扫描周期。

（3）使用说明

1）当触发信号由 OFF→ON 时，执行 DF 指令，并将输出接通一个扫描周期。

2）当触发信号由 ON→OFF 时，执行 DF/指令，并将输出接通一个扫描周期。

3）DF 与 DF/指令无使用次数限制。

（4）应用举例

1）输出由一持续时间较长的输入信号控制时，则自保持电路如图 6-10 所示。

图 6-10 自保持电路

2）用一个信号来控制电路的输出，使其在保持和释放之间交替变化，如图 6-11 所示。

图 6-11 保持和释放交替变化的梯形图和时序图

9. SET、RST 指令

（1）指令功能

1）SET：置1指令（置位指令），强制触点接通。置位指令梯形图表示为

$$\longrightarrow \langle\ S\ \rangle\longrightarrow|$$

说明：① 将输出置为 ON 并且保持该状态。

② 允许指定继电器种类包括：Y，R。

2）RST：置零指令（复位指令），强制触点断开。复位指令梯形图表示为

$$\longrightarrow \langle\ R\ \rangle\longrightarrow|$$

说明：① 将输出置为 OFF 并且保持该状态。

② 允许指定继电器种类包括：Y，R。

（2）程序举例　梯形图程序及指令表见表6-17，操作数见表6-18。

表6-17　梯形图程序及指令表

梯 形 图	指 令 表	时 序 图
X0 Y0 —(S)— X1 Y0 —(R)— —(ED)—	0　ST　X0 1　SET　Y0 4　ST　X1 5　RST　Y0 6　ED	X0 X1 Y0

表6-18　操作数

指 令	继 电 器			定时器/计数器触点	
	X	Y	R	T	C
SET　RST	×	√	√	×	×

程序解释：当 X0 接通时，Y0 接通并保持；当 X1 接通时，Y0 断开并保持。

（3）使用说明

1）当触发信号接通时，执行 SET 指令；不管触发信号如何变化，输出接通并保持。

2）当触发信号接通时，执行 RST 指令；不管触发信号如何变化，输出断开并保持。

3）对继电器 Y 和 R，可以使用相同编号的 SET 和 RST 指令，次数不限，如图6-12所示。

4）当使用 SET 和 RST 指令时，输出的内容随运行过程中每一阶段的执行结

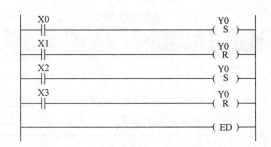

图 6-12　梯形图（四）

果而变化。

例如：当 X0、X1 和 X2 接通时，各段程序中 Y0 的状态如图6-13所示。

图 6-13　梯形图（五）

当 I/O 刷新时，外部输出应由运行的最终结果决定。如图 6-13 中，Y0 将作为 ON 输出。将 DF 指令放在 SET 和 RST 指令前，可以使程序易于开发和改进。

10. KP 指令

（1）指令功能　KP 相当于一个锁存继电器，当置位输入为 ON 时，使输出接通（ON）并保持。KP 保持指令梯形图表示为

说明：① 由置位信号 SET 输出，并且保持到有复位信号 RESET 时。

② 允许指定继电器种类包括：Y，R。

（2）程序举例　梯形图程序及指令表见表6-19，操作数见表6-20。

表 6-19 梯形图程序及指令表

梯 形 图	指 令 表	时 序 图
X0 ——KP Y0 X1 ——— 输出地址 ——(ED)	0 ST X0 1 ST X1 2 KP Y0 3 ED	X0 X1 Y0

表 6-20 操作数

指 令	继 电 器			定时器/计数器触点	
	X	Y	R	T	C
KP	×	√	√	×	×

程序解释:当 X0 接通(ON)时,继电器 Y0 接通(ON)并保持。当 X1 接通(ON)时,继电器 Y0 断开(OFF)。

(3)使用说明

1)当置位触发信号接通(ON)时,指定继电器输出接通(ON)并保持。

2)当复位触发信号接通(ON)时,指定继电器输出断开(OFF)。

3)一旦置位信号将指定继电器接通,则无论置位触发信号是接通(ON)还是断开(OFF),指定继电器输出保持为 ON,直到复位触发信号接通(ON)。

4)若置位、复位触发信号同时接通(ON),则复位触发优先。

5)即使在 MC 指令运行期间,指定继电器仍可保持其状态。

6)当工作方式转换开关从"RUN"切换到"PROG"方式,或者当切断电源时,则 KP 指令的状态不再保持。若要在从"RUN"切换到"PROG"方式或切断电源时保持输出状态,则需要使用保持型内部继电器。

11. NOP 指令

(1)指令功能 NOP 空操作可用梯形图表示为

———— · ————

说明:不进行任何操作处理。

(2)程序举例 梯形图程序及指令表见表 6-21。

表 6-21 梯形图程序及指令表

梯 形 图	指 令 表	时 序 图
X0 NOP Y0 ——(ED)	0 ST X0 1 NOP 2 OT Y0 3 ED	X1 Y0

程序解释：当 X1 接通时，Y0 输出为 ON。

（3）使用说明

1）NOP 指令可用来使程序在检查或修改时便于阅读。

2）当插入 NOP 指令时，程序的容量稍微增加，但对算术运算结果无任何影响。

二、基本功能指令

基本功能指令包括一些具有定时器、计数器和移位寄存器功能的指令，见表 6-22。

表 6-22 基本功能指令

名　称	助记符	说　明	步　数
0.01s 定时器	TMR	设置以 0.01s 为单位的延时动作定时器（0～327.67s）	3
0.1s 定时器	TMX	设置以 0.1s 为单位的延时动作定时器（0～3276.7s）	3
1s 定时器	TMY	设置以 1s 为单位的延时动作定时器（0～32767s）	4
辅助定时器	F137（STMR）	以 0.01s 为单位的延时动作定时器	5
计数器	CT	减数计数器	3
移位寄存器	SR	16 位数据左移	1
可逆计数器	F118（UDC）	加减数计数器	5
左右移位寄存器	F119（LRSR）	16 位数据区左移或右移	5

1. TMR、TMX 和 TMY 指令（定时器）

（1）指令功能

1）TMR：以 0.01s 为单位设置延时 ON 定时器。其梯形图表示为

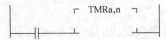

说明：① 定时时间到达设定值 n×0.01s 后，定时器触点 a 置为 ON。

② 步数：3（4）。

2）TMX：以 0.1s 为单位设置延时 ON 定时器。其梯形图表示为

说明：定时时间到达设定值 n×0.1s 后，定时器触点 a 置为 ON。

3）TMY：以 1s 为单位设置延时 ON 定时器。其梯形图表示为

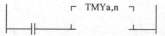

说明：定时时间到达设定值 n×1s 后，定时器触点 a 置为 ON。

（2）程序举例　梯形图程序及指令表见表 6-23，操作数见表 6-24。

表 6-23　梯形图程序及指令表

梯　形　图	指　令　表	时　序　图
预置值 X0　　　　TMXK（30） 　　　　　　（5） T（5）定时器编号　Y0 （ED）	0　ST　X0 1　TM　K5 　　K　30 4　ST　T5 5　OT　Y0 6　ED	X0 T5 3s　　3s Y0

表 6-24　操作数

指　　令	继电器			定时器/ 计数器		寄存器	索引寄存器		常数		索引 修正值
	WX	WY	WR	SV	EV	DT	IX	IY	K	H	
预置值	✓	✓	✓	✓	✓	✓	×	×	✓	×	✓

程序解释：X0 接通（ON）3s 后，定时器触点（T5）接通（ON）。这时"Y0"接通。

（3）使用说明

1）TM 指令是一减计数型预置定时器。

2）若定时器的个数不够用，则可通过改变系统寄存器 No. 5（专门用于系统设置的内部寄存器，在程序中不能使用）的设置来增加其个数。

3）定时器的预置时间为：单位×预置值，例如：TMX5 K30（0.1s×30 = 3s）

4）当预置值用十进制常数设定时，其步骤如下：

① 当 PLC 的工作式设置为"RUN"，则十进制常数"K30"传送到预置值区"SV5"。

② 当检测到"X0"上升沿（OFF→ON）时，预置值 K30 由"SV5"传送到经过值区"EV5"。

③ 当"X0"为接通（ON）状态时，每次扫描，经过的时间从"EV5"中减 1。

④ 当经过值区"EV5"的数据为 0 时，定时器触点（T5）接通（ON），随

后"Y0"接通（ON），如图 6-14 所示。

图 6-14　梯形图（六）

5）当预置值用"SVn"设置时，其步骤如下：

① 当检测到"X0"上升沿（OFF→ON）时，预置值 K30 由"SV5"传送到经过值区"EV5"。

② 当"X0"为接通（ON）状态时，每次扫描，经过的时间从"EV5"中减 1。

③ 当经过值区"EV5"的数据为 0 时，定时器触点（T5）接通（ON），随后"Y0"接通（ON），如图 6-15 所示。

图 6-15　梯形图（七）

6）使用 TIM 指令时的注意事项：

① 若在定时器工作期间断开定时器触发信号（X0），则其运行中断，且已经过的时间被复位为 0。

② 定时器预置值区（SV）是定时器预置时间的存储器区。

③ 当定时器经过值区（EV）的值变为 0 时，定时器的触点动作，且定时器

经过值区（EV）的值在复位条件下，也变为 0。

④ 每个 SV、EV 为一个字，即 16 位存储器区。

⑤ 一旦断电工作方式从"RUN"切换为"PROG"，则定时器被复位。若想保持其运行中的状态，则可通过设置系统寄存器 No. 6 来实现。

⑥ 因定时操作是在定时器指令扫描期间执行，故用定时器指令编程时，应使 TM 指令每次扫描只执行一次（当程序中有 INT、JP、LOOP 等指令时，应确保 TM 指令每次扫描只执行一次）。

7）改变预置值区（SV）的值。利用 F0（MV）指令或编程工具（FP 编程器Ⅱ或 NPST. GR），均可改变所有的控制单元预置值区（SV）的值，甚至在"RUN"方式下也可以改变。预置值区中，SV 编号规定的取值范围是：FP1 系列的 C14 与 C16 型 PLC 为 SV0 ~ SV127；所有 FP1 系列的 C24、C40、C56、C72 型 PLC 为 SV0 ~ SV143。

高级指令 F0【MV】：应用指令 F0(MV)，根据输入条件来改变定时器的预置值。

当输入 X0 接通（ON）时，将设置时间由 5s 改为 2s，梯形图如图 6-16 所示。

图 6-16　梯形图（八）

（4）应用举例　当用两个定时器指令时，程序举例 1 见表 6-25，程序举例 2 见表 6-26。

表 6-25　程序举例 1

梯　形　图	指　令　表		时　序　图
X0 TMX0, K30 TMX1, K20 0 1 / T0 Y0 / T1 Y1 / (ED)	ST TM K TM K ST OT ST OT ED	X0 X0 30 X1 20 T0 Y0 T1 Y1	X0 / T0 / 3s / T1 / 2s / Y0 / Y1

表6-26　程序举例2

梯　形　图	指　令　表	时　序　图
X0 ─┤├─ TMX0, K30 ─[0]─ 　　　　　　 TMX1, K20 ─[1]─ T0 ─┤├─ Y0 ─( )─ T1 ─┤├─ Y1 ─( )─ 　　　　　　─(ED)─	ST　　X0 PSHS TM　　X0 K　　　30 POPS TM　　X1 K　　　20 ST　　T0 OT　　Y0 ST　　T1 OT　　Y1 ED	X0 T0 　　3s T1 　　2s Y0 Y1

2. STMR（F137）辅助定时器指令

（1）指令功能　以0.01s为单位设置延时ON定时器（0.01～327.67s），仅适于FP1系列C56、C72型PLC。梯形图表示为

$$\text{─┤├─[STMRa,n]─}$$

说明：定时时间到达设定值 $n \times 0.01s$ 后，定时器触点a置为ON。

（2）程序举例　梯形图程序及指令表见表6-27，操作数见表6-28。

表6-27　梯形图程序及指令表

梯　形　图	指　令　表	时　序　图
X0 ─┤├─[F137STMR, K300, DT5]（S D） R900D ─┤├─ R5 ─( )─ 　　　　　　─(ED)─	ST　　X0 F137　（STMR） K　　　300 OT　　S ST　　R900D OT　　R5 ED	X0 R900D R5 　3s　　　3s
S	设定定时器预置值的16位等值常数或16位数据区	
D	设定定时器经过值的16位数据区	

195

表 6-28　操作数

操作数	继　电　器			定时器/ 计数器		寄存器	索引寄存器		常　数		索引 修正值
	WX	WY	WR	SV	EV	DT	IX	IY	K	H	
S	✓	✓	✓	✓	✓	✓	✓	✓	✓	✓	×
D	×	✓	✓	✓	✓	✓	×	×	×	×	×

程序解释：当触发信号 X0 接通时，十进制常数 K300 传送到数据寄存器 DT5。X0 接通 3s 后，特殊内部继电器 R900D 接通，随之内部继电器 R5 接通。

（3）使用说明　F137（STMR）是一减计数型定时器。

使用特殊内部继电器 R900D 作为定时器的触点编程时，务必将 R900D 编写在紧随 F137（STMR）指令之后。

3. CT 计数器指令

（1）指令功能　从预置开始完成减计数操作。当计数输入端信号从 OFF 变为 ON 时，计数值减 1；当计数值减为零时，计数器为 ON，使其常开触点闭合，常闭触点打开。可用梯形图表示为

说明：从预设值 n 开始进行减计数。

（2）程序举例　梯形图程序及指令表见表 6-29，操作数见表 6-30。

表 6-29　梯形图程序及指令表

梯　形　图	指　令　表	时　序　图
X0 预置值 CT100 X1 K10 计数器编号 C100 Y0	0　ST　X0 1　ST　X1 2　CT　100 　　K　10 5　ST　C100 6　OT　Y0	10次 X0 X1 C100 Y0

表 6-30　操作数

指令	继　电　器			定时器/ 计数器		寄存器	索引寄存器		常　　数		索引 修正值
	WX	WY	WR	SV	EV	DT	IX	IY	K	H	
预置值	✓	✓	✓	✓	✓	✓	×	×	✓	×	✓

程序解释：当 "X0" 的上升沿被检测到 10 次时，计数器触点 "C100" 接通，随后 Y0 接通。当 "X1" 接通时，经过值被复位。若要使计数器恢复计数，则需将复位触发信号接通后，再断开。

（3）使用说明

1）CT 指令是一减计数型预置计数器。

2）若 CT 个数不够，可通过改变系统寄存器来增加个数。

3）当用 CT 指令编程时，一定要编入计数与复位信号。

4）计数触发信号：每检测到一次上升沿时，则从经过值区 "EV100" 减 1。

5）计数复位信号：当该触发信号 "ON" 时，计数器复位。

（4）计数器运行　预定值用十进制常数设定：

1）当 PLC 的工作方式设置为 "RUN" 时，十进制常数 "K10" 被送到预置值区 "SV100"。如果这时复位触发信号 "X1" 为 "OFF"，则预置区 "SV100" 中的 "K10" 被传送到经过值区 "EV100"。

2）每次检测到计数触发信号 "X0" 的上升沿，经过值区 "EV100" 的值减 1。

3）当经过值区 "EV100" 变为 0 时，计数器触点 "C100" 接通，随后 Y0 接通。

4）当复位触发信号 "X1" 接通（ON）时，经过值区 "EV100" 复位。当检测到 X1 的下降沿时，"SV100" 中的值再次送到 "EV100"，如图 6-17 所示。

图 6-17　梯形图（九）

预置值用 "SVn" 设定：

1）当 PLC 的工作方式设置为 "RUN" 时，且复位触发信号 "X1" 为 OFF

时，预置值区"SV100"中的"K10"被传送到经过值区"EV100"中。

2）每次检测到计数触发信号"X0"的上升沿，经过值区"EV100"的值减1。

3）当经过值区"EV100"变为0时，计数器触点"C100"接通，随后Y0接通。

4）当复位触发信号"X1"接通（ON）时，经过值区"EV100"复位。当检测到X1的下降沿时，"SV100"中的值再次送到"EV100"，如图6-18所示。

图6-18　梯形图（十）

（5）注意事项

1）如果在用FP编程器Ⅱ的OP－0（全清）或NPST－GR的（程序清除）功能进行程序清除之后使用计数器，且当开关切换到"RUN"且复位输入（X1）由ON→OFF时，其值自动传送到经过值寄存器（EV）。

2）计数器的预置值区（SV）是计算器预置值的存储区。

3）当计数器的经过值区（EV）的值变为0时，计数器的触点动作。且计数器经过值区（EV）的值在复位条件下，也变为0。

4）每个SV、EV为一个字，即16位存储区。对每个定时器号，对应有一组SV、EV。

5）即使断电或工作方式由"RUN"切换到"PROG"，计数器也不复位。如果需要将计数器设置为非保持型，则可设置系统寄存器No.6。

6）当同时检测到计数触发信号与复位触发信号时，复位信号优先。

（6）改变预置值区（SV）的值　利用F0（MV）指令或编程工具（FP编程器Ⅱ，或NPST—GR），所有的控制单元均可改变预置值区（SV）的值，甚至在RUN方式亦可。预置值区中，SV编号规定的范围是：C14与C16型为SV0～

SV127；C24、C40、C56、C72 型为 SV0 ~ SV143。

高级指令 F0（MV）：应用指令 F0（MV），根据输入条件改变计数器预置值。

例如：当输入 X0 接通时，将预置由 K50 改为 K20，其梯形图如图 6-19 所示。

图 6-19 梯形图（十一）

4. UDC（F118）加/减计数器指令

（1）指令功能 作为加/减计数器使用。当加/减触发信号输入为 OFF 时，在计数触发信号的上升沿到来时作减 1 计数。当加/减触发信号输入为 ON 时，在计数触发信号的上升沿到来时作加 1 计数。当复位触发信号到来时（OFF→ON）计数器复位（计数器经过值区 D 变为零）。当复位触发信号由 ON→OFF 时，预置区 S 中的值传送给 D。可用梯形图表示为

说明：① 对应于加减输入（UP/DOWN），从预置的设定值 S 开始进行加计数或减计数。

② 允许指定继电器种类：

S：WX，WY，WR，WL，SV，EV，DT，常数 K，常数 H。

D：WY，WR，WL，SV，EV，DT，LD，FL。

（2）程序举例 梯形图程序及指令表见表 6-31，操作数见表6-32。

表6-31 梯形图程序及指令表

梯 形 图	指令表	时 序 图
（梯形图：X0 加减触发信号、X1 计数触发信号 S、X2 复位触发信号 D、F118 UDC、WR 0、DT 0、R9010 F60 CPM,K50,DT 0、R900B R0）	ST X0 ST X1 ST X2 F118 UDC WR 0 DT 0 ST R9010 F60 CPM K 50 DT 0 ST R900B OT R0	（时序图：X2、K50、X1、50 49 48 47 48 49 50 51 52、减 加、X0、R900B、DT0=K50、R0）

S	16 位等值常数或 16 位计数器预置值区
D	16 位计数器经过值区

表6-32 操作数

操作数	继电器			定时器/计数器		寄存器	索引寄存器		常数		索引修正值
	WX	WY	WR	SV	EV	DT	IX	IY	K	H	
S	√	√	√	√	√	√	×	×	√	√	×
D	×	√	√		√	√	×	×	×	×	×

程序解释：当检测到复位触发信号 X2 的上升沿（OFF→ON）时，"0"传送到数据寄存器 DT0。若此时检测到 X2 的下降沿（ON→OFF），内部字继电器 WR0 中的数据传送到 DT0。

在加/减触发信号 X0 处于 ON 状态下，当检测到计数触发信号 X1 的上升沿时，DT0 加 1。

在 X0 处于 ON 状态下，当检测到 X1 的上升沿时，DT0 减 1。

使用 F60（CMP）指令，将 DT0 中的数据与 K50 进行比较。

如果 DT0 = K50，特殊内部继电器 R900B（=标志）接通，随之内部继电器 R0 接通。

（3）使用说明

1）使用 F118（UDC）指令编程时，一定要有加/减、计数和复位触发 3 个信号。

a. 加/减触发信号：当触发信号未接通（OFF）时，进行减计数。当触发信号接通（ON）时，进行加计数。

b. 计数触发信号：在该触发信号上升沿到来时，作为加或减1计数。

c. 复位触发信号：在该触发信号上升沿被检出时（OFF→ON），计数器经过值区 D 变为 0。当该触发信号下降沿被检出时（ON→OFF），S 中的值传送到 D。

2）预置值范围：K—32768 ~ K32767。

（4）标志状态

1）标志（R900B）：当辨认出计算结果为"0"时，立即接通。

2）进位标志（R9009）：当计算经果超出 16 位数的范围（上溢或下溢）时，立即接通。16 位数据的范围：K—32768 ~ K32767（H8000 ~ H7FFFF）。

（5）注意事项

1）使用特殊数据继电器 R900B 与 R9009 作为这条指令的标志时，切记将特殊继电器紧跟在指令后面编程。

2）只有当复位触发信号的上升沿被检出时，S 中的值才被传送到 D。在电源接通时，如果需要将计数器复位，可用特殊内部继电器 R9013 编写一个程序（当可编程序控制器的工作方式置为 RUN 或者当 PLC 处于 RUN 方式下，将电源接通时，R9013 只接通一个扫描周期）。

3）当复位触发信号的下降沿和计数触发信号的上升沿同时被检测到时，复位触发信号优先。

5. SR 左移寄存器指令

（1）指令功能　相当于一个串行输入移位寄存器。移位寄存器必须按数据输入，移位脉冲输入，复位输入和 SR 指令的顺序编程。数据在移位脉冲输入的上升沿逐位向高位移位一次，最高位溢出，当复位信号输入到来时，参与移位的内容全部复位（变为"0"）。该指令的功能只能为内部字继电器 WR 的 16 位数据左移 1 位。SR 寄存器移位梯形图表示为

说明：① 将 WRn 向左移位 1bit。

② 允许指定继电器种类：D，WR。

（2）程序举例　梯形图程序及指令表见表6-33，操作数见表6-34。

表 6-33 梯形图程序及指令表

梯 形 图	指 令 表	时 序 图
	ST　X0 ST　X1 ST　X2 SR　WR3	
数据区	16 位数据区（WR）左移 1 位	

表 6-34 操作数

操作数	继电器			定时器/ 计数器		寄存器	索引寄存器		常数		索引 修正值
	WX	WY	WR	SV	EV	DT	IX	IY	K	H	
SR	×	×	√	×	×	×	×	×	×	×	×

程序解释：如果当 X2 为输入 OFF 状态时移位输入（X1）接通（ON），内部继电器 WR3（即内部继电器 R30 到 R3F）的内容，向左移动 1 位。

如果数据输入（X0）输入 ON，则左移 1 位后，R30 置为 1，如果数据输入（X0）输入 OFF，则左移 1 位后，R30 置为 0。

如果复位输入 X2 接通（上升沿）则 WR3 的内容被清除（WR3 的所有位变为"0"）。

（3）使用说明

1）指定的数据区左移 1 位（移到高位）。

2）在用 SR 指令编程时，一定要有数据输入、移位和复位触发信号。

3）数据输入信号：当输入为 ON 时，新移进数据为 1。当输入为 OFF 时，新移进数据为 0。

4）移位触发信号：在该触发信号上升沿时数据左移 1 位。

5）复位信号：在该触发信号为 ON 时，数据区所有位变为"0"。

6）该指令只限用于内部字继电器（WR）。

内部字继电器（WR）编号范围：FP1 的 C14 和 C16 系列为 WR0 ~ WR15；所有 FP1 的 C24、C40、C56&C72 系列为 WR0 ~ WR62。

6. LRSR（F119）左/右移位寄存器指令

（1）指令功能 可指定数据在某一个寄存器区（16位数据区）进行左右移位。F119寄存器左右移位梯形图表示为

说明：① 将指定区域D1～D2向左或向右移位（1bit）。

② 允许指定继电器种类：

D1：WY，WR，WL，SV，EV，DT，LD，FL。

不允许索引寄存器修饰：

D2：WY，WR，WL，SV，EV，DT，LD，FL。

（2）程序举例 梯形图程序及指令表见表6-35，操作数见表6-36。

表6-35 梯形图程序及指令表

梯 形 图	指 令 表	时 序 图
X0 左/右移触发信号 ┤├──F119 LRSR┐ X1 数据输入 ┤├ X2 移位触发信号 ┤├ 复位触发信号 D1 WR 3 ┤/├ D2 WR 3	ST X0 ST X1 ST X2 ST X3 F119 （LRSR） WR3 WR3	X0 X1 X2 R30 R31 R32 R33 R34 R35
D1	向左或向右移1位的16位区首地址	
D2	向左或向右移1位的16位区末地址	

表6-36 操作数

操作数	继电器			定时器/计数器		寄存器	索引寄存器		常数		索引修正值
	WX	WY	WR	SV	EV	DT	IX	IY	K	H	
D1	×	√	√	√	√	√	×	×	×	×	×
D2	×	√	√	√	√	√	×	×	×	×	×

程序解释：如果 D1→TD0、D→TD9 为两个寄存器，当检测到移位触发信号 X2 的上升沿（OFF→ON），左/右移触发信号 X0 处于接通状态时，数据区从 DT0 向 DT9 左移 1 位。

当检测到移位触发信号 X2 的上升沿（OFF→ON），左/右移触发信号 X0 处于接通状态时，数据区从 DT9 向 DT0 右移 1 位。

若 X1 处于接通状态，"1" 被移到数据区的最低有效位（LSB）或最高有效位（MSB）；若 X1 处于断开状态，"0" 被移到数据区的最低有效位（LSB）或最高有效位（MSB）。

移出位传送到特殊内部继电器 R9009（进位标志）。

当检测到移位触发信号 X3 的上升沿（OFF→ON）时，从 DT0～DT9 数据区的所有位都变为 "0"。

左移运行如图 6-20 所示，右移运行如图 6-21 所示。

图 6-20　左移运行

图 6-21　右移运行

（3）使用说明

用 F119（LRSR）编程时，一定要有左/右移触发信号、数据输入、移位与复位触发 4 个信号。

1）左/右移位触发信号：规定移动方向。ON：向左移；OFF：向右移。

2）数据输入：规定新移入的数据。新移入的数据"1"：当数据接入信号接通时；新移入的数据"0"：当数据接入信号断开时。

3）移位触发信号：当该触发信号的上升沿被检出（OFF→ON）时，向左或向右移 1 位。

4）复位触发信号：当该触发信号接通时，数据区规定 D1 和 D2 的所有位均变为"0"。

（4）标志状态

1）错误标志（R9007）：当被指定的 16 位区首地址（D1）大于被指定的 16 位末地址（D2）（即 D1 > D2）时，R9007 接通并保持接通状态。错误地址传送到 DT9017 并保持。

2）错误标志（R9008）：当被指定的 16 位区首地址（D1）大于被指定的 16 位末地址（D2）（即 D1 > D2）时，R9008 接通一瞬间。错误地址传送到 DT9018。

3）进位标志（R9009）：当位移出识别为"1"时，立即接通。

（5）注意事项

1）特殊数据寄存器 DT9017 和 DT9018 可用于：CPU 为 2.7 获 2.7 以上的版本的 FP1 型机（所有型号后带"B"的 FP1 型机均具有此功能）。

2）当使用特殊内部继电器 R9008 和 R9009 作为该指令的标志时，务必将标志地址紧挨指令之后。

3）规定 D1 和 D2 在同类数据区，且数据区地址务必满足 D1 << D2。

4）如果指定区设置为保持型，当工作方式置为 RUN 状态时，数据区中的数据不复位。如果需要所有的数据复位，可用特殊内部继电器 R9013 作为复位触发信号。当可编程序控制器置为 RUN 工作方式时，R9013 只接通一个扫描周期的时间。

◈◈◈◈ 第四节　可编程序控制器技术技能训练实例

● 训练 1　电动机循环控制

1. 训练目的

用 PLC 控制电动机的起动。

2. 训练设备

训练设备包括：TVT-90 系列学习机主机箱；UNIT-1 电机控制训练板；连接导线一套。

3. 训练内容

1）控制要求：1 次起动 X1，KM1 工作；2 次起动 X1，KM2 工作，同时断开 KM1；3 次起动 X1，KM △工作，同时断开 KM2；4 次起动 X1，KM Y工作，同时断开 KM △，5 次起动 X1 断开 KM Y；6 次起动 X1，KM1 工作；7 次起动 X1，KM2 工作，同时断开 KM1；……如此循环。起动 X0，KM1、KM2、KM △、KM Y复位。

2）I/O 分配。

3）编写程序。

4）调试并运行程序，画出接线图。

4. 评分标准（见表6-37）

表 6-37　PLC 训练项目评分标准

项目内容	配分	评分标准	扣　　分	得　　分
编写程序	40 分	1. 指令运用合理 20 分 2. 逻辑关系合理 20 分		
调试并运行程序	30 分	1. 程序运行结果正确 15 分 2. 程序运行稳定 15 分		
画出接线图及进行接线	20 分	1. 接线图正确 10 分 2. 接线正确 10 分		
工时：2h	10 分	每超时 5min 扣 2 分		
	评　　分			

● 训练 2　电动机正反转和Y-△减压起动控制

1. 训练目的

用 PLC 控制电动机正反转和Y-△减压起动。

2. 训练设备

训练设备包括：FP0、UNT-1 电机控制训练板、连接导线一套。

3. 训练内容

1）控制要求：按下起动按钮 SB1，电动机 KM1 接通正转运行，且 KMY 接通。4s 后 KMY 断开，KM △接通，完成正转Y-△减压起动。3s 后电动机停止正转运行。2s 后接通电动机 KM2 反转运行，且 KMY 接通。6s 后 KMY 断开，KM △接通，完成反转Y-△减压起动。3s 后电动机停止反转运行。2s 后接通电动机

KM1 接通正转运行，且 KMY 接通。4s 后 KMY 断开，KM △接通，完成正转丫-△减压起动。……如次循环 3 次停止。按下按钮 SB2，电动机停止运行。正反转互锁。

2）I/O 分配

输入　　SB1　SB2　　输出　KM　KM2　KMY　KMS
　　　　X0　　X1　　　　　　Y0　　Y1　　Y2　　Y3

3）编写程序。

4）调试运行程序。

● 训练 3　LRSR 指令练习

1. 训练目的

用 PLC LRSR 构成交通信号灯控制系统。

2. 训练设备

训练设备包括：UNIT-3 交通灯控制训练板，连接导线一套。

3. 训练内容

（1）控制要求

1）闭合开关后，依次东西绿灯亮 3s 后灭，黄灯亮 3s 后灭，红灯亮 3s 后灭，南北绿灯亮 3s 后灭，黄灯亮 3s 后灭，红灯亮 3s 后灭；南北黄灯亮 3s 后灭，绿灯亮 3s 后灭，东西红灯亮 3s 后灭，黄灯亮 3s 后灭，绿灯亮 3s 后灭，东西黄灯亮 3s 后灭……。循环五次停止运行，断开开关停止运行。

2）闭合开关后，依次东西绿灯亮，3s 后黄灯亮，3s 红灯亮，3s 南北绿灯亮，3s 黄灯亮，3s 红灯亮；南北红灯亮 3s 后灭，依次 3s 后黄灯灭，绿灯灭；东西红灯、黄灯、绿灯依次 3s 灭，2s 后再依次东西绿灯亮，3s 后黄灯亮……。循环五次停止运行，断开开关停止运行。

3）注明 I/O 分配。

（2）编制程序并上机调试运行

复习思考题

1. 设计一台电动机运转 10s 后停止 5s，如此循环动作 3 次的控制程序。

2. 设计两台电动机控制程序，要求是：第一台运转 5s 后停止，切换到第二台运转，运转 10s 后自动停止。

3. PLC 可逆运行能耗制动控制程序，按 SB1，KM1 合，电机正转；按 SB2，KM2 合，电机反转；按 SB3，KM1 或 KM2 停，能耗制动。FR 动作，KM1 或 KM2 释放电机自由停车。

4. 设计一个楼梯灯控制程序，要求如下：只用一个按钮，当按一次按钮时，楼梯灯亮

6min 后自动熄灭；当连续按两次按钮时，灯长亮不灭；当按下按钮的时间超过 2s 时灯熄灭。

    5. 三台电动机的起动和停止需要顺序控制，要求是：

    （1）M1 运行 5s 后，M2 开始运行；（2）M2 运行 5s 后，M3 开始运行，M1 停止运行；（3）M3 运行 5s 后，M2 停止运行；（4）M3 运行 10s 后，M1 开始运行，M3 停止运行。

    6. 设计三台电动机控制程序，每隔 10s 起动一台，每台运行 1h 后自动停止。在任何时候按下停止按钮三台电动机都停止。

    7. 根据图 6-22 中所示的时序图编写程序。

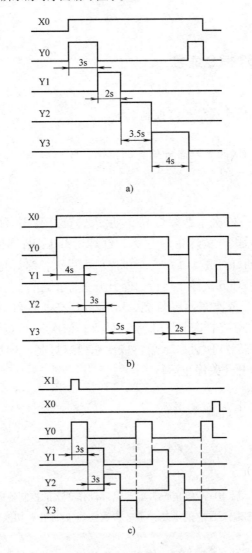

图 6-22　时序图

第 七 章

自动控制元件的应用

培训学习目标 了解常用传感器的原理与应用；熟悉软起动器的原理与应用；熟悉交流变频器和光电编码器的原理与应用。

◇◇◇ 第一节 常用传感器的原理与应用

传感器是能感受规定的被测量并按照一定规律转换成可用的输出信号的器件或装置。"可用的输出信号"通常是指便于处理和传输的信号。随着全球制造业自动化程度的不断提高，工业传感器已成为提高生产能力和增强安全性能的关键因素。

用于工业控制领域的传感器种类繁多，一种被测量可以用多种传感器来测量，而具有同一工作原理的传感器通常又可测量多种被测量。传感器的名称通常是工作原理与被测量的综合，如：光敏传感器、温度传感器、压力传感器等。

一、光敏传感器

光敏传感器在检测和控制中应用非常广泛。由于光信号对光敏元件的作用原理不同，所以制成的光学测控系统也是多种多样的，常见光敏传感器的外形如图7-1 所示。

1. 光敏传感器的分类

1）按电源不同，光敏传感器可分为交流型和直流型两种。其中常见光敏传感器的符号如图 7-2 所示。

2）按光敏元件输出量性质不同，光敏传感器可分为两类：即模拟式光敏传感器和脉冲（开关）式光敏传感器。这里重点介绍模拟式光敏传感器。

图7-1　常见光敏传感器的外形

图7-2　常见光敏传感器的符号

模拟式光敏传感器是将被测量转换成连续变化的光电流，它与被测量呈线性关系。模拟式光敏传感器按被测量（检测目标物体）可分为透射（吸收）式、漫反射式、遮光式（光束阻挡）三大类。

① 透射式光敏传感器是指被测物体放在光路中，光源发出的光能量穿过被测物，部分被吸收后，透射光投射到光敏元件上。

② 漫反射式光敏传感器由发射器和接收器组成，由发射极发射出的红外线经被测物体的表面反射回接收器，转变成电信号并经过放大后去控制输出。

③ 遮光式光敏传感器是指当光源发出的光通量被被测物体遮挡了其中一部分，使投射到光敏元件上的光通量发生改变，其改变的程度与被测物体在光路中的位置有关。

2. 光敏传感器的组成及原理

光敏传感器采用光学元件，并按照光学定律和原理构成各种各样的波，光学元件包括各种反射镜和透镜。一般的光敏传感器检测的是光强弱的变化，使用的光源可以是光敏传感器本身的光源，也可以是外部环境的光源。由于光线的类型有很多种，因此不同的传感器使用的光线检测方法也是不同的。

光敏传感器主要由光源（发光二极管）、接收器（光敏晶体管）、放大器

（比较器）及信号转换器（施密特触发器）组成。当发光二极管发出光，光敏晶体管对入射的光线进行分析，经过放大比较环节将光信号转换成了电信号输出。

与其他传感器相比，光敏传感器具有许多优点。它体积小，敏感范围很宽，有多种安装形式，因此应用范围非常广泛。

漫射—聚焦式传感器是效率较高的一种漫反射式光敏传感器。发光器透镜聚焦在传感器前面固定的一点上，接收器透镜也聚焦在同一点上。其敏感范围是固定的，这取决于聚焦点的位置。这种传感器能够检测在焦点位置上的物体，允许物体前后偏离焦点一定距离，这个距离称作"敏感窗口"。当物体在敏感窗口以外，在焦点之前或之后便检测不到。敏感窗口的大小取决于目标的反射性能和灵敏度的调节状况。由于射出的光能聚焦在一个点上，所以很容易地就能检测到窄小的物体或者反射性能差的物体，其工作原理如图7-3所示。

图7-3　普通的漫射式光敏传感器的工作原理

普通的漫反射式光敏传感器往往会把背景物体误认为是目标物体。具有背景光抑制功能的漫反射式光敏传感器可以有效地改善这种情况，抑制背景光的方法从技术上讲有两种：一种是机械方法，另一种是电子方法。

对于具有电子式背景光抑制功能的漫射式光敏传感器，在传感器中使用一只位置敏感元件。发光器发出一束光线，光束反射回来，从目标物体反射回来的光线和从背景物体反射回来的光线到达位置敏感元件的两个不同位置。传感器对到达位置敏感元件这两点的光进行比较，并将这个信号与事先设定的数值进行比较，从而决定输出。其工作原理如图7-4所示。

图 7-4 具有电子式背景光抑制功能的漫射式光敏传感器的工作原理

3. 光敏传感器的应用

透射式光敏传感器可以应用在烟尘浊度监测方面。为了消除工业烟尘污染，首先要知道烟尘排放量，因此必须对烟尘源进行监测、自动显示和超标报警。

烟道里的烟尘浊度是通过光在烟道传输过程中变化的大小来检测的。如果烟道浊度增加，光源发出的光被烟尘颗粒的吸收和折射增加，到达光检测器的光减少。因此，光检测器输出信号的强弱便可反映烟道浊度的变化。这里以 BYD3M-TDT 型透射式光敏传感器为例，其光源（发光器）与接收器不在一个机壳内，如图 7-5 所示。使用时，先将发光器和接收器对准并固定好后才可以通入 12～24V 的直流电；接下来，在 ON 状态设定好发光器的中心位置，然后沿上下左右方向调节接收器和发光器的位置；最后，待检测目标稳定后固定好发光器和接收器。

图 7-5 BYD3M-TDT 型透射式光电传感器的工作示意图

图 7-6 所示为吸收式烟尘浊度监测系统的组成框图。为了检测出烟尘中对人体危害性最大的亚微米颗粒的浊度，以及避免水蒸气及二氧化碳对光源衰减的影响，故选用 400～700nm 波长的白炽平行光源。光检测器则采用光谱响应范围为 400～600nm 的光电管。为了提高检测灵敏度，采用具有高增益、高输入阻抗、低零漂、高共模抑制比的运算放大器，对浊度信号进行放大。刻度校正被用来调零与调满刻度，以保证测试准确性。显示器可显示浊度瞬时值。报警电路由多谐振荡器组成，当运算放大器输出的浊度信号超过规定值时，多谐振荡器工作，输出信号经放大后推动扬声器发出报警信号。

图 7-6　吸收式烟尘浊度监测系统的组成框图

二、温度传感器

1. 温度传感器的分类

按传感器与被测对象的接触方式不同，温度传感器可分为两大类：一类是接触式温度传感器，一类是非接触式温度传感器。

（1）接触式温度传感器　测温元件与被测对象要有良好的接触，通过热传导及对流原理达到热平衡，这时的显示值即为被测对象的温度。这种测温方法精度比较高，并可测量物体内部的温度分布。但对于运动的、热容量比较小并且对感温元件有腐蚀作用的被测对象，采用这种方法将会产生很大的误差。

（2）非接触式温度传感器　测温元件与被测对象互不接触。采用的是辐射热交换原理。这种测温方法的主要特点是可测量运动状态的小目标及热容量小或变化迅速的对象，也可测量被测对象的温度分布，但缺点是受环境的影响比较大。

2. 常用温度传感器的原理及应用

目前，国际上新型温度传感器正从模拟式向数字式、由集成化向智能化及网络化的方向发展。温度传感器大致经历了以下三个发展阶段：

第一，传统的分立式温度传感器（含敏感元件），主要是能够进行非电量和电量之间的转换。

第二，模拟式集成温度传感器。

第三，智能化温度传感器。

（1）传统的分立式温度传感器——热电偶传感器　热电偶传感器是工业测量中应用非常广泛的一种温度传感器，它与被测对象直接接触，不受中间介质的影响，具有较高的精确度，测量范围广，可从 −50～1600℃进行连续测量，特殊的热电偶如：铁-镍铬热电偶最低可测到 −269℃，钨-铼热电偶最高可测到 2800℃，如图 7-7 所示。

热电偶由两种不同金属结合而成，它受热时会产生微小的

图 7-7　热电偶
传感器

电压，电压的大小取决于组成热电偶的两种金属材料，如：铁-康铜（J 型）、铜-康铜（T 型）和铬-铝（K 型）等。

热电偶产生的电压很小，通常只有几毫伏。K 型热电偶的温度每变化 1℃时电压变化只有大约 40μV，因此，只有当测量系统能测量出 4μV 的电压变化时，热电偶的测量精度才可以达到 0.1℃。

由于两种不同类型的金属结合在一起会产生电位差，所以热电偶与测量系统的连接也会产生电压。一般把连接点放在隔热块上，使两个连接点处在同一温度下，从而降低测量误差。有时候也通过测量隔热块的温度，以补偿温度的影响，如图 7-8 所示。

图 7-8 热电偶测温原理

（2）模拟式集成温度传感器 模拟式集成传感器是采用硅半导体集成工艺制成的，因此也称为硅传感器或单片集成温度传感器。模拟式集成温度传感器是在 20 世纪 80 年代问世的，它将温度传感器集成在一块芯片上，可以完成温度测量及模拟信号输出等功能。模拟式集成温度传感器的主要特点是功能单一（仅测量温度）、测温误差小、价格低、响应速度快、传输距离远、体积小、低功耗等，适合远距离测温，不需要进行非线性校准，而且外围电路也比较简单。

1）AD590 温度传感器。AD590 电流输出型温度传感器是典型的模拟式集成温度传感器，如图 7-9 所示。供电电压范围为 3～30V，输出电流 223～423μA，灵敏度为 1μA/℃。当在电路中串接采样电阻 R 时，R 两端的电压可作为输出电压。注意 R 的阻值不宜取值过大，以保证 AD590 温度传感器两端电压不低于 3V。AD590 温度传感器输出电流信号传输距离可达到 1km 以上。它适用于多点温度测量和远距离温度测量的控制。

2）LM135/235/335 系列温度传感器。LM135/235/335 系列温度传感器是美国国家半导体公司（NS）生产的一种高精度易校正的集成温度传感器，如图

图 7-9   AD590 温度传感器

7-10所示。其工作特性类似于齐纳稳压二极管。该系列器件的灵敏度为 10mV/K，具有小于 1Ω 的动态阻抗，工作电流范围为 400μA ~ 5mA，精度为 1℃，LM135 的温度范围为 -55 ~ +150℃，LM235 的温度范围为 -40 ~ +125℃，LM335 为 -40 ~ +100℃。封装形式有 TO - 46、TO - 92、SO - 8。该系列温度传感器广泛应用于温度测量、温差测量以及温度补偿系统中。

图 7-10   LM135/235/335 系列温度传感器

（3）智能化温度传感器 智能化温度传感器又称为数字式温度传感器，是在 20 世纪 90 年代中期问世的。它是微电子技术、计算机技术和自动测试技术的结晶。目前，国际上已开发出多种智能化温度传感器系列产品。智能化温度传感器内部包含温度传感器、A-D转换器、信号处理器、存储器（或寄存器）和接口电路。有的产品还带多路选择器、中央控制器、随机存取存储器和只读存储器。智能化温度传感器能输出温度数据及相关的温度控制量，适配于各种单片机，并且可通过软件来实现测温功能。

1）提高测温精度和分辨力。最早推出的智能化温度传感器，采用的是 8 位 A-D转换器，其测温精度较低，分辨力只能达到 1℃。目前，国外已相继推出了多种高精度、高分辨力的智能化温度传感器，所采用的是 9 ~ 12 位 A-D 转换器，分辨力一般可达 0.0625 ~ 0.5℃。由美国 DALLAS 半导体公司研制的 DS1624 型高分辨力智能化温度传感器，能输出 13 位二进制数据，其分辨力高达 0.03125℃，测温精度为 ± 0.2℃。为了提高多通道智能化温度传感器的转换速率，也有的芯片采用高速逐次逼近式 A-D 转换器。例如 AD7817 型 5 通道智能化温度传感器对本地传感器、每一路远程传感器的转换时间分别仅为27μs、9μs。

2）增加测试功能。新型智能化温度传感器的测试功能也在不断增强。例如，DS1629型单线智能化温度传感器增加了实时日历时钟（RTC），使其功能更加完善。DS1624型高分辨力智能化温度传感器还增加了存储功能，利用芯片内部256B的EEPROM存储器，可存储用户的短信息。另外，智能化温度传感器正从单通道向多通道的方向发展，这就为研制和开发多路温度测控系统创造了良好条件。

3）具有多种工作模式可供选择。主要包括单次转换模式、连续转换模式、待机模式，有的还增加了低温极限扩展模式，而且操作非常简便。对某些智能化温度传感器来说，主机（外部微处理器或单片机）还可以通过相应的寄存器来设定其A-D转换速率（典型产品为MAX6654）、分辨力及最大转换时间（典型产品为DS1624）。

三、压力传感器

压力传感器的种类繁多，如电阻应变片压力传感器、半导体应变片压力传感器、压阻式压力传感器、电感式压力传感器、电容式压力传感器、谐振式压力传感器等。它具有极低的价格和较高的精度以及较好的线性特性。

1. 电阻应变片压力传感器

电阻应变片是一种将被测件上的应力变化转换成为一种电信号的敏感元件。电阻应变片应用最多的是金属电阻应变片和半导体应变片两种。金属电阻应变片又有丝状应变片和金属箔状应变片两种。通常是将应变片通过特殊的粘和剂紧密地粘合在产生力学应变的基体上，当基体受力发生应力变化时，电阻应变片也一起产生形变，使应变片的阻值发生改变，从而使施加在电阻上的电压发生变化。这种应变片在受力时产生的阻值变化通常较小，一般这种应变片都组成应变电桥，并通过后续的仪表放大器进行放大，再传输给处理电路（通常是A-D转换和CPU）或执行机构。

图7-11所示为金属电阻应变片的内部结构，它由基体、金属电阻应变丝（或应变箔）、绝缘保护层和引出线等部分组成。根据不同的用途，电阻应变片的阻值可以由设计者设计，但电阻的取值范围应注意：阻值太小，所需的驱动电流太大，同时应变片的发热致使本身的温度过高，在不同的环境中使用时，会使应变片的阻值变化很大，输出零点漂移较为明显，因

图7-11　金属电阻应变片的内部结构

此调零电路过于复杂。而电阻太大，阻抗太高，抗外界的电磁干扰能力相对较差。一般均为几十欧至几十千欧左右。

金属电阻应变片的工作原理是吸附在基体上的应变电阻随机械形变而产生阻值的变化，即电阻应变效应。金属导体的电阻值可用公式表示为

$$R = \frac{\rho L}{S}$$

式中　ρ——金属导体的电阻率（$\Omega \cdot cm^2/m$）。

S——导体的横截面积（cm^2）；

L——导体的长度（m）。

以金属丝应变电阻为例，当金属丝受到外力作用时，其长度和横截面积都会发生变化，从式（7-1）可很容易看出，其电阻值也会发生改变。假如金属丝受外力作用而伸长时，其长度增加，而横截面积减少，电阻值便会增大。当金属丝受外力作用而压缩时，长度减小而横截面积增加，电阻值则会减小。只要测量出施加在电阻上的电压变化，即可获得应变金属丝的应变情况。

2. 陶瓷压力传感器

陶瓷是一种公认的高弹性、抗腐蚀、抗磨损、抗冲击和振动的材料。陶瓷的热稳定特性及它的厚膜电阻可以使其工作温度范围高达 -40~135℃，而且具有测量的高精度、高稳定性。电气绝缘程度大于 2kV，输出信号强，长期稳定性好。高性能、低价格的陶瓷压力传感器将是压力传感器的发展方向，在欧美等国家有全面替代其他类型传感器的趋势，在中国越来越多的用户使用陶瓷压力传感器替代扩散硅压力传感器。

对于陶瓷压力传感器（见图7-12），压力直接作用在陶瓷膜片的前表面，使膜片产生微小的形变，厚膜电阻印制在陶瓷膜片的背面，连接成一个惠斯顿电桥，根据压阻效应，这将使电桥产生一个与激励电压成正比、与压力成正比的线性电压信号，标准信号根据压力量程的不同标定为 2.0mV/V、3.0mV/V、3.3mV/V 等，可以和应变式传感器相兼容。该传感器具有很高的温度稳定性和时间稳定性，并自带温度补偿 0~70℃，并可以和绝大多数介质直接接触。

3. 压电传感器

压电传感器中的压电材料包括石英（二氧化硅）、酒石酸钾钠和磷酸二氢铵。其中石英是一种天然晶体，压电效应就是在这种晶体中发现的，在一定的温度范围之内，压电效应一直存在，但

图 7-12　陶瓷压力传感器

温度超过这个范围之后，压电效应则完全消失（这个温度就是"居里点"）。由于随着应力的变化电场变化微小，也就说压电系数比较低，所以石英逐渐被其他的压电晶体所替代。而酒石酸钾钠具有很大的压电灵敏度和压电系数，但是它只能在室温和湿度比较低的环境下才能够应用。而磷酸二氢胺属于人造晶体，能够承受高温和相当高的湿度，所以已经得到了广泛的应用。

目前，压电效应也可以应用在多晶体上，比如现在的压电陶瓷，包括钛酸钡压电陶瓷、锆钛酸铅压电陶瓷、铌酸盐压电陶瓷、铌镁酸铅压电陶瓷等。

压电传感器不能用于静态测量，因为经过外力作用后的电荷，只有在回路具有无限大的输入阻抗时才能保存。这种情况在实际使用中是不容易做到的，所以这就决定了压电传感器只能够测量动态应力。

压电传感器主要应用在加速度、压力和力等的测量中。压电式加速度传感器是一种常用的加速度计。它具有结构简单、体积小、重量轻、使用寿命长等优点。它在飞机、汽车、船舶、桥梁和建筑的振动和冲击测量中已经得到了广泛的应用，特别是航空和宇航领域中更有它的特殊地位。压电传感器也可以用来测量发动机内部燃烧压力的测量与真空度的测量，还可以用于军事工业，例如用它来测量枪炮子弹在膛道中击发一瞬间膛压的变化和炮口的冲击波压力。另外，它既可以用来测量大的压力，也可以用来测量微小的压力。

◈◈◈ 第二节　软起动器的原理与应用

软起动器是一种集电动机软起动、软停车、轻载节能等多种保护功能于一体的新型电动机控制装置。由于电动机直接起动时的冲击电流很大，特别是大功率电动机直接起动会对电网及其他负载造成干扰，甚至危害电网的安全运行，所以根据不同工况，曾采取过许多种减压起动方式，早期的措施有串联电抗或电阻、串联自耦变压器、星形—三角形联结转换等；从 20 世纪 70 年代开始出现了利用晶闸管调压技术制作的软起动器，后来又结合功率因数控制技术，并用单片机取代模拟控制电路，发展成为智能化软起动器，如图 7-13 所示。

图 7-13　智能化软起动器

一、软起动器的分类

软起动器按照起动的工作原理不同，可分为固态晶闸管软起动器、液阻软动器、磁控软起动器、变频调速起动器。

各种软起动器性能指标的比较见表 7-1。

表 7-1　各种软起动器性能指标的比较

软起动方式	液阻软起动器	固态晶闸管软起动器	磁控软起动器	变频调速起动器
综合评价	一般	较好	较好	很好
实现软停止	难	容易	容易	非常容易
电动机保护	一般	完善	完善	最完善
高次谐波	小	大	大	较大
价格比	低	较高	低	最高
体积	大	小	较小	小
噪声	小	较小	大	较小
维护工作量	大	小	小	最小
环境要求	低	高	较低	高

二、软起动器的结构与原理

软起动器主要由串联于电源与被控制电动机之间的三相反并联晶闸管及其电子控制电路构成。软起动器实际上是一个晶闸管调压调速装置，通过改变晶闸管的导通角，就可以调节晶闸管的输出电压，其特点是使电动机的转矩与定子电压的二次方成正比。当采用软起动器起动电动机时，晶闸管的输出电压逐渐增加，电动机逐渐加速，直至晶闸管完全导通，从而使电动机在额定电压下工作，如图 7-14 所示。

软起动器和变频器是两种完全不同用途的产品。变频器主要用于调速，不但改变输出电压而且同时改变输出频率；软起动器实际上是个调压器，当电动机起动时，其只改变输出电压并没有改变输出频率。

1. 电动机软起动器起动方式的选择

笼型异步电动机采用减压起动的条件有 3 个：一是电动机全压起动时，生产机械不能承受此时的冲击转矩；二是电动机全压起动时，其端电压不能满足要求；三是电动机全压起动时，影响其他负荷的正常运行。

笼型异步电动机传统的减压起动方式有丫-△起动、自耦减压起动、串联电抗器起动等。这些起动方式都属于有级减压起动，存在明显缺点，即起动过程中出现二次冲击电流。所以目前最先进最流行的起动方式是采用软起动器。

运用串接于电源与被控制电动机之间的软起动器，控制其内部晶闸管的导通

图 7-14 电动机软起动器的结构原理

角，使电动机输入电压从零开始按照预设函数关系逐渐上升，直至起动结束后赋予电动机全电压，即为软起动。在软起动过程中，电动机起动转矩逐渐增加，转速也逐渐增加。

软起动器几种常用起动方式的比较如下：

（1）限流起动 就是在起动过程中限制电动机的起动电流，它主要是用在轻载起动时降低起动电压降，由于在起动时难以知道起动电压降，不能充分利用电压降空间，所以损失起动转矩，对电动机不利。

（2）斜坡升压起动 就是电压由小到大呈斜坡线性上升，它是将传统的减压起动从有级变成了无级，主要用在重载起动，它的缺点是初始起动转矩小，其转矩特性呈抛物线状上升，对拖动系统不利，且起动时间长有损于电动机。

（3）转矩控制起动 它是将电动机的起动转矩由小到大呈线性上升。它的优点是起动平滑，柔性好。它的目的是保护拖动系统，延长拖动系统的使用寿命；同时降低电动机起动时对电网的冲击，是最优的重载起动方式。它的缺点是起动时间较长。

（4）转矩加突跳变控制起动 它与转矩控制起动相仿，不同的是在起动的瞬间用突跳变转矩克服电动机静转矩，然后转矩平滑上升，缩短起动时间。但是，突跳变会给电网发送尖脉冲，干扰其他负荷。

图 7-15 所示为几种常用的软起动器的起动方式。

图 7-15　软起动器的起动方式
a）限流起动　b）斜坡升压起动
c）转矩加突跳变控制起动　d）转矩控制起动

2. 软起动器起动与传统减压起动的不同之处

（1）无冲击电流　软起动器在起动电动机时，通过逐渐增大晶闸管的导通角，使电动机起动电流从零线性上升至设定值。

（2）恒流起动　软起动器可以引入电流闭环控制，使电动机在起动过程中保持恒流，确保电动机平稳起动。

（3）无级调整起动电流　根据负载情况及电网继电保护特性选择，可自由地无级调整至最佳的起动电流。

3. 软起动器的停车

软起动器的停车方式有 3 种：自由停车、软停车和制动停车。软起动器起动带来最大的停车好处就是软停车和制动停车。软停车消除了由于自由停车带来的拖动系统反惯性冲击；而制动停车则在一定场合下代替了反接制动停车。

软起动器的软停车与软起动过程相反，电压逐渐降低，转速逐渐下降到零，避免自由停车引起的转矩冲击。软起动与软停车时的电压曲线如图 7-16、图 7-17 所示。

图 7-16　软起动时的电压曲线

图 7-17　软停车时的电压曲线

4. 基本参数的设定

ABB PSS 系列软起动器有 3 个旋转设定开关和一个 2 位拨动开关，对于各种不同的应用场合都能完成基本参数的设定。

（1）起动曲线——设定起动时电压提升的时间　采用斜坡升压起动时，由于这种起动方式最简单，不具备电流闭环控制，仅调整晶闸管的导通角，使之与时间成一定函数关系增加。其缺点是，由于不限流，所以在电动机起动过程中，有时要产生较大的冲击电流使晶闸管损坏，对电网影响较大，实际很少应用。起动时间可在 1~30s 内调整。

（2）停止曲线——设定停止时间电压下降的速度　电动机停机时，传统的控制方式都是通过瞬间停电完成的。但有许多应用场合，不允许电动机瞬间停机。例如：高层建筑内的水泵系统，如果瞬间停机，会产生巨大的"水锤"效应，使管道甚至水泵遭到破坏。为减少和防止发生"水锤"效应，需要电动机逐渐停机，即软停车，采用软起动器能满足这一要求。软起动器中的软停车功能是，晶闸管在得到停机指令后，从全导通逐渐地减小导通角，经过一定时间过渡到全关闭。停车的时间根据实际需要可在 0~30s 内调整。

（3）初始电压/限流功能

1）初始电压：30%~70%全电压范围内可调节 5 级。

2）限流功能：这种起动方式是在电动机起动的初始阶段起动电流逐渐增加，当电流达到预先所设定的值后保持恒定，直至起动完毕。起动过程中，电流上升变化的速率是可以根据电动机负载调整与设定。若电流上升速率大，则起动转矩大，起动时间短。

三、软起动器的应用举例

现利用软起动器对一台老式空压机进行改造，以符合现场工作的需要。

1. 空压机改造前的状况

已知空压机电动机的功率为 200 kW，改造前采用自耦变压器减压起动方式，由时间继电器实现电动机电压的切换控制，起动过程不稳定，故障率较高。主接触器采用 CJ10 型交流接触器，触头经常烧坏，且对电网影响严重。因此，考虑采用软起动器实现电动机的平稳起动和运行。

2. 软起动器和其他电器的选型

根据空压机的实际情况，可以选择 FTR-G 型软起动器，此软起动器是基于最新的微处理器技术设计出来的，用于实现笼型异步电动机的软起动和软停止。它还附带了几种先进的电动机保护功能，具有多种集成的保护和报警功能，几乎可以检测到所有故障，并将其显示出来。根据需要，还要对熔断器、旁路接触器和热保护继电器进行适当的选型。

3. 软起动器的接线和控制

当电动机起动时，由电子电路控制晶闸管的导通角使电动机的端电压以设定的速度逐渐升高，一直上升到全电压为止，使电动机实现从无冲击起动到控制电动机软起动的过程。当电动机起动完成并达到额定电压时，使三相旁路接触器闭合，电动机直接投入电网运行。空压机起动时是空载，则在正常运行时，保持了所需的较低端电压，使电动机的功率因数升高，效率增大。在电动机停机时，也通过控制晶闸管的导通角，使电动机端电压慢慢降低至 0，从而实现软停机。

◇◇◇◇ 第三节　交流变频器

变频器是利用电力半导体器件的通断作用将工频电源变换为另一频率的电源控制装置，如图 7-18 所示，它在工业和生活中都得到了广泛的应用，如数控机床、变频式空调器等。目前变频器的品牌较多，比较典型的厂家如：德国的西门

图 7-18　变频器

子，美国的 ABB，日本的富士、安川、三菱，中国台湾的台安、台达等。

一、变频器的分类

（1）**按照变频原理分类** 可分为交—交变频和交—直—交变频。

1）交—交变频：是将交流电直接改变频率从而改变电压大小。

2）交—直—交变频：是将先将工频（50Hz）交流电源通过整流器转换成直流电源，然后再将直流电转换成频率、电压均可控制的交流电源。

（2）**按主电路分类** 可分为电压型和电流型。

1）电压型：就是将电压源的直流变换为交流的变频器，直流回路的滤波是电容。

2）电流型：就是将电流源的直流变换为交流的变频器，其直流回路滤波是电感。

二、变频器的结构与原理

1. 变频器的结构

变频器一般主要由整流、中间直流环节、逆变和控制等部分组成，如图 7-19 所示。

图 7-19　变频器的结构

其中，整流部分为三相桥式不可控整流器；中间直流环节为滤波、直流储能和缓冲无功功率器件；逆变部分为 IGBT 三相桥式逆变器，用来输出为 PWM 波形；控制部分用来调整变频器的各个参数。

2. 变频器的原理

（1）电动机的工频起动和变频起动

1）工频起动。工频起动是指电动机直接接上工频电源的起动，也叫做直接起动。根据电动机同步转速公式 $n = 60f/p$ ，将工频为 50Hz、电压为 380V 的交流电源直接接入四极三相异步电动机，在接通电源的瞬间可得到高达 1500r/min 的同步转速。由于转速和电压都很高，所以电动机的瞬间起动电流也很高，可达到额定电流的 4 ~ 7 倍。

工频起动存在的问题是：当电动机的功率较大时，起动电流过大会对电网造成冲击，对生产机械的冲击也会很大，进而影响设备的使用寿命，如图 7-20 所示。

图 7-20　电动机的工频起动

a）起动电路　b）频率与电压　c）起动电流

2）变频起动。采用变频调速的电路如图 7-21a 所示。起动过程的特点是：频率从最低（通常是 0 Hz）按预置的加速时间逐渐上升，如图 7-21b 的上部所示。假设在接通电源瞬间将起动频率降至 0.5Hz，则同步转速只有 15r/min，转

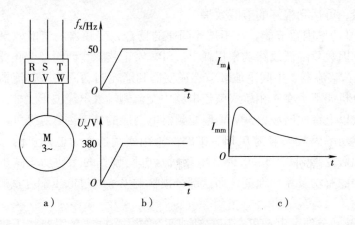

图 7-21　电动机的变频起动

a）起动电路　b）频率与电压　c）起动电流

子绕组与旋转磁场的相对速度只有工频起动时的 1%。

电动机输入电压也从最低电压开始逐渐上升，如图 7-21b 的下部所示。转子绕组与旋转磁场的相对速度很低，故起动瞬间的冲击电流很小。同时，通过逐渐增大频率减缓了电动机的起动过程。若在整个起动过程中使同步转速 n_0 与转子转速 n_m 之间的转速差 Δn 限制在一定范围内，则起动电流也将限制在一定范围内，如图 7-21c 所示。另一方面，变频起动也减小了电动机起动过程中的动态转矩，加速过程将能保持平稳，减小了对生产机械的冲击。

(2) 变频器的调速与节能　三相异步电动机常用的调速方法有 3 种，其中通过改变电动机磁极对数 p 来改变转速的方法是有级差的，不能实现无级调速。改变转差率 s 的调速方法虽然能达到无级调速，但主要应用在小功率电动机调速上，并存在故障率高，整体效率低的缺点，不适用于大功率电动机调速。而改变电源频率，电动机转速与电源频率成正比，改变电源频率即可改变电动机的转速 n，从而实现变频调速。变频器所运用的调速方法就是改变电源频率进行调速。

变频器的节能原理可分为：变频调速节能、提高功率因数节能、软起动节能。

1) 变频调速节能。当设备容量偏大时，工频运行设备将产生大量的浪费。而利用变频调速，可以使设备降速运行从而产生的节能效果是相当可观的。下面以风机泵类负载为例说明变频调速的节能原理。风机泵类负载主要用于控制流体的流量。在实际应用中，风机水泵的容量往往偏大，并且流量需要根据工艺要求来调节。流量的调节方法有两种：一是控制阀门开度，此方法虽能减少部分输入功率，但却有相当部分能量损失在调节阀门上，节能效果较差。二是采用调速方式控制流量，可达到很好的节能效果。

2) 提高功率因数节能。在不需要调速的场合，变频器的节能效果主要体现在提高功率因数及降低线路功率损耗上。SPWM 正弦脉宽调制型变频器主电路由 4 部分组成：整流器、中间平波环节、逆变器和能耗制动回路。整流器电网侧的功率因数分析如下：在三相桥式整流电路中交流侧输入电流波形为非正弦波，其中含有 5 次以上奇次谐波，SPWM 型变频器电网侧的功率因数接近 1，而普通电动机的自然功率因数一般为 0.76 ~ 0.85。采用变频器作为电动机的电源后，电动机功率因数提高到 0.95 ~ 0.98，电动机从电网吸收的无功功率减少，从而降低了线路中的有功及无功损耗，而这部分损耗是无法通过低压配电室的并联电容器来补偿的。

3) 软起动节能。电动机全压起动或采用Y-△、自耦变压器减压起动时，起动电流为 4 ~ 6 倍的额定电流。这样大的起动电流除增大电动机自身的铜损外，还会加大线路功率损耗，引起线路电压波动，对机械设备和电网造成冲击。

三、变频器的应用举例

利用台达变频器改造 CA6140 型车床的主拖动系统：根据企业要求，需要将 CA6140 型车床主轴拖动系统进行改造，使改造后的 CA6140 型车床主轴具有级调速和无级调速两种调速方式。

1. 改造基本要求

根据 CA6140 型机床的使用环境提出改造要求，基本要求如下：

1）继续使用原机床主轴电动机。

2）主轴电动机可在工频和变频两种状态下自由切换，且操作要快捷方便。

3）利用变频器改造机床后，不改变机床的操作习惯。

2. 具体改造方案

改造过程中应首先考虑变频器的选型；然后确定具体的改造方案，包括主轴电动机电路和控制电路的设计；最后根据使用要求，确定主轴电动机转速等参数，并接线调试。

（1）变频器的选型 原 CA6140 型车床主轴电动机为三相异步电动机，磁极数为 4 极，额定功率为 7.5kW，额定电压为 380V。根据使用要求，在满足基本性能的前提下选用性价比较高的台达 VFD—S 型变频器。它是一款多功能简易型变频器，具有响应速度快，精度高，输出转矩大以及定位控制等特点，广泛应用于机床、电梯、起重设备等各种场合。

（2）电气控制电路的改造 根据 CA6140 型车床的主要特点和企业的基本要求来确定改造方案，为降低改造成本及缩短施工时间，故不改变车床的机械部分，只对其电气控制电路进行改造。改造后，车床主轴转速将由主轴齿轮变速箱调速与变频器调速共同决定，这种调速方法将齿轮传动的有级调速与变频器无级调速相结合，扩大了主轴调速范围。如图 7-22 所示为改造后的机床电气控制电路，在原机床基础上增加了 VFD—S 型变频器、按钮、交流接触器以及配套元件。应注意的是，接触器 KM_B 与 KM_V 必须互锁，以防止变频器输出端与交流三相 380V 电源相连，造成变频器损坏。

（3）变频器的外部接线及参数设定 根据改造要求设计变频器外部接线，如图 7-23 所示。

由于变频器的各种参数均为出厂值，所以应根据实际需要对变频器的参数进行调整与设定。本次机床改造只要求改变电动机的转速，所以在此只对必要的参数进行修改，见表 7-2。电动机的起动和停止由 SB_V 控制，运行频率由电位器 RP 给定，其频率调整范围设定 0～50Hz。主轴的转速范围由调速手柄和电位器 RP 共同决定。

图 7-22　改造后的机床电气控制电路

图 7-23　变频器外部接线

表 7-2　变频器的参数设定

参数	名　　称	出厂值	意义	调整值
00-10	控制方式	0	U/f 控制	2
00-20	频率指令来源	0	键盘输入	2
00-21	运转指令来源	0	RS485/键盘	1
01-02	第一输出电压	440	440V	380
05-00	电动机参数自动测量	0	无功能	1
05-05	电动机极数	4	4 极	4

◈◈◈ 第四节　光电编码器

光电编码器是一种旋转式位置传感器，在现代伺服控制系统中广泛应用于角位移或角速率的测量，它的转轴通常与被测轴相连接，并随被测轴一起转动，将被测轴的角位移或角速率转换成二进制编码或脉冲。

一、光电编码器的分类

光电编码器分为：增量式和绝对式两种。

（1）增量式光电编码器　它具有结构简单、体积小、价格低、精度高、响应速度快、性能稳定等优点，应用非常广泛。在高分辨率和大量程角位移/角速率测量系统中，增量式光电编码器更具优越性。

（2）绝对式光电编码器　它能直接给出对应于每个转角的数字信息，便于计算机处理，但其结构复杂、成本较高。

二、光电编码器的结构与原理

1. 增量式光电编码器

增量式编码器是指随转轴旋转的码盘给出一系列脉冲，然后根据旋转方向用计数器对这些脉冲进行加减计数，以此来表示转过的角位移量。增量式光电编码器的外形和内部结构如图 7-24 所示。

（1）增量式光电编码器的结构　光电码盘采用玻璃材料制成，与转轴连接在一起，并在表面镀上一层不透光的金属铬，然后在边缘制成向心的透光狭缝。透光狭缝在码盘圆周等分为几百条甚至几千条。这样，整个码盘圆周就被等分成多个透光槽。增量式光电码盘也可用不锈钢薄板制成，然后在圆周边缘切割出均匀分布的透光槽。

图 7-24　增量式光电编码器的外形和内部结构

a) 外形　b) 内部结构

1—转轴　2—发光二极管　3—光拦板　4—零位标志槽

5—光敏元件　6—码盘　7—电源及信号连接座

（2）增量式光电编码器的原理　如图 7-25 所示，它由主码盘、鉴向盘、光学系统和光电变换器组成。在圆形的主码盘周边刻有节距相等的辐射状透光狭缝，形成均匀分布的透光区和不透光区。鉴向盘与主码盘平行，并刻有 A、B 两组透光检测狭缝，它们彼此错开 1/4 节距，以使 A、B 两个光电变换器的输出信号在相位上相差 90°。工作时，鉴向盘静止不动，主码盘随转轴一起转动，光源发出的光投射到主码盘与鉴向盘上。当主码盘上的不透光区正好与鉴向盘上的透光狭缝对齐时，光线全部被遮住，光电变换器输出电压为最小；当主码盘上的透光区与鉴向盘上的透光狭缝对齐时，光线全部通过，光电变换器输出的电压为最大。主码盘每转过一个刻线周期，光电变换器将输出一个近似的正弦波电压，而且光电变换器 A、B 的输出电压相位差为 90°。光电编码器的光源最常用的是发光二极管。当光电码盘随工作轴一起转动时，光线透过主码盘和鉴向盘狭缝，形成忽明忽暗的光信号。光敏元件把此光信号转换成电脉冲信号，通过信号处理电路后，向控制系统输入脉冲信号，也可由数码管直接显示位移量。光电编码器测量的准确度与码盘圆周上的狭缝条纹数（n）有关，能分辨的角度为 360°/n。例如：码盘边缘的透光槽数为 1024 个，则能分辨的最小角度为 360°/1024 = 0.352°。为了判断码盘旋转的方向，必须在鉴向盘上设置两个狭缝，其距离是主码盘上的两个狭缝距离的（m + 1/4）倍（m 为正整数），并设置了两组对应的光敏元件，如图 7-25 中的 A、B 所示。当检测对象旋转时，同轴安装的光电编码器便会输出 A、B 两路相位相差 90°的数字脉冲信号。光电编码器的输出波形如图 7-26 所示。为了得到码盘转动的绝对位置，还必须设置一个基准点，如图 7-24 中的"零位标志槽"。码盘每转一圈，零位标志槽对应的光敏元件产生一个脉冲，称为"一转脉冲"，如图7-26所示。图7-27给出编码器正反转时A、B信号的波形及其时序关系，当编码器正转时，A信号的相位超前B信号90°，如图7-27a所示；反转时则B信号相位超前A信号90°，如图7-27b所示。A和B输出的脉冲个数与被测角位移变化量呈线性关系，因此，通过对脉冲个数计数就能计算出相应的角位移。根据信号A和B之间的这种关系就能正确地解调出被测机械的旋转方向和旋转角位移及速率，这就是所谓的脉冲辨向和计数。脉冲的辨向和计数既可用软件实现，也可以用硬件实现。

图7-25　增量式光电编码器的工作原理

图7-26　光电编码器的输出波形

a）

b）

图7-27　光电编码器的正转和反转波形

a）A超前于B，判断为正向旋转　b）B超前于A，判断为反向旋转

2. 绝对式光电编码器

绝对式光电编码器是把被测转角通过读取码盘上的图案信息直接转换成相应代码的检测元件。编码盘有光电式、电磁式和接触式三种。光电式码盘是目前应用较多的一种，它在透明材料的圆盘上精确地印制上二进制编码。图7-28所示为四位二进制码盘，码盘上各圈圆环分别代表一位二进制的数字码道，在同一个码道上印制黑白等间隔图案，形成一套编码。黑色不透光区和白色透光区分别代表二进制的"0"和·"1"。在一个四位光电码盘上，有四圈数字码道，每一个码道表示二进制的一位，内侧是高位，外侧是低位，在360°范围内可编码数为$2^4 =$ 16个。工作时，码盘的一侧放置电源，另一侧放置光电接收装置，每个码道都

对应有一个光电管以及放大、整形电路。码盘转到不同位置时，光敏元件即接收不同的光信号，并转换成相应的电信号，经放大、整形后，成为相应的数字信号。但由于受生产和安装精度的影响，当码盘回转在两码段交替过程中，会产生读数误差。例如：当码盘顺时针方向旋转，由位置"0111"变为"1000"时，这四位数要同时变化，可能将数码误读成16种代码中的任意一种，这就产生了很大的数值误差，这种误差称非单值性误差。为了消除非单值性误差，可采用下面的方法：

（1）循环码盘（又称为格雷码盘）　循环码习惯上又称为格雷码，它也是一种二进制编码，只有"0"和"1"两个数。图7-29所示为四位二进制循环码盘。这种编码的特点是任意相邻的两个代码间只有一位代码有变化，即"0"变为"1"或"1"变为"0"。因此，在两数变换过程中，所产生的读数误差最多不超过"1"，只可能读成相邻两个数中的一个数。所以，它是消除非单值性误差的一种有效方法。

图7-28　四位二进制循环码盘（一）　　图7-29　四位二进制循环码盘（二）

（2）带判位光电装置的二进制循环码盘　这种码盘是在四位二进制循环码盘的最外圈再增加一圈信号位。图7-30所示就是带判位光电装置的二进制循环码盘。该码盘最外圈上信号的位置正好与状态交线错开，只有当信号位处的光敏元件有信号时才读数，这样就不会产生非单值性误差。

图7-30　带判位光电装置的
二进制循环码盘

三、光电编码器的应用举例

1. 角编码器测量轴转速

除了能直接测量角位移或间接测量直线位移外，还可以测量轴的转速。由于增量式角编码器的输出信号是脉冲形式，因此，可以通过测量脉冲频率或周期的方法来测量转速。角编码器可代替测速发电机的模拟测速，而成为数字测速装置。根据脉冲计数来测量转速的方法有以下三种：

（1）M 法测速　在规定时间内测量所产生的脉冲个数来获得被测速度的方法称为 M 法测速；在一定的时间间隔内（又称为闸门时间，如 0.1s 、1s、10s 等），用角编码器所产生的脉冲数来确定速度的方法也称为 M 法测速。这种测速方法测量准确度较低。

（2）T 法测速　通过测量相邻两个脉冲的时间间隔来测量速度的方法称为 T 法测速。T 法测速的工作原理是：用一个已知频率 f（此频率一般都比较高）的时钟脉冲向一计数器发送脉冲，计数器的起停由码盘反馈的相邻两个脉冲来控制。若计数器读数为 m，则电动机的转速 $n = 60f/(Pm)$ 其中，P 为码盘一圈发出的脉冲个数，即码盘线数。T 法测速适合于测量较低的速度，这时能获得较高的分辨率。

（3）M/T 法测速　同时测量检测时间和在此时间内脉冲发生器发出的脉冲个数来测量速度的方法称为 M/T 法测速。M/T 法测速是将 M 法和 T 法两种测速方法结合在一起，并在一定的时间范围内同时对光电编码器输出的脉冲个数 m_1 和 m_2 进行计数。采用 M/T 法测速既具有 M 法测高速的优点，又具有 T 法测低速的优点，能够覆盖较宽的转速范围，且测量准确度也比较高，因此，这种测速方法在电动机的控制中有着十分广泛的应用。

2. 应用实例

由于绝对式光电编码器每个转角位置均有一个固定的编码输出，若编码器与转盘相连接，则转盘上每一工位安装的被加工工件均可以有一个编码相对应。转盘工位编码器的工作原理如图 7-31 所示。当转盘上某一工位转到加工点时，该工位对应的编码由编码器输出给控制系统。例如，要使处于工位 4 上的工件转到

图 7-31　转盘工位编码器的工作原理

1—绝对式光电编码器　2—电动机　3—转轴　4—转盘　5—工件　6—刀具

加工点等待钻孔加工，计算机就控制电动机通过带轮带动转盘逆时针旋转。与此同时，绝对式光电编码器（假设为4码道）输出的编码不断变化。设工位1的绝对二进制码为0000，当输出从工位3的0010，变为0011时，表示转盘已将工位4转到加工点，电动机停转后开始加工。

复习思考题

1. 软起动器如何分类？
2. 简述软起动器的结构及原理。
3. 电动机软起动有哪几种方式？
4. 软起动器的停车方式有哪几种？
5. 软起动器与变频器的区别有哪些？
6. 变频器按照工作原理分为哪几类？
7. 变频器由哪几部分组成？
8. 什么是光电编码器？
9. 为了消除非单值性误差，可采用何种方法？
10. 按光敏元件输出量性质不同，光敏传感器可分为哪两类？
11. 模拟式光敏传感器按被测量（检测目标物体）可分为哪几类？
12. 温度传感器按传感器与被测介质的接触方式可分为哪几类？
13. 光电编码器如何分类？
14. 光电编码器测速的常用方法有哪些？

试 题 库

知识要求试题

一、判断题（对画 ✓，错画 ×）

1. 电压继电器有过电压和欠电压两种。一般都采用电磁式，与电流继电器不同之处在于，电压继电器的线圈匝数多且线径小。　　　　　　（　）

2. 磁路和电路一样，也有开路状态。　　　　　　　　　　　　　（　）

3. 变压器的故障可分为内部故障和外部故障。　　　　　　　　　（　）

4. 电压调整率是变压器的主要性能指标之一，对于电力变压器，由于一、二次绕组的电阻和漏抗都很小，因此额定负载时，电压调整率为 4%~6% 。
　　　　　　　　　　　　　　　　　　　　　　　　　　　　　　（　）

5. 变压器温度的测量主要是通过对其油温的测量来实现的。如果发现油温较平时相同负载和相同条件下高出 10℃ 时，应考虑变压器内发生了故障。
　　　　　　　　　　　　　　　　　　　　　　　　　　　　　　（　）

6. 做变压器空载试验时，为了便于选择仪表和设备以及保证试验安全，一般都在低压侧接仪表和电源，而使高压侧开路。　　　　　　　　　　（　）

7. 变压器的铜耗是通过空载试验测得的，而变压器的铁耗是通过短路试验测得的。　　　　　　　　　　　　　　　　　　　　　　　　　　（　）

8. 变压器铁心性能试验的主要内容是测试空载电流和空载损耗。　（　）

9. 变压器在运行中，其总损耗是随负载的变化而变化的，其中铁耗是不变的，而铜耗是变化的。　　　　　　　　　　　　　　　　　　　　（　）

10. 随着负载的变化，变压器的效率也在发生变化。当可变损耗大于不变损耗时，其效率将最高。　　　　　　　　　　　　　　　　　　　　（　）

11. 电焊变压器必须有较高的电抗，而且可以调节，其外特性应是陡降的。
　　　　　　　　　　　　　　　　　　　　　　　　　　　　　　（　）

12. 从空载到满载，变压器的磁滞损耗和涡流损耗是基本上不变的。（　　）

13. 变压器同心绕组常把低压绕组装在里面，高压绕组装在外面。　（　　）

14. 从变压器的下部截门补油会使变压器底脏物冲入绕组内，影响变压器的绝缘和散热。　　　　　　　　　　　　　　　　　　　　　　　　　（　　）

15. 安装功率表时，电流线圈必须和负载串联，电压线圈必须和负载并联。
（　　）

16. 线圈绝缘处理工艺主要包括预烘 、浸漆和干燥 3 个过程。　　（　　）

17. 触头的电磨损是由触头间电弧的高温使触头金属汽化和蒸发造成的，机械磨损是由于触头接触面撞击造成的。　　　　　　　　　　　　　　（　　）

18. 自耦变压器具有多个抽头，以获得不同变比。笼型电动机采用自耦变压器降压起动时，其起动电流和起动转矩均按变比的一倍降低。　　（　　）

19. 采用自耦变压器减压起动的方法适用于功率较大的、工作时△联结的笼型电动机。　　　　　　　　　　　　　　　　　　　　　　　　　（　　）

20. 通常增量型光电编码器的外部接线包括 2 根电源线和若干根信号线。
（　　）

21. 三相定子绕组的磁极数越多，则其对应的极距就越大。　　（　　）

22. 双层绕组可以选择最有利的节距，以使异步电动机的旋转磁场波形接近于正弦波。　　　　　　　　　　　　　　　　　　　　　　　　　　（　　）

23. 对于三相绕线转子异步电动机，无论其定子绕组还是转子绕组均由三相结构完全相同、空间互差 120°电角度的绕组构成。　　　　　　　（　　）

24. 三相变极多速异步电动机不管采用什么办法，当 $f = 50$Hz 时，电动机最高转速只能低于 3000r/min。　　　　　　　　　　　　　　　　　（　　）

25. 气隙磁场为脉动磁场的单相异步电动机能自行起动。　　（　　）

26. 双值电容电动机既具有较大的起动转矩，又有较高的效率和功率因数。
（　　）

27. 变阻调速不适合于笼型异步电动机。　　　　　　　　　（　　）

28. 电枢回路串电阻的调速方法，由于它的能量损耗小，所以应用很广泛。
（　　）

29. 单相罩极式异步电动机具有结构简单、制造方便等优点，所以在洗衣机上也被采用。　　　　　　　　　　　　　　　　　　　　　　　　　（　　）

30. 深槽式与双笼型三相异步电动机，起动时由于趋肤效应而增大了转子电阻，因此具有较高的起动转矩。　　　　　　　　　　　　　　　　（　　）

31. 三相异步电动机定子绕组的磁极数越多，则其对应的转矩就越大。
（　　）

32. 电动机在工作过程中，其温升越低越好。　　　　　　　（　　）

33. 三相笼型异步电动机运行时，若电源电压下降，则定子电流减小。
（   ）

34. 三相笼型异步电动机直接起动时，其起动转矩为额定转矩的 4 ~ 7 倍。
（   ）

35. 对于三相笼型异步电动机，无论其定子绕组还是转子绕组均由三相结构完全相同、空间互差 120°电角度的绕组构成。（   ）

36. 根据生产机械的需要选择电动机时，应优先选用三相笼型异步电动机。
（   ）

37. 气隙磁场为旋转磁场的三相异步电动机能自行起动。（   ）

38. 变阻调速适合于绕线转子异步电动机。（   ）

39. 直流发电机的电枢绕组中产生的是直流电动势。（   ）

40. 直流电动机的电枢绕组中通过的是直流电流。（   ）

41. 并励直流发电机绝对不允许短路。（   ）

42. 直流电动机的过载保护采用热继电器。（   ）

43. 直流电动机的弱磁保护采用欠电流继电器。（   ）

44. 要改变他励直流电动机的旋转方向，必须同时改变电动机电枢电压的极性和励磁的极性。（   ）

45. 一台并励直流电动机，若改变电源极性，则电动机转向也一定改变。
（   ）

46. 直流电动机的人为特性比固有特性软。（   ）

47. 提升位能负载时的工作点在第一象限内，而下放位能负载时的工作点在第四象限内。（   ）

48. 他励直流电动机的减压调速属于恒转矩调速方式，因此只能拖动恒转矩负载运行。（   ）

49. 他励直流电动机减压或串电阻调速时，最大静差率数值越大，调速范围也越大。（   ）

50. 两相对称绕组，通入两相对称交流电流，其合成磁通势为旋转磁通势。
（   ）

51. 改变电流相序，可以改变三相旋转磁通势的转向。（   ）

52. 不管异步电机转子是旋转，还是静止，转子磁通势都是相对静止的。
（   ）

53. 三相异步电动机转子不动时，经由空气隙传递到转子侧的电磁功率全部转化为转子铜损耗。（   ）

54. 三相异步电动机的最大电磁转矩 T_m 的大小与转子电阻 r_2 阻值无关。
（   ）

55. 通常三相笼型异步电动机定子绕组和转子绕组的相数不相等，而三相绕线转子异步电动机定子绕组和转子绕组相数则相等。　　　　　　（　　）

56. 变频调速适合于笼型异步电动机。　　　　　　　　　　（　　）

57. 变极调速只适合于笼型异步电动机。　　　　　　　　　（　　）

58. 改变转差率调速只适合于绕线转子异步电动机。　　　　（　　）

59. 当三相异步电动机转子不动时，转子绕组电流的频率与定子电流的频率相同。　　　　　　　　　　　　　　　　　　　　　　　　　（　　）

60. 直流电动机的电磁转矩是驱动性质的，因此稳定运行时，大的电磁转矩对应的转速就高。　　　　　　　　　　　　　　　　　　　　（　　）

61. 三相异步电动机的转子转速不可能大于其同步转速。　　（　　）

62. 三相转子异步电动机用频敏变阻器起动，起动过程是其等效电阻的变化是从大变小，其电流变化是从小变大。　　　　　　　　　　　（　　）

63. 绕线转子异步电动机用频敏变阻器起动，若起动时转矩过大，会有机械冲击。　　　　　　　　　　　　　　　　　　　　　　　　　（　　）

64. 通常增量型光电编码器的 Z 相输出信号代表编码器的某一个原点，用于定位。　　　　　　　　　　　　　　　　　　　　　　　　　（　　）

65. 双速三相异步电动机调速时，将定子绕组由原来的△联结改成丫丫联结，可使电动机的极对数减少 1/2，使转速增加一倍。　　　　　　（　　）

66. 在同一供电系统中，三相负载接成丫联结和接成△联结所吸收的功率是相等的。　　　　　　　　　　　　　　　　　　　　　　　（　　）

67. 晶闸管调速电路常见故障中，电动机 M 的转速调不下来，可能是给定信号的电压不够。　　　　　　　　　　　　　　　　　　　　（　　）

68. 当加到二极管上的反向电压增大到一定数值时，反向电流会突然增大，该反向电压值被称为反向击穿电压，此现象被叫做反向击穿现象。（　　）

69. 只要在三相交流异步电动机的每相定子绕组中都通入交流电流，便可产生定子旋转磁场。　　　　　　　　　　　　　　　　　　　（　　）

70. 为使晶闸管能够可靠地触发，要求触发脉冲具有一定的幅度和宽度，尤其是带感性负载时，脉冲具有一定有宽度更为重要。　　　　　（　　）

71. 只要是一、二次侧额定电压有效值相等的三相变压器，就可多台并联运行。　　　　　　　　　　　　　　　　　　　　　　　　　（　　）

72. 直流弧焊发电机电刷磨损后，应同时换掉全部电刷。　　（　　）

73. 直流电机的电刷一般用石墨粉压制而成。　　　　　　　（　　）

74. 三相笼型异步电动机铭牌标明：额定电压 380V/220V，接线丫/△，是指当电源电压为 380V 时，这台三相异步电动机可以采用星形—三角形换接起动。
　　　　　　　　　　　　　　　　　　　　　　　　　　（　　）

75. 三相笼型异步电动机采用减压起动的目的是为了降低起动电流，同时增加起动转矩。 （　　）

76. 采用星形—三角形减压起动时，起动电流和起动转矩都减小为直接起动时的 1/3 倍。 （　　）

77. 三相异步电动机在满载运行时，若电源电压突然降低到允许范围以下时，三相异步电动机转速下降，三相电流同时减小。 （　　）

78. 三相异步电动机在运行中若一相断路，则电动机停止运行。 （　　）

79. 长期闲置的异步电动机，若要使用时可以直接起动。 （　　）

80. 三相异步电动机采用熔丝保护时，当三相异步电动机的电流达到熔丝的额定电流时，熔丝立即熔断。 （　　）

81. 接触器一般只能对电压的变化作出反应，继电器可以在相应的各种电量或非电量作用下动作。 （　　）

82. 三相绕线转子异步电动机转子串入频敏变阻器，实质上是串入一个随转子电流频率而变化的可变阻抗，与转子回路串入可变电阻器起动的效果是相似的。 （　　）

83. 绕线转子异步电动机可以改变磁极对数进行调速。 （　　）

84. 主令电器主要用来接通和分断主电路。 （　　）

85. 一台使用不久且绝缘未老化的直流电机，若一两个线圈有短路故障，则检修时可以切断短路线圈，在与其连接的两个换向片上接以跨接线，使其继续使用。 （　　）

86. 若变压器一次电压低于额定电压，则不论负载如何，它的输出功率一定低于额定功率，温升也必然小于额定温升。 （　　）

87. 对于异步电动机，其定子绕组匝数增多会造成嵌线困难、浪费铜线，并会增大电机漏抗，从而降低最大转矩和起动转矩。 （　　）

88. 三相异步电动机的定子绕组，无论是单层还是双层，其节距都必须是整数。 （　　）

89. 具有电抗器的电焊变压器，若减少电抗器的铁心气隙，则漏抗增加，焊接电流增大。 （　　）

90. PLC 的输入模块不能使用光耦合电路来隔离内部电路和外部电路。 （　　）

91. 单量程交流电压表测量 6kV 电压时应使用电压互感器。 （　　）

92. 准确度等级为 1.0 级，量程为 10A 的电流表测量 8A 电流时的最大相对误差为 ±1%。 （　　）

93. 仪器、仪表的存放位置，不应放在强磁场周围。 （　　）

94. 单相交流电路中有功功率的计算公式 $P = UI\cos\varphi$。 （　　）

95. 交流耐压试验是鉴定电气设备绝缘强度的最有效和最直接方法。(　　)

96. 三相电压互感器的接线组别，是指一次绕组线电压间的相位关系。

(　　)

97. 仪表在使用一段时间或检修后，按规定都要对它进行校验，检查准确度等级和其他技术指标是否符合要求。(　　)

98. 测量 1000V 以上的电力电缆的绝缘电阻时，应选用 1000V 的绝缘电阻表进行测量。(　　)

99. PLC 的指令系统通常有梯形图、语句表、功能图三种形式。(　　)

100. 交流耐压试验调压设备的容量应等于或稍大于试验变压器的容量。

(　　)

101. 当晶闸管导通后，可以靠管子本身的放大作用来维持其导通状态。

(　　)

102. 当单结晶体管的发射电压高于峰点电压时，就导通。(　　)

103. 晶闸管的导通角 θ 越大，则触发延迟角 α 越大。(　　)

104. 加在晶闸管门极上的触发电压，一般都超过 10V。(　　)

105. 将 T 触发器一级一级地串联起来，就可以组成一个异步二进制加法计数器。(　　)

106. 把直流电变交流电的电路称为变流电路。(　　)

107. 触发导通的晶闸管，当阳极电流减小到低于维持电流时，晶闸管仍然维持状态。(　　)

108. TTL 与非门输入端全部接高电平时，输出为低电平。(　　)

109. 或非门 RS 触发器的触发信号为正脉冲。(　　)

110. 直流惠斯顿电桥的比例臂选择原则是，使比较臂级数乘以比例级数大致等于被测电阻的数。(　　)

111. 改变直流惠斯顿电桥的供电电压值，对电阻的测量精度也会产生影响。

(　　)

112. 用晶体管图示仪观察共发射极放大电路的输入特性时，X 轴作用开关应置于基极电压，Y 轴作用开关置于基极电流或基极源电压。(　　)

113. 电磁系仪表既可以测量直流电量，也可以测量交流电量，且测交流时的刻度与被测直流时的刻度相同。(　　)

114. 使用示波器时，应将被测信号接入 Y 轴输入端钮。(　　)

115. 同步示波器一般采用了连续扫描方式。(　　)

116. 克服零点漂移最有效的措施是采用交流负反馈电路。(　　)

117. 硅稳压管稳压电路只适应于负载较小的场合，且输出电压不能任意调节。(　　)

118. 普通示波器所要显示的是被测电压信号随频率而变化的波形。（　　）

119. 直流双臂电桥可以精确测量电阻值。（　　）

120. 晶闸管触发电路的形式很多，但都由脉冲形成同步移相和脉冲移相几部分组成。（　　）

121. 用直流单臂电桥测量电阻时，如果按下电源和检流计按钮后，指针若正偏，这时应减小比较臂的电阻值，反之应增加比较臂的电阻值。（　　）

122. 二极管正向动态电阻的大小，随流过二极管电流的变化而改变，是不固定的。（　　）

123. 用示波器测量电信号时，被测信号必须通过专用探头引入示波器，不用探头就不能测量。（　　）

124. 电桥的灵敏度只取决于所用检流计的灵敏度，而与其他因素无关。（　　）

125. 当 PLC 的"BATTERY"（电池）指示灯闪烁时，表示该 PLC 的内部电池的电量低，必须在一周内予以更换，否则用户程序会丢失。（　　）

126. 负荷开关主刀片和辅助刀片的动作次序是合闸时主刀片先接触，分闸时主刀片先分离，辅助刀片后分离。（　　）

127. 电压互感器的高压侧熔断器连续熔断时，必须查明原因，不得擅自加大熔断器容量。（　　）

128. 避雷器可用来防止直击雷。（　　）

129. 用隔离开关可以拉、合无故障的电压互感器和避雷器。（　　）

130. 电流互感器在使用时允许副边开路。（　　）

131. END 指令的功能是：执行到 END 指令后，END 指令后面的程序则不执行。（　　）

132. 为了防止断路器电磁机构的合、分铁心生锈和卡阻，在检修维护时，铁心上应涂抹润滑油。（　　）

133. 生产管理是对企业产品生产的计划、组织和控制。（　　）

134. PLC 基本都有模拟量处理功能，通过模拟量 I/O 模块可对温度、压力、速度、流量等连续变化的模拟量进行控制，编程非常方便。（　　）

135. 重复使用 RDS 指令，可多次使用同一运算结果，当使用完毕时，一定要用 POPS 指令。（　　）

136. PLC 内存容量是存放用户程序的量。在 PLC 中程序指令是按条存放的（一条指令往往不止一"步"）一"条"占用一个地址单元，一个地址单元一般占用两个字节。（　　）

137. 寄存器的配置是衡量 PLC 硬件功能的一个指标。（　　）

138. PLC 的档次越高，所用的 CPU 的位数也越多，运算速度也越快，功能

越强。 （   ）

139. PLC 配有用户存储器和系统存储器两种存储器，前者存放系统程序，后者用来存放用户编制的控制程序。常用类型有 ROM RAM、EPROM 和 EEPROM。

（   ）

140. EPROM 称作电可擦除只读存储器，除可用紫外线擦除外，还可用电擦除，它不需要专用写入器，只需用编程器就能方便地对所存储的内容实现"在线修改"，所写入的数据内容能在断电情况下保持不变，目前 PLC 中正在广泛使用。 （   ）

141. PLC 的输出形式是继电器接点输出。 （   ）

142. PLC 采用循环扫描工作方式。 （   ）

143. X120 表示输入继电器（寄存器）WX12 的第 0 位。 （   ）

144. 定时器与计数器的编号是统一编排的，出厂时按照计数器在前，定时器在后进行编号。 （   ）

145. 索引寄存器还可以以索引指针的形式与寄存器或常数一起使用，可起到寄存器地址或常数的修正值作用。 （   ）

146. 所有寄存器（word）和 T、C 的编号均为十六进制数，只有 X、Y、R 触头（bit）编号的最后一位是十进制数。 （   ）

147. 基本顺序指令是以字（word）为单位的逻辑操作，是构成继电器控制电路的基础。 （   ）

148. OR 是串联常开触点指令，把原来保存在结果寄存器中的逻辑操作结果与指定的继电器内容相"与"，并把这一逻辑操作结果存入结果寄存器。（   ）

149. AN 是并联常开接点指令，把结果寄存器的内容与指定继电器的内容进行逻辑"或"，操作结果存入结果寄存器。 （   ）

150. 指令 ORS 功能，可实现多个指令块的"与"运算。 （   ）

151. 车间配电装置的基本要求是布局合理、整齐美观、安装牢固、维修方便和安全可靠。 （   ）

152. 外部负载可由 PLC 内部寄存器直接驱动。 （   ）

153. 一般 PLC 本身输出的 24V 直流电源可以为诸如光电编码器、磁性开关等小容量的输入开关提供电源。 （   ）

154. 多地控制电路的特点是起动按钮的常开触点并联，停止按钮的常闭触点串联。 （   ）

155. PLC 的 I/O 点数是指 PLC 输入、输出点数之和。 （   ）

156. 一般 PLC 有一个 24V 输出的内置 DC 电源。 （   ）

157. 二极管正向动态电阻的大小，随流过二极管电源的变化而改变，是不固定的。 （   ）

158. 为了提高三相异步电动机的起动转矩, 可使电源电压高于额定电压, 从而获得较好的起动性能。 (　　)

159. 单向半波可控整流电路, 无论输入电压极性如何改变, 其输出电压极性不会改变。 (　　)

160. 用两只接触器控制异步电动机正反转的电路, 只需要互锁, 不需要自锁。 (　　)

161. 正常运行时定子绕组△联结的三相异步电动机才能采用丫-△起动方法。
(　　)

162. 自耦变压器的一、二次绕组间有电的联系, 所以低压侧的设备也要有高压的绝缘等级。 (　　)

163. 异步电动机的电磁转矩与转速方向相同时称制动。 (　　)

164. 三相异步电动机定子串电阻起动的目的是减小起动电流。 (　　)

165. 7812 与 7912 均是三端稳压器, 其稳压值均为 12V, 因此可以相互代替。 (　　)

166. 压力继电器和压力变送器均是将压力信号转换为电信号的传感器, 其功能一样。 (　　)

167. 为了防止发生人身触电事故和设备短路或接地故障, 带电体之间、带电体与地面之间、带电体与其他设施之间、工作人员与带电体之间必须保持的最小空气间隙, 称为安全距离。 (　　)

168. 测量电路中的电阻值时, 应将被测电路的电源切断, 如果电路中有电容器, 应先放电后才能测量。切勿在电路带电的情况下测量电阻。(　　)

169. 在单相半波可控整流电路中, 调节触发信号加到控制极上的时刻, 改变控制角的大小, 就实现了控制输出直流电压的大小。 (　　)

170. 示波器的输入开关测量直流信号时必须使用 DC 挡, 测量交流信号时必须使用 AC 挡。 (　　)

二、选择题 (将正确答案的序号填入括号内)

1. 测量 1Ω 以下的电阻, 如果要求精度高, 应选用 (　　)。
A. 万用表 $R \times 1\Omega$ 挡 　　　　　B. 毫伏表及电流表
C. 惠斯顿电桥 　　　　　D. 开尔文电桥

2. 工厂中进行日常检修时的电工测量, 应用最多的是 (　　)。
A. 指示仪表　　　B. 比较仪器　　　C. 示波器　　　D. 电桥

3. 为了保证测量精度, 选者测量仪表时的标准为 (　　)。
A. 准确度等级越高越好
B. 准确度等级越低越好

C. 不必考虑准确度等级

D. 根据实际工作环境及测量要求选择一定准确度等级的测量仪表

4. MF30 型万用表采用的是 (   ) 测量机构。

A. 电磁系   B. 磁电系   C. 感应系   D. 电动系

5. 便携式交流电压表,通常采用 (   ) 测量机构。

A. 电动系   B. 电磁系   C. 静电系   D. 磁电系

6. 在正旋交流电的波形图上,若两个正旋量正交,说明这两个正旋量的相位差是(   )。

A. 180°   B. 60°   C. 90°   D. 0°

7. 测量三相四线制不对称负载的无功电能,应用 (   )。

A. 具有 60°相位差的三相无功电能表

B. 三相有功电能表

C. 具有附加电流线圈的三相无功电能表

D. 单相有功电能表

8. 对电缆进行直流耐压试验时,其优点之一是避免 (   ) 对良好绝缘起永久性破坏作用。

A. 直流电压   B. 交流低压   C. 交流高压   D. 交流电流

9. 一功耗 1000W,电压为 180V 的负载,应按第 (   ) 种方案选择功率表量限来测量该负载功率。

A. 5A,150V   B. 5A,300V

C. 10A,150V   D. 10A,300V

10. 对交流电器而言,若操作频率过高会导致 (   )。

A. 铁心过热   B. 线圈过热   C. 触头过热   D. 触头烧毛

11. 修理变压器时,若保持额定电压不变,而一次绕组匝数比原来少了一些,则变压器的空载电流与原来相比 (   )。

A. 增大一些   B. 减少一些   C. 不变

12. 变压器绕组若采用交叠式放置,为了绝缘方便,一般在靠近上下磁轭的位置安放(   )。

A. 低压绕组   B. 高压绕组   C. 中压绕组

13. 在三相绕线转子异步电动机的各个起动过程中,频敏变阻器的等效阻抗变化趋势(   )。

A. 由小变大   B. 由大变小   C. 恒定不变

14. 三相异步电动机温升过高或冒烟,造成故障的可能原因是 (   )。

A. 绕组受潮   B. 转子不平衡

C. 定子、绕组相擦   D. 三相异步电动机断相运行

15. 变压器的短路试验是在（　　　）的条件下进行的。

A. 低压侧开路　　　　　　　　　　B. 高压侧开路

C. 低压侧短路　　　　　　　　　　D. 高压侧短路

16. 直流发电机在原动机的拖动下旋转，电枢切割磁力线产生（　　　）。

A. 正弦交流电　　　　　　　　　　B. 非正弦交流电

C. 直流电　　　　　　　　　　　　D. 脉动直流电

17. 直流电机的换向极绕组必须与电枢绕组（　　　）。

A. 串联　　　　　　　　　　　　　B. 并联

C. 垂直　　　　　　　　　　　　　D. 磁通方向相反

18. 并励直流电动机的机械特性为硬特性，当电动机负载增大时，其转速
（　　　）。

A. 下降很多　　　B. 下降很少　　　C. 不变　　　D. 略有上升

19. 已知某台电动机电磁功率为 9kW，转速为 $n = 900r/min$，则其电磁转距
为（　　　）N·m。

A. 10　　　　　　B. 30　　　　　　C. 100　　　　　　D. $300/\pi$

20. 三相异步电动机反接制动时，采用对称制电阻接法，可以在限制制动转
距的同时也限制（　　　）。

A. 制动电流　　　B. 起动电流　　　C. 制动电压　　　D. 起动电压

21. 一台并励直流发电机，空载运行于某一电压下，如将其转速升高 10%
则发电机的端电压将（　　　）。

A. 升高 10%　　　　　　　　　　　B. 不变

C. 升高且大于 10%　　　　　　　　D. 升高，但小于 10%

22. 一台并励直流电动机若改变电源极性，则电动机的转向（　　　）。

A. 变　　　　　　　B. 不变　　　　　　C. 不确定

23. 一台直流电动机需进行转速的调节，为了得到较好的稳定性，应采用
（　　　）。

A. 电枢回路串电阻　　　　　　　　B. 改变电压

C. 减弱磁通

24. 直流电动机调压的人为机械特性和固有机械特性相比（　　　）。

A. 软　　　　　　　B. 相同　　　　　　C. 硬

25. 他励直流电动机的转速为（　　　），发生回馈制动。

A. $n = n_0$　　　　　B. $n < n_0$　　　　　C. $n > n_0$

26. 直流电动机带位能性恒转矩负载采用能耗制动，稳态运行是工作点在
（　　　）。

A. 第一象限　　　B. 第二象限　　　C. 第三象限　　　D. 第四象限

27. 他励直流电动机采用电枢回路串电阻调速时，其机械特性斜率（　　　）。

　　A. 增大　　　　　　B. 减小　　　　　　C. 不变

28. 一台他励直流电动机当采用降压调速后，电机的转速（　　　）。

　　A. 升高　　　　　　B. 降低　　　　　　C. 不变

29. 直流电动机串电阻的人为机械特性和固有机械特性相比（　　　）。

　　A. 软　　　　　　　B. 相同　　　　　　C. 硬

30. 直流电动机带位能性恒转矩负载采用能耗制动，瞬间工作点在（　　　）。

　　A. 第一象限　　　　B. 第二象限　　　　C. 第三象限　　　　D. 第四象限

31. 直流发电机电刷在几何中心线上，如果磁路饱和，这时电枢反应是（　　　）。

　　A. 去磁　　　　　　B. 助磁　　　　　　C. 不去磁也不助磁

32. 他励直流电动机的人为机械特性与固有机械特性相比，其理想空载转速和斜率均发生了变化，那么这条人为特性一定是（　　　）。

　　A. 串电阻的人为特性　　　　　　　B. 降电压的人为特性

　　C. 弱磁的人为特性

33. 直流电动机电枢的波绕组并联支路对数是（　　　）。

　　A. $\alpha = 1$　　　　B. $\alpha = p$　　　　C. $\alpha > p$　　　　D. $\alpha < 1$

34. 在下列选项中，（　　　）不是他励直流电动机的制动方法。

　　A. 能耗制动　　　B. 反接制动　　　C. 回馈制动　　　D. 电磁制动

35. 直流电动机带负载后，气隙中的磁场是由（　　　）。

　　A. 励磁磁场　　　　　　　　　　B. 电枢磁场

　　C. 励磁磁场和电枢磁场共同作用

36. 4极三相异步电动机定子圆周对应的电角度为（　　　）。

　　A. 360°　　　　　B. 720°　　　　　C. 1440°

37. 直流电动机的过载保护就是电动机的（　　　）。

　　A. 过电压保护　　　　　　　　　B. 过电流保护

　　C. 超载保护　　　　　　　　　　D. 短路保护

38. 三相异步电动机定子绕组若为双层绕组，则一般采用（　　　）。

　　A. 整距绕组　　　B. 短距绕组　　　C. 长距绕组

39. 三相异步电动机的额定功率是指（　　　）。

　　A. 输入的视在功率　　　　　　　B. 输入的有功功率

　　C. 产生的电磁功率　　　　　　　D. 输出的机械功率

40. 三相异步电动机负载不变而电源电压降低时，转子转速将（　　　）。

　　A. 升高　　　　　B. 降低　　　　　C. 不变　　　　　D. 不一定

41. 三相异步电动机增加转子电阻时，其最大转矩（　　　）。

A. 增大   B. 减小   C. 不变   D. 不一定

42. 三相异步电动机反接制动时，其转差率为（   ）。

A. 小于0   B. 等于0   C. 等于1   D. 大于1

43. 交流调速控制的发展方向是（   ）。

A. 变频调速   B. 交流晶闸管调速

C. 电抗器调速

44. 三相异步电动机在运转中，把定子两相反接，则转子的转速会（   ）。

A. 升高   B. 降低一直到停转

C. 下降到零后再反向旋转   D. 下降到某一稳定转速

45. 由于交叉式绕组是由各相绕组均由不同节矩的同心线圈连接而成，因此它主要用于（   ）。

A. $q=2$ 的绕组中   B. $q=3$ 的绕组

C. $q=4$ 的绕组

46. 三相异步电动机定子绕组若为单层绕组，则实际相当于采用（   ）。

A. 整距绕组   B. 短距绕组   C. 长距绕组

47. 由于链式绕组是由各相绕组均由不同节矩的同心线圈连接而成，因此它主要用于（   ）。

A. $q=2$ 的绕组中   B. $q=3$ 的绕组

C. $q=4$ 的绕组

48. 三相异步电动机在适当范围内增加转子电阻时，其最大转矩（   ）。

A. 增大   B. 减小   C. 不变   D. 不一定

49. 三相异步电动机再生制动时，其转差率为（   ）。

A. 小于0   B. 等于0   C. 等于1   D. 大于1

50. 与固有机械特性相比，人为机械特性上的最大电磁转矩减少，临界转差率不变，则该人为机械特性是异步电动机的（   ）。

A. 定子串接电阻的人为机械特性

B. 转子串接电阻的人为机械特性

C. 降低电压的人为机械特性

51. 一台三相笼型异步电动机的数据为 $P_N=20\text{kW}$，$U_N=380\text{V}$，$\lambda_T=1.15$，$K_i=6$，定子绕组为三角形联结。当拖动额定负载转矩起动时，电源容量为 600kW，最好的起动方法是（   ）。

A. 直接起动   B. Y－△减压起动

C. 串电阻减压起动   D. 自耦变压器减压起动

52. 一台三相异步电动机拖动额定负载转矩起动时，若电源电压下降了15%，这时电动机的电磁转矩（   ）。

A. $T_{em} = T_N$ B. $T_{em} = 0.7225T_N$

C. $T_{em} = 0.85T_N$ D. $T_{em} = 0.75T_N$

53. 相线与相线间的电压称线电压。它们的相位差为（   ）。

A. 45°   B. 90°   C. 120°   D. 180°

54. 三相绕线转子异步电动机拖动起重机的主钩，提升重物时电动机运行于正向电动机状态，若在转子回路串接三相对称电阻下放重物时，电动机运行状态是（   ）。

A. 能耗制动运行   B. 反向回馈制动运行

C. 倒拉反转运行

55. 三相异步电动机空载时气隙磁通的大小主要取决于（   ）。

A. 电源电压   B. 气隙大小

C. 定、转子铁心材质   D. 定子绕组的漏阻抗

56. 三相异步电动机带位能性负载稳定运行区域在（   ）。

A. 第一象限   B. 第二象限   C. 第三象限   D. 第四象限

57. 三相异步电机的最大电磁转矩 T_m 大小与转子（   ）的值无关。

A. 电压   B. 电流   C. 电阻

58. （   ）反映了在不含电源的一段电路中，电流与这段电路两端的电压及电阻的关系。

A. 欧姆定律   B. 楞次定律

C. 部分电路欧姆定律   D. 全欧姆定律

59. 自动往返控制电路一般通过（   ）实现电动机的正反转运行。

A. 速度继电器   B. 行程开关   C. 按钮   D. 热继电器

60. 晶闸管的导通角 θ 越大，则触发延迟角 α（   ）。

A. 越大   B. 越小   C. 不变   D. 不确定

61. 三相异步电动机采用丫－△减压起动时，其起动电流是全压起动时电流的（   ）。

A. 1/3   B. $1/\sqrt{3}$

C. $1/\sqrt{2}$ D. 倍数不能确定

62. 变压器的最高效率发生在其负载系数为（   ）时。

A. $\beta = 0.2$ B. $\beta = 0.6$ C. $\beta = 1$ D. $\beta > 1$

63. 三相异步电动机空载运行时，其转差率为（   ）。

A. $S = 0$ B. $S = 0.004 \sim 0.007$

C. $S = 0.01 \sim 0.07$ D. $S = 1$

64. 三相异步电动机起动转矩不大的主要原因是（   ）。

A. 起动时电压低   B. 起动时电流不大

C. 起动时磁通少　　　　　　　　D. 起动时功率因数低

65. 在大修后，若将摇臂升降电动机的三相电源相序反接了，则（　　），采取换相方法可以解决。

A. 电动机不转动　　　　　　　　B. 使上升和下降颠倒

C. 会发生短路

66. 将变压器的一次侧绕组接交流电源，二次侧绕组开路，这种运行方式称为变压器（　　）运行。

A. 空载　　　　　B. 过载　　　　　C. 满载　　　　　D. 负载

67. 三相异步电动机多处控制时，若其中一个停止按钮接触不良，则电动机（　　）。

A. 会过流　　　　B. 会继相　　　　C. 不能停止　　　　D. 不能起动

68. 自耦变压器减压起动适用于（　　）的三相笼型异步电动机。

A. 不需任何接法　　　　　　　　B. △联结

C. Y联结　　　　　　　　　　　D. Y联结或△联结

69. 双速电动机属于（　　）调速方法。

A. 变频　　　　B. 改变转差率　　　C. 改变磁极对数　　D. 降低电压

70. 三相异步电动机回馈制动时，将机械能转换为电能，回馈到（　　）。

A. 负载　　　　B. 转子绕组　　　C. 定子绕组　　　D. 电网

71. 三相异步电动机制下列起动方法中，性能最好的是（　　）。

A. 直接起动　　　B. 减压起动　　　C. 变频起动　　　D. 变极起动

72. 绕线式异步电动机转子串电阻起动时，随着转速的升高，要逐段（　　）起动电阻。

A. 切除　　　　B. 投入　　　　C. 串联　　　　D. 并联

73. 电磁抱闸制动一般用于（　　）的场合。

A. 迅速停车　　　　　　　　　　B. 迅速反转

C. 限速下放重物　　　　　　　　D. 调节电动机速度

74. 三相异步电动机的位置控制电路中，除了用行程开关外，还可用（　　）。

A. 断路器　　　B. 速度继电器　　　C. 热继电器　　　D. 光电传感器

75. 异步电动机空载试验时，其试验时间不少于（　　）h。

A. 0.5　　　　B. 1.0　　　　C. 2.0　　　　D. 2.5

76. 三相异步电动机能耗制动时，（　　）中通入直流电。

A. 转子绕组　　　B. 定子绕组　　　C. 励磁绕组　　　D. 补偿绕组

77. 三相异步电动机反接制动，转速接近零时要立即断开电源，否则电动机会（　　）。

A. 飞车　　　　　B. 反转　　　　　C. 短路　　　　　D. 烧坏

78. 三端集成稳压 7812 的作用是（　　）。

A. 串联型稳压电路　　　　　　　　B. 并联型

C. 开关型　　　　　　　　　　　　D. 稳压型

79. 电子计数器是指能完成（　　）等功能电子测量仪器的通称。

A. 频率测　　　B. 时间测量　　　C. 计数　　　D. 以上都是

80. 增量型光电编码器通常的通道输出信号包括（　　）。

A. A 相　　　　B. B 相　　　　C. Z 相　　　D. 以上都是

81. 小容量晶闸管调速器电路的主回路采用（　　），直接由 220V 交流电源供电。

A. 单相半波可控整流电路　　　　　B. 单相全波可控整流电路

C. 单相桥式半控整流电路　　　　　D. 三相半波可控整流电路

82. 避雷针是用来防止（　　）。

A. 感应雷　　　B. 直击雷　　　C. 雷电波　　　D. 其他雷

83. 同频率而额定转速不同的四台电动机，其中空载电流最小的是（　　）。

A. 736r/min　　　　　　　　　　　B. 980r/min

C. 1460r/min　　　　　　　　　　　D. 2970r/min

84. 解决晶体管放大器截止失真的方法是（　　）。

A. 增大集电极电阻　　　　　　　　B. 增大上偏电阻

C. 减小上偏电阻　　　　　　　　　D. 减小集电极电阻

85. 单相半波晶闸管整流通过改变触发延迟角 α，则负载电压可在（　　）间连续可调。

A. $(0 \sim 0.45)U_2$　　　　　　　　B. $(0 \sim 0.9)U_2$

C. $(0 \sim 2.34)U_2$　　　　　　　　D. $(0 \sim 1.1)U_2$

86. 指令 PSHS 的功能是（　　）。

A. 实现多个指令块的"或"运算

B. 读出由 PSHS 指令存储的运算结果

C. 读出并清除由 PSHS 指令存储的运算结果

D. 存储该指令处的运算结果

87. 指令 ORS 的功能是（　　）。

A. 实现多个指令块的"或"运算

B. 实现多个指令块的"与"运算

C. 进行逻辑"与"

D. 进行逻辑"或"

88. DF 指令是（　　）指令。

A. 前沿微分   B. 下降沿微分

C. 上升沿微分   D. 后沿微分

89. TMY 指令是（　　）指令。

A. 以 0.01s 为单位   B. 以 0.1s 为单位

C. 以 1s 为单位   D. 以 0.05s 为单位

90. 单相半桥逆变器（电压型）的直流端接有两个相互串联的（　　）。

A. 容量足够大的电容   B. 大电感

C. 容量足够小的电容   D. 小电感

91. 集成运算放大器是一种具有（　　）耦合放大器。

A. 高放大倍数的阻容   B. 低放大倍数的阻容

C. 高放大倍数的直接   D. 低放大倍数的直接

92. 在硅稳压管稳压电路中，限流电阻 R 的作用是（　　）。

A. 既限流又降压   B. 既限流又调压

C. 既降压又调压   D. 既调压又调流

93. TTL 与非门输入端全部接高电平时，输出为（　　）。

A. 零电平   B. 低电平

C. 高电平   D. 代电平或高电平

94. 或非门 RS 触发器的触发信号为（　　）。

A. 正弦波   B. 正脉冲   C. 锯齿波   D. 负脉冲

95. 多谐振荡器（　　）。

A. 有一个稳态

B. 有两个稳态

C. 没有稳态，有一个暂稳态

D. 没有稳态，有两个暂稳态

96. 数码寄存器的功能主要是（　　）。

A. 产生 CP 脉冲   B. 寄存数码

C. 寄存数码和移位   D. 称位

97. 最常用的显示器件是（　　）数码显示器。

A. 五段   B. 七段   C. 九段   D. 十一段

98. 已触发导通的晶闸管，当阳极电流减小到低于维持电流时，晶闸管的状态是（　　）。

A. 继续维持导通

B. 转为关断

C. 只要阳极—阴极仍有正相电压，管子能继续导通

D. 不能确定

99. 在多级放大电路的级间耦合中，低频电压放大电路主要采用（　　）耦合方式。

A. 阻容　　　　　B. 直接　　　　　C. 变压器　　　　　D. 电感

100. 互感器线圈的极性一般根据（　　）来判定。

A. 右手定则　　　B. 左手定则　　　C. 楞次定律　　　D. 同名端

101. JT—1 型晶体管图示仪输出集电极电压的峰值是（　　）V。

A. 100　　　　　B. 200　　　　　C. 500　　　　　D. 1000

102. 示波器面板上的"辉度"是调节（　　）的电位器旋钮。

A. 控制栅极负电压　　　　　　　　B. 控制栅极正电压

C. 阴极负电压　　　　　　　　　　D. 阴极正电压

103. 通常在使用 SBT—5 型同步示波器观察被测信号时，"X 轴选择"应置于（　　）挡。

A. 1　　　　　　B. 10　　　　　C. 100　　　　　D. 扫描

104. 用 SR—8 型双踪示波器观察频率较低的信号时，触发方式开关放在（　　）位置较为有利。

A. 高频　　　　　B. 自动　　　　　C. 常态　　　　　D. 随意

105. 一般要求模拟放大电路的输入电阻（　　）。

A. 大些好，输出电阻小些好　　　　B. 小些好，输出电阻大些好

C. 和输出电阻都大些好　　　　　　D. 和输出电阻都小些好

106. 在正弦波振荡器中，反馈电压与原输入电压之间的相位差是（　　）。

A. 0°　　　　　B. 90°　　　　　C. 180°　　　　　D. 270°

107. 多谐振荡器是一种产生（　　）的电路。

A. 正弦波　　　　B. 锯齿波　　　　C. 矩形脉冲　　　D. 尖顶脉冲

108. 频敏变阻器主要用于（　　）控制。

A. 笼型转子异步电动机的起动

B. 绕线转子异步电动机的调整

C. 直流电动机的起动

D. 绕线转子异步电动机的起动

109. 低压断路器中的电磁脱扣器承担（　　）保护作用。

A. 过流　　　　　B. 过载　　　　　C. 失电压　　　　D. 欠电压

110. 线路继电保护装置在该线路发生故障时，能迅速将故障部分切除并（　　）。

A. 自动重合闸一次　　　　　　　　B. 发出信号

C. 将完好部分继续运行

111. 工厂供电系统对一级负荷供电的要求是（　　）。

A. 要有两个电源供电

B. 必须有两个独立电源供电

C. 必须要有一台备用发电机供电

D. 必须要有两台变压器供电

112. 在分析较复杂电气原理图的辅助电路时，要对照（　　）进行分析。

A. 主电路　　　　　　　　　　B. 控制电路

C. 辅助电路　　　　　　　　　D. 联锁与保护环节

113. 按钮联锁正反转控制电路的优点是操作方便，缺点是容易产生电源两相短路事故。在实际工作中，经常采用按钮和接触器双重联锁的（　　）控制电路。

A. 点动　　　　　B. 自锁　　　　　C. 顺序起动　　　　D. 正反转

114. 单相桥式全控整流电路的优点是提高了变压器的利用率，不需要带中间抽头的变压器，且（　　）。

A. 减少了晶闸管的数量　　　　B. 降低了成本

C. 输出电压脉动小　　　　　　D. 不需要维护

115. 用直流单臂电桥测量电感的直流电阻时，应（　　）。

A. 先按下检流计按钮，再按下电源按钮

B. 先按下电源按钮，再按下检流计按钮

C. 同时按下

D. 没有先后顺序要求

116. 直流开尔文电桥采用双桥臂，能消除（　　）的影响。

A. 接触电阻　　　　　　　　　B. 连接导线电阻

C. 电池内阻　　　　　　　　　D. 接触电阻和接线电阻

117. 380V/220V 三相四线制系统中，中性线的横截面积是相线的（　　）倍。

A. 0.5　　　　　B. 1　　　　　C. 2　　　　　D. 3

118. 大容量高压变压器应选用（　　）接法。

A. Yyn0　　　　　B. Yd11　　　　　C. YNy0　　　　　D. YNd11

119. 普通功率表接线时，电压线圈和电流线圈的关系是（　　）。

A. 电压线圈必须接在电流线圈的前面

B. 电压线圈必须接在电流线圈的后面

C. 根据电压的高低决定

D. 视具体情况而定

120. 变压器的短路试验是在（　　）的条件下进行。

A. 低压侧开路　　　B. 高压侧开路　　　C. 低压侧短路　　　D. 高压侧短路

121. 直流发电机在原动机的拖动下旋转，电枢切割磁力线产生（　　）。

A. 正弦交流电　　　B. 非正弦交流电　C. 直流电　　　　　D. 脉动直流电

122. 变压器的下列缺陷中能有工频耐压试验考核的是（　　　）。

A. 线圈匝间绝缘损伤

B. 高压线圈与高压分接引线之间的绝缘薄弱

C. 高压与低压引线之间的绝缘薄弱

D. 同相间绝缘薄弱

123. 1kV 以下的低压系统中性点直接接地的三相四线制系统中变压器中性点接地装置的接地电阻不宜大于（　　　）Ω。

A. 0.5　　　　　　　B. 4　　　　　　　C. 10　　　　　　D. 30

124. 直流电动机的换向极绕组必须与电枢绕组（　　　）。

A. 串联　　　　　　B. 并联　　　　　C. 垂直　　　　　D. 磁通方向相反

125. 并励直流电动机的机械特性为硬特性，当电动机负载增大时，其转速（　　　）。

A. 下降很多　　　　B. 下降很少　　　C. 不变　　　　　D. 略有上升

126. 已知某台电动机电磁功率为 9kW，转速为 $n = 900 \text{r/min}$，则其电磁转距为（　　　）N·m。

A. 10　　　　　　　B. 30　　　　　　C. 100　　　　　D. 300/π

127. 三相异步电动机反接制动时，采用对称制电阻接法，可以在限制制动转距的同时也限制（　　　）。

A. 制动电流　　　　B. 起动电流　　　C. 制动电压　　　D. 起动电压

128. 一台并励直流发电机，空载运行于某一电压下，如将其转速升高 10% 则发电机的端电压将（　　　）。

A. 升高 10%　　　　B. 不变　　　　　C. 升高 >10%　　D. 升高 <10%

129. 一般情况是在直流负载的输出端并联一个（　　　）二极管。

A. 整流　　　　　　B. 稳压　　　　　C. 续流　　　　普通

130. 在单相桥式全控整流电路中，当控制角 α 增大时，平均输出电压 Ud（　　　）。

A. 增大　　　　　　B. 下降　　　　　C. 不变　　　　　D. 无明显变化

131. 用直流惠斯顿电桥测电阻属（　　　）测量。

A. 直接　　　　　　B. 间接　　　　　C. 比较　　　　　D. 一般

132. 使用示波器同时观测两个频率较低的信号时，显示方式开关应置于（　　　）位置。

A. 交替　　　　　　B. 叠加　　　　　C. 断续　　　　　D. 相减

133. 函数信号发生器除了可以产生正弦波信号，还可以产生（　　　）信号。

A. 调频波　　　　　B. 三角波　　　　C. 任意波形　　　D. 调辐波

134. 三相异步电动机机械负载加重时，其定子电流将（　　）。

A. 减小　　　　　　B. 增大　　　　　　C. 不变　　　　　　D. 不一定

135. 在单结晶体管触发电路中，调小电位器的阻值，会使晶闸管的导通角（　　）。

A. 为零　　　　　　B. 减小　　　　　　C. 增大　　　　　　D. 不改变

136. 电气测绘时，首先需要进行的工作是（　　）。

A. 直接请操作者协助，尝试操作机床

B. 调查了解机床的结构和运动形式

C. 查寻线路绘制接线图，导出电路图

D. 拆除所有接线

137. 电焊变压器的特点是（　　）。

A. 输出电压高，输出电流小　　　　　　B. 输出电压高，输出电流大

C. 输出电压低，输出电流小　　　　　　D. 输出电压低，输出电流大

138. Z3040 摇臂钻床主轴箱与摇臂之间、内外立柱之间的夹紧和放松（　　）。

A. 必须同时进行

B. 只能单独进行

C. 既可以同时进行，也可以单独进行

D. 系统自动进行，不能人为干涉

139. 小容量晶闸管调速电路要求调速平滑、抗干扰能力强、（　　）。

A. 可靠性高　　　　B. 稳定性好　　　　C. 设计合理　　　　D. 适用性好

140. 增量型光电编码器输出的 2 组脉冲 A 相和 B 相通常相差（　　），从而可方便地判断出输出轴的旋转方向。

A. 0°　　　　　　　B. 90°　　　　　　C. 180°　　　　　　D. 360°

技能要求试题

一、常用电工仪器的使用（见表1）

表1　常用电工仪器的使用考核表　　　　　　　　时间：30min

项目内容	配分	评分标准	扣分	得分
低频信号发生器	30分	不熟悉面板操作键的作用，扣10分		
		操作时按错操作键，每次扣5分		
示波器的使用	40分	开机准备工作不熟练，扣5~10分		
		不熟悉示波器的操作旋钮，扣20分		
		操作时按错操作键，每次扣5分		
读数	20分	不会读数，扣20分		
		读数结果有较大误差，扣10分		
安全文明操作	10分	损坏仪器，扣10分		
		丢失配件，扣10分		
		物品随意乱放，扣5~10分		
操作时间		在规定时间内完成，每超时5min扣10分		

评分人＿＿＿＿＿＿＿＿＿＿＿＿　　　　　　　总分＿＿＿＿＿＿＿

二、三相异步电动机定子绕组接地故障的检修（见表2）

表2　三相异步电动机定子绕组接地故障的检修考核表　　时间：60min

项目内容	配分	评分标准	扣分	得分
寻找故障点	40分	拆卸电动机步骤应正确，不正确扣10分		
		绝缘电阻测量应准确，错误扣10分		
		查找接地故障点方法应正确，不正确扣10分		
		未能正确判定接地故障点，扣10分		
修理故障点	40分	不能正确排除故障，扣20分		
		电动机装配步骤不正确，扣10分		
		绝缘处理不良，扣10分		
工具仪表使用	10分	工具、仪表使用应正确，不正确每处扣3分		
安全文明操作	10分	违反安全操作规程，每次扣5分		
操作时间		每超过5min扣10分		

评分人＿＿＿＿＿＿＿＿＿＿＿＿　　　　　　　总分＿＿＿＿＿＿＿

三、直流电动机的拆装（见表3）

表3   直流电动机的拆装考核表　　　　　　时间：60min

项 目 内 容	配分	评 分 标 准	扣分	得分
拆卸	30分	拆卸前要做好标记，未做一处扣3分		
		拆卸步骤和方法要正确，不正确每处扣3分		
		损伤零、部件，每处扣3分		
		损伤绕组、换向器，扣15分		
		转子抽出未包好、放好，扣5分		
装配	40分	装配步骤和方法要正确，不正确每处扣3分		
		接线错误，每处扣3分		
		电刷复原位，不正确每处扣5分		
		转子转动应灵活、无摩擦，不正确每处扣5分		
		固定螺栓应拧紧且受力均匀不正确每处扣3分		
电刷压力调整	10分	压力过大或过小，每处扣3分		
		整台电动机电刷压力不一致，扣10分		
电刷中心线位置调整	10分	电刷中心线位置，不正确扣5~10分		
安全文明操作	10分	违反安全操作规程，每次扣5分		
操作时间		每超过5min扣10分		

评分人＿＿＿＿＿＿＿＿＿＿＿＿＿＿＿　　　　　　总分＿＿＿＿＿＿＿＿＿＿＿＿＿＿＿

四、交流电动机定子绕组断路或短路故障的检修（见表4）

表4   交流电动机定子绕组断路或短路故障的检修考核表　时间：90min

项 目 内 容	配分	评 分 标 准	扣分	得分
拆卸电动机，查找故障点	40分	拆卸前要做好标记，未做一处扣3分		
		拆卸步骤和方法要正确，不正确每处扣3分		
		损伤绕组零、部件，每处扣5分		
		查找故障方法不对，扣10分		
		故障点判断要准确，不正确扣15分		
故障修理	50分	连接或焊接方法要正确，不正确每处扣3分		
		接线错误，每处扣3分		
		端部故障恢复，不正确每处扣5分		
		绝缘恢复，不正确每处扣5分		
		装配工艺和方法要正确，不正确每处扣3分		
安全文明操作	10分	违反安全操作规程，每次扣5分		
操作时间		每超过5min扣10分（注：操作时间不含烘干时间）		

评分人＿＿＿＿＿＿＿＿＿＿＿＿＿＿＿　　　　　　总分＿＿＿＿＿＿＿＿＿＿＿＿＿＿＿

五、三相异步电动机 Y - △减压起动控制电路的安装接线(见表 5)

表 5 三相异步电动机 Y - △减压起动控制电路的安装接线考核表

时间：150min

项目内容	配分	评 分 标 准	扣分	得分
装前检查	10 分	元件检查，漏检一只扣 2 分		
		电动机检查，漏检扣 5 分		
元件安装	10 分	元件布局合理，不合理每处扣 5 分		
		元件安装整齐、牢固，不合要求每处扣 2 分		
		漏装螺钉，每只扣 1 分		
		线槽安装不合要求，每处扣 2 分		
		损坏元件，每处扣 5 分		
布线	50 分	不按线路图接线，扣 20 分		
		布线不合要求，每处扣 3 分		
		导线线头处理不规范，每处扣 1 分		
		接点松动，每处扣 2 分		
		漏接地线，扣 10 分		
通电试车	20 分	热继电器整定不合要求，每只扣 3 分		
		熔体规格选择不合要求，每只扣 3 分		
		一次试车不成功，扣 10 分		
		两次试车不成功，扣 20 分		
安全文明操作	10 分	出现不安全隐患，一次扣 5 分		
操作时间		每超过 5min 扣 5 分		

评分人_____   总分_____

六、双速异步电动机调速控制电路故障的检修 (见表 6)

表 6 双速异步电动机调速控制电路故障的检修考核表   时间：45min

项目内容	配分	评 分 标 准	扣分	得分
自编检修步骤	10 分	检修步骤不合理、不完善，扣 2 ~ 5 分		
故障分析	30 分	检修思路不正确，扣 5 ~ 10 分		
		标错电路故障范围，每个扣 10 分		

（续）

项目内容	配分	评 分 标 准	扣分	得分
排除故障	50分	停电不验电，每次扣3分		
		工具及仪表使用不当，每次扣5分		
		排除故障的顺序不对，扣5～10分		
		不能查出故障，每个扣20分		
		查出故障、但不能排除，每个故障扣10分		
		产生新的故障：不能排除，每个扣10分 已经排除，每个扣5分		
		损坏电动机，扣30分		
		损坏电器元件，每只扣5～10分		
		排除故障后通电试车不成功，扣10分		
安全文明操作	10分	违反安全规程或烧毁仪表，扣10～30分		
操作时间		每超过5min扣10分		

评分人_____ 总分_____

七、三相异步电动机三速控制电路的安装接线（见表7）

表7　三相异步电动机三速控制电路的安装接线考核表

时间：150min

项目内容	配分	评 分 标 准	扣分	得分
装前检查	10分	元件检查，漏检一只扣2分		
		电动机检查，漏检扣5分		
元件安装	20分	元件布局合理，不合理扣5分		
		元件安装整齐、牢固，不合要求每处扣2分		
		螺钉漏装，每只扣1分		
		线槽安装不合要求，每处扣2分		
		损坏元件，每处扣5分		
布线	40分	不按线路图接线，扣20分		
		布线不合要求，每根扣3分		
		导线线头处理不规范，每处扣1分		
		接点松动，每处扣2分		
		漏接地线，扣10分		

(续)

项目内容	配分	评 分 标 准	扣分	得分
通电试车	20分	热继电器整定不合要求，每只扣3分		
		熔体规格选择不合要求，每只扣3分		
		一次试车不成功，扣10分		
		两次试车不成功，扣20分		
安全文明操作	10分	出现不安全隐患，一次扣5分		
操作时间		每超过5min扣5分		

评分人＿＿＿＿＿＿＿＿＿＿＿＿＿＿＿　　　总分＿＿＿＿＿＿＿＿＿

八、Z3040 型摇臂钻床电气控制电路故障的检修（见表8）

表8　Z3040 型摇臂钻床电气控制电路故障的检修考核表

时间：60min

项目内容	配分	评 分 标 准	扣分	得分
自编检修步骤	10分	检修步骤不合理、不完善，扣2~5分		
故障分析	20分	检修思路不正确，扣5~10分		
		标错电路故障范围，每个扣10分		
排除故障	60分	停电不验电，每次扣3分		
		工具及仪表使用不当，每次扣5分		
		排除故障的顺序不对，扣5~10分		
		不能查出故障，每个扣20分		
		查出故障、但不能排除，每个故障扣10分		
		产生新的故障：不能排除，每个扣10分 已经排除，每个扣5分		
		损坏电动机，扣30分		
		损坏电器元件，每只扣5~10分		
		排除故障后通电试车不成功，扣10分		
安全文明操作	10分	违反安全规程或烧坏仪表，扣10~20分		
操作时间		每超过5min扣10分		

评分人＿＿＿＿＿＿＿＿＿＿＿＿＿＿＿　　　总分＿＿＿＿＿＿＿＿＿

九、单相桥式可控调光电路的安装接线（见表9）

表9 单相桥式可控调光电路的安装接线考核表 时间：120min

项目内容	配分	技 术 要 求	扣分	得分
绘制电路图	20分	电路力求简单、合理，不合理每处扣2分		
		绘制电路应正确、美观，不符合要求每处扣2分		
电子元器件筛选、检查	20分	检查整流二极管，不正确扣5分		
		检查单相可控硅，不正确扣5分		
		检查电容器，不正确扣5分		
		检查电位器，不正确扣5分		
电子线路安装、接线	40分	在电路敷铜板上正确安装，不合理每处扣3分		
		元件极性应正确，不合理每处扣2分		
		连接应牢固，不符合要求每处扣2分		
通电、调试	10分	灯泡由开关控制通断，不符合要求扣5分		
		用电位器能正确调节灯泡亮度，不符合要求扣5分		
安全文明操作	10分	违反安全规程或烧坏仪表，扣10~20分		
操作时间		每超过5min扣10分		

评分人＿＿＿＿＿＿＿＿＿＿＿＿＿＿ 总分＿＿＿＿＿＿＿＿＿＿＿＿

模拟试卷样例

一、判断题（对画√；错画×；每题1分，共20分）

1. 具有电抗器的电焊变压器，若减少电抗器的铁心气隙，则漏抗增加，焊接电流增大。　　　　　　　　　　　　　　　　　　　　　　　（　　）

2. 使用示波器时，应将被测信号接入 Y 轴输入端钮。　　　　（　　）

3. 闭环控制系统采用负反馈控制，是为了提高系统的机械特性硬度，扩大调速范围。　　　　　　　　　　　　　　　　　　　　　　　　（　　）

4. 增量型光电编码器的线数是指编码器每转一圈所发出的脉冲数。（　　）

5. 克服零点漂移最有效的措施是采用交流负反馈电路。　　　　（　　）

6. 硅稳压管稳压电路只适应于负载较小的场合，且输出电压不能任意调节。　　　　　　　　　　　　　　　　　　　　　　　　　　　　（　　）

7. 与门的逻辑功能可概括为有 0 出 0，有 1 出 1。　　　　　　（　　）

8. 开环系统对于负载变化引起的转速变化不能自我调节，但对其外界扰动是能自我调节的。　　　　　　　　　　　　　　　　　　　　　　（　　）

9. 直流电动机的电刷一般用石墨粉压制而成。　　　　　　　　（　　）

10. 在单相半波可控整流电路中，调节触发信号加到门极上的时间，改变触发延迟角的大小，无法控制输出直流电压的大小。　　　　　　　　（　　）

11. 提高电桥电源电压可以提高灵敏度，因此电桥电源电压越高越好。　　　　　　　　　　　　　　　　　　　　　　　　　　　　　　（　　）

12. 当 PLC 的"BATTERY"（电池）指示灯闪烁时，表示该 PLC 的内部电池的电量低，必须在一周内予以更换，否则用户程序会丢失。　　（　　）

13. 为了保证 PCL 交流电梯安全运行，安全触点采用常开触点输入到 PLC 的输入接口。　　　　　　　　　　　　　　　　　　　　　　　（　　）

14. 若扰动产生在系统内部，叫做内扰动；若扰动来自系统外部，则叫做外扰动。扰动都对系统的输出量产生影响。　　　　　　　　　　　　（　　）

15. 负载伏安特性曲线的形状仅与负载自身特性有关，而与实际加在该负载上电压有大小无关。　　　　　　　　　　　　　　　　　　　　（　　）

16. 可编程序控制器是以并行方式进行工作的。　　　　　　　　（　　）

17. 质量管理是企业经营管理的一个重要内容，是企业的生命线。（　　）

18. 通常增量型光电编码器用作电动机的速度检测，其信号送至交流变频器，构成速度调节的闭环控制。其中旋转编码器起的作用为速度正反馈。

（　　）

19. 磁性开关不能作为外部输入元件与 PLC 控制器的输入端子相连。

（　　）

20. 一般 PLC 本身输出的 24V 直流电源可以为诸如光电编码器、磁性开关等小容量的输入开关提供电源。

（　　）

二、选择题（将正确答案的序号填入括号内；每题 1 分，共 80 分）

1. 互感器线圈的极性一般根据（　　）来判定。
A. 右手定则　　　B. 左手定则　　　C. 楞次定律　　　D. 同名端

2. 下列多级放大电路中，低频特性较好的是（　　）。
A. 直接耦合　　　B. 阻容耦合　　　C. 变压器耦合　　　D. A 和 B

3. 根据电磁感应定律 $e = -N \times (\Delta \Phi / \Delta t)$ 求出的感应电动势，是在 Δt 这段时间内的（　　）。
A. 平均值　　　B. 瞬时值　　　C. 有效值　　　D. 最大值

4. 在线圈中的电流变化率一定的情况下，自感系数大，说明线圈的（　　）大。
A. 磁通　　　B. 磁通的变化　　　C. 电阻　　　D. 自感电动势

5. 若一直线电流的方向由北向南，在它的上方放一个可以自由转动的小磁针，则小磁针的 N 极偏向（　　）。
A. 东方　　　B. 西方　　　C. 南方　　　D. 北方

6. 电感为 0.1H 的线圈，当其中电流在 0.5s 内从 10A 变化到 6A 时，线圈上所产生电动势的绝对值为（　　）。
A. 4V　　　B. 0.4V　　　C. 0.8V　　　D. 8V

7. 在多级放大电路的级间耦合中，低频电压放大电路主要采用（　　）耦合方式。
A. 阻容　　　B. 直接　　　C. 变压器　　　D. 电感

8. 一般要求模拟放大电路的输入电阻（　　）。
A. 大些好，输出电阻小些好　　　B. 小些好，输出电阻大些好
C. 和输出电阻都大些好　　　D. 和输出电阻都小些好

9. 电子设备防外界磁场的影响一般采用（　　）材料作成磁屏蔽罩。
A. 顺磁　　　B. 反磁　　　C. 铁磁　　　D. 绝缘

10. 小型变压器的绕制时，对铁心绝缘及绕组间的绝缘，按对地电压的（　　）倍来选用。
A. 1.5　　　B. 2　　　C. 3　　　D. 4

11. 以下列材料分别组成相同规格的四个磁路，磁阻最大的材料是（   ）。

A. 铁   B. 镍   C. 黄铜   D. 钴

12. 示波器面板上的"辉度"是调节（   ）的电位器旋钮。

A. 控制栅极负电压   B. 控制栅极正电压

C. 阴极负电压   D. 阴极正电压

13. 用双踪示波器观察频率较低的信号时，"触发方式"开关放在"（   ）"位置较为有利。

A. 高频   B. 自动   C. 常态   D. 随意

14. 变压器的短路试验是在（   ）的条件下进行。

A. 低压侧短路   B. 高压侧短路   C. 低压侧开路   D. 高压侧开路

15. 三相异步电动机温升过高或冒烟，造成故障的可能原因是（   ）。

A. 三相异步电动机断相运行   B. 转子不平衡

C. 定子、绕组相擦   D. 绕组受潮

16. 已知某台电动机电磁功率为 9kW，转速为 $n = 900 r/min$，则其电磁转距为（   ）N·m。

A. 10   B. 30   C. 100   D. $300/\pi$

17. 电子设备的输入电路与输出电路尽量不要靠近，以免发生（   ）。

A. 短路   B. 击穿   C. 自激振荡   D. 人身事故

18. 短时工作制的停歇时间不足以使导线、电缆冷却到环境温度时，导线、电缆的允许电流按（   ）确定。

A. 反复短时工作制   B. 长期工作制

C. 短时工作制   D. 反复长时工作制

19. 电位是（   ），随参考点的改变而改变；电压是绝对量，不随考点的改变而改变。

A. 衡量   B. 变量   C. 相对量   D. 绝对量

20. 小容量晶闸管调速电路要求调速平滑，抗干扰能力强，（   ）。

A. 可靠性高   B. 稳定性好   C. 设计合理   D. 适用性好

21. 小容量晶闸管调速器主回路采用单相桥式半控整流电路，直接由（   ）交流电源供电。

A. 24V   B. 36V   C. 220V   D. 380V

22. 由于双向晶闸管需要（   ）触发电路，因此使电路大为简化。

A. 一个   B. 两个   C. 三个   D. 四个

23. 职业道德对企业起到（   ）的作用。

A. 增强员工独立意识   B. 模糊企业上级与员工关系

C. 使员工规规矩矩做事情   D. 增强企业凝聚力

24. 一般情况是在直流负载的输出端并联一个（　　）二极管。

A. 整流　　　　　B. 稳压　　　　　C. 续流　　　　　D. 普通

25. 在单相桥式全控整流电路中，当控制角 α 增大时，平均输出电压 Ud
（　　）。

A. 增大　　　　　B. 下降　　　　　C. 不变　　　　　D. 无明显变化

26. 用直流惠斯顿电桥测电阻属（　　）测量。

A. 直接　　　　　B. 间接　　　　　C. 比较　　　　　D. 一般

27. 使用示波器同时观测两个频率较低的信号时，显示方式开关应置于
（　　）位置。

A. 交替　　　　　B. 叠加　　　　　C. 断续　　　　　D. 相减

28. 函数信号发生器除了可以产生正弦波信号，还可以产生（　　）信号。

A. 调频波　　　　B. 三角波　　　　C. 任意波形　　　D. 调幅波

29. 三相异步电动机机械负载加重时，其定子电流将（　　）。

A. 减小　　　　　B. 增大　　　　　C. 不变　　　　　D. 不一定

30. 在单结晶体管触发电路中，调小电位器的阻值，会使晶闸管的导通角
（　　）。

A. 为零　　　　　B. 减小　　　　　C. 增大　　　　　D. 不改变

31. Z3040 型摇臂钻床主轴箱与摇臂之间、内外立柱之间的夹紧和放松
（　　）。

A. 必须同时进行　　　　　　　　B. 只能单独进行

C. 既可以同时进行，也可以单独进行 D. 系统自动进行，不能人为干涉

32. 电焊变压器的特点是（　　）。

A. 输出电压高，输出电流小　　　B. 输出电压高，输出电流大

C. 输出电压低，输出电流小　　　D. 输出电压低，输出电流大

33. 电气测绘时，首先需要进行的工作是（　　）

A. 直接请操作者协助，尝试操作机床

B. 调查了解机床的结构和运动形式

C. 查寻线路绘制接线图，导出电路图

D. 拆除所有接线

34. 世界上第一台 PLC 是由（　　）公司研制成功的。

A. 日本三菱公司　　　　　　　　B. 德国 SIMENS 公司

C. 美国 GE 公司　　　　　　　　D. 美国 DEC 公司

35. 关于 PLC 的功能，下列观点正确的是（　　）。

A. PLC 具有强大的多种集成功能和实时特性

B. PLC 采用循环扫描工作方式

C. PLC 的抗干扰能力强，在工业控制中广泛采用

D. 以上全正确

36. 二进制数 1011110 等于十进制数（　　）。

A. 92　　　　　　B. 93　　　　　　C. 94　　　　　　D. 95

37. PLC 的（　　）程序要永久保存在 PLC 之中，用户不能改变。

A. 用户程序　　　B. 系统程序　　　C. 软件程序　　　D. 仿真程序

38. END 指令是（　　）。

A. 主程序结束指令　　　　　　　　B. 子程序结束指令

C. 中断程序结束指令　　　　　　　D. 以上都不是

39. 在控制电路中，若两个动合触点并联，则它们是（　　）关系。

A. 或逻辑　　　　B. 与逻辑　　　　C. 非逻辑　　　　D. 与非逻辑

40. PLC 内部在数据存储区为每一种元件分配一个存储区域，并用字母作为区域标志符，同时表示元件的类型。其中 C 表示（　　）。

A. 变量存储器　　　　　　　　　　B. 定时器

C. 计数器　　　　　　　　　　　　D. 顺序控制存储器

41. 以下哪些设备可以作为 PLC 的输入设备（　　）。

A. 压力开关　　　B. 光电开关　　　C. 接近开关　　　D. 以上都是

42. 三相异步电动机多处控制时，若其中一个停止按钮接触不良，则电动机（　　）。

A. 会过流　　　　B. 会缺相　　　　C. 不能停止　　　D. 不能起动

43. 自耦变压器减压起动适用于（　　）的三相笼型异步电动机。

A. 不需接法　　　B. 只是△联结　　　C. 只是丫联结　　　D. 丫联结或△联结

44. 三相异步电动机回馈制动时，将机械能转换为电能，回馈到（　　）。

A. 负载　　　　　B. 转子绕组　　　C. 定子绕组　　　D. 电网

45. 三相异步电动机的下列起动方法中，性能最好的是（　　）。

A. 直接起动　　　B. 减压起动　　　C. 变频起动　　　D. 变极起动

46. 绕线式异步电动机转子串电阻起动时，随着转速的升高，要逐段（　　）起动电阻。

A. 切除　　　　　B. 投入　　　　　C. 串联　　　　　D. 并联

47. 电磁制动器制动一般用于（　　）的场合。

A. 迅速停车　　　　　　　　　　　B. 迅速反转

C. 限速下放重物　　　　　　　　　D. 调节电动机速度

48. 三相异步电动机的位置控制电路中，除了用行程开关外，还可用（　　）。

A. 断路器　　　　B. 速度继电器　　　C. 热继电器　　　D. 光电传感器

49. 三相异步电动机能耗制动时，（   ）中通入直流电。

A. 转子绕组　　　　B. 定子绕组　　　　C. 励磁绕组　　　　D. 补偿绕组

50. 三相异步电动机反接制动，转速接近零时要立即断开电源，否则电动机会（   ）。

A. 飞车　　　　　　B. 反转　　　　　　C. 短路　　　　　　D. 烧坏

51. 三端集成稳压 7812 的作用是（   ）。

A. 串联型稳压电路　　　　　　　　B. 并联型

C. 开关型　　　　　　　　　　　　D. 稳压型

52. 电子计数器是指能完成（   ）等功能电子测量仪器的通称。

A. 频率测　　　　B. 时间测量　　　　C. 计数　　　　D. 以上都是

53. 增量型光电编码器通常的通道输出信号包括（   ）。

A. A 相　　　　　B. B 相　　　　　C. Z 相　　　　D. 以上都是

54. 小容量晶闸管调速器电路的主回路采用（   ），直接由 220V 交流电源供电。

A. 单相半波可控整流电路　　　　　B. 单相全波可控整流电路

C. 单相桥式半控整流电路　　　　　D. 三相半波可控整流电路

55. 在分析较复杂电气原理图的辅助电路时，要对照（   ）进行分析。

A. 主线路　　　　　　　　　　　　B. 控制电路

C. 辅助电路　　　　　　　　　　　D. 联锁与保护环节

56. 按钮联锁正反转控制电路的优点是操作方便，缺点是容易产生电源两相短路事故。在实际工作中，经常采用按钮和接触器双重联锁的（   ）控制电路。

A. 点动　　　　　B. 自锁　　　　　C. 顺序起动　　　　D. 正反转

57. 单相桥式全控整流电路的优点是提高了变压器的利用率，不需要带中间抽头的变压器，且（   ）。

A. 减少了晶闸管的数量　　　　　　B. 降低了成本

C. 输出电压脉动小　　　　　　　　D. 不需要维护

58. 用直流惠斯顿电桥测量电感的直流电阻时，应（   ）。

A. 先按下检流计按钮，再按下电源按钮

B. 先按下电源按钮，再按下检流计按钮

C. 同时按下

D. 没有先后顺序要求

59. 直流开尔文电桥采用双桥臂，能消除（   ）的影响。

A. 接触电阻　　　　　　　　　　　B. 连接导线电阻

C. 电池内阻　　　　　　　　　　　D. 接触电阻和接线电阻

60. 普通功率表接线时，电压线圈和电流线圈的关系是（   ）。

    A. 电压线圈必须接在电流线圈的前面

    B. 电压线圈必须接在电流线圈的后面

    C. 根据电压的高低决定

    D. 视具体情况而定

61. 变压器的短路试验是在（   ）的条件下进行。

    A. 低压侧开路   B. 高压侧开路   C. 低压侧短路   D. 高压侧短路

62. 直流发电机在原动机的拖动下旋转，电枢切割磁力线产生（   ）。

    A. 正弦交流电   B. 非正弦交流电   C. 直流电   D. 脉动直流电

63. 直流电动机的换向极绕组必须与电枢绕组（   ）。

    A. 串联   B. 并联   C. 垂直   D. 磁通方向相反

64. 并励直流电动机的机械特性为硬特性，当电动机负载增大时，其转速（   ）。

    A. 下降很多   B. 下降很少   C. 不变   D. 略有上升

65. 三相异步电动机机械负载加重时，其定子电流将（   ）。

    A. 不变   B. 减小   C. 增大   D. 不一定

66. 三相异步电动机反接制动时，采用对称制电阻接法，可以在限制制动转距的同时也限制（   ）。

    A. 制动电流   B. 起动电流   C. 制动电压   D. 起动电压

67. 一台并励直流发电机，空载运行于某一电压下，如将其转速升高 10% 则发电机的端电压将（   ）。

    A. 升高 10%   B. 不变

    C. 升高 >10%   D. 升高 <10%

68. 在 F1 系列 PLC 中，M 表示（   ）。

    A. 输入继电器   B. 输出继电器   C. 辅助继电器   D. 定时器

69. LD 指令用于（   ）。

    A. 将常开触点连接左母线   B. 将常闭触点连接左母线

    C. 驱动线圈   D. 程序结束

70. PLC 的输入输出线、电源线和控制线、动力线应分别放在上下线槽中，线与线之间相距（   ）以上。

    A. 100mm   B. 200mm   C. 300mm   D. 400mm

71. OUT 指令不可用在对（   ）的输出。

    A. Q   B. M   C. I   D. S

72. 下列不属于 PLC 输出接口电路类型的是（   ）。

    A. 继电器   B. 晶闸管   C. 晶体管   D. IC 电路

73. PLC 的输出接口中，既可以驱动交流负载又可以驱动直流负载的是（   ）。

A. 晶体管输出接口   B. 双向晶闸管输出接口

C. 继电器输出接口   D. 任意接口

74. 选择 PLC 型号时，（   ）是必须考虑的基本要素。

A. 功耗低   B. 先进性   C. 体积小   D. I/O 点数

75. 小型 PLC 一般不支持哪种编程语言（   ）。

A. 梯形图   B. C 语言

C. 顺序功能图（SFC）   D. 语句表

76. 一般要求模拟放大电路的输入电阻（   ）。

A. 大些好，输出电阻小些好   B. 小些好，输出电阻大些好

C. 和输出电阻都大些好   D. 和输出电阻都小些好

77. 在正弦波振荡器中，反馈电压与原输入电压之间的相位差是（   ）。

A. 0°   B. 90°   C. 180°   D. 270°

78. 多谐振荡器是一种产生（   ）的电路。

A. 正弦波   B. 锯齿波   C. 矩形脉冲   D. 尖顶脉冲

79. 频敏变阻器主要用于（   ）控制。

A. 笼型转子异步电动机的起动   B. 绕线转子异步电动机的调整

C. 直流电动机的起动   D. 绕线转子异步电动机的起动

80. 异步电动机转子的转动方向、转速与旋转磁场的关系是（   ）。

A. 方向相同，转速相同

B. 方向相同，转子转速略低于旋转磁场转速

C. 方向相反，转速相同

D. 方向相反，转子转速略低于旋转磁场转速

答 案 部 分

知识要求试题答案

一、判断题

1. √　　2. ×　　3. √　　4. √　　5. √　　6. √　　7. ×　　8. √　　9. √
10. ×　11. √　12. √　13. √　14. √　15. √　16. √　17. √　18. ×
19. ×　20. √　21. ×　22. √　23. √　24. √　25. ×　26. √　27. √
28. ×　29. ×　30. √　31. √　32. ×　33. ×　34. ×　35. ×　36. √
37. √　38. √　39. ×　40. ×　41. ×　42. ×　43. √　44. ×　45. ×
46. ×　47. √　48. ×　49. √　50. √　51. √　52. √　53. √　54. √
55. √　56. √　57. √　58. √　59. √　60. ×　61. √　62. √　63. √
64. √　65. √　66. ×　67. ×　68. √　69. ×　70. √　71. ×　72. ×
73. √　74. ×　75. ×　76. √　77. ×　78. ×　79. ×　80. ×　81. √
82. √　83. ×　84. ×　85. √　86. ×　87. √　88. √　89. ×　90. √
91. √　92. ×　93. √　94. √　95. √　96. √　97. √　98. ×　99. √
100. √　101. ×　102. √　103. ×　104. ×　105. √　106. ×　107. ×　108. √
109. √　110. √　111. √　112. ×　113. √　114. √　115. ×　116. ×　117. √
118. √　119. √　120. √　121. ×　122. √　123. ×　124. ×　125. √　126. √
127. √　128. ×　129. √　130. √　131. √　132. √　133. √　134. √　135. √
136. ×　137. √　138. √　139. ×　140. ×　141. ×　142. √　143. √　144. ×
145. √　146. ×　147. ×　148. √　149. √　150. ×　151. √　152. √　153. √
154. √　155. √　156. √　157. √　158. ×　159. √　160. ×　161. √　162. √
163. ×　164. √　165. √　166. √　167. √　168. √　169. √　170. ×

二、选择题

1. D　　2. A　　3. D　　4. B　　5. A　　6. C　　7. C　　8. C　　9. D

10. B 11. B 12. A 13. B 14. D 15. C 16. A 17. A 18. B
19. C 20. A 21. C 22. B 23. B 24. B 25. C 26. D 27. A
28. B 29. A 30. B 31. A 32. C 33. A 34. D 35. C 36. B
37. B 38. B 39. D 40. B 41. D 42. D 43. A 44. C 45. B
46. A 47. A 48. A 49. A 50. C 51. A 52. B 53. C 54. C
55. A 56. D 57. C 58. A 59. A 60. C 61. A 62. B 63. B
64. D 65. B 66. C 67. C 68. B 69. C 70. D 71. C 72. A
73. C 74. B 75. C 76. C 77. C 78. C 79. C 80. D 81. B
82. B 83. D 84. C 85. A 86. D 87. A 88. A 89. C 90. A
91. C 92. B 93. B 94. B 95. D 96. B 97. B 98. B 99. A
100. D 101. C 102. A 103. D 104. C 105. A 106. A 107. C 108. D
109. D 110. B 111. B 112. B 113. D 114. C 115. B 116. D 117. A
118. D 119. D 120. C 121. A 122. C 123. B 124. A 125. B 126. C
127. A 128. C 129. C 130. B 131. C 132. C 133. B 134. B 135. C
136. B 137. D 138. C 139. B 140. B

模拟试卷样例答案

一、判断题

1. × 2. ✓ 3. ✓ 4. ✓ 5. × 6. ✓ 7. × 8. × 9. ✓
10. × 11. × 12. ✓ 13. × 14. ✓ 15. ✓ 16. × 17. ✓ 18. ×
19. × 20. ✓

二、选择题

1. D 2. A 3. A 4. D 5. B 6. C 7. A 8. A 9. C
10. B 11. C 12. A 13. C 14. A 15. A 16. C 17. C 18. B
19. C 20. B 21. A 22. A 23. D 24. C 25. B 26. C 27. C
28. B 29. B 30. C 31. C 32. D 33. B 34. D 35. D 36. C
37. B 38. A 39. A 40. C 41. D 42. D 43. D 44. D 45. C
46. A 47. A 48. D 49. B 50. B 51. A 52. D 53. B 54. C
55. B 56. D 57. C 58. B 59. D 60. D 61. C 62. A 63. A
64. B 65. C 66. A 67. C 68. C 69. A 70. C 71. C 72. D
73. C 74. D 75. B 76. A 77. A 78. C 79. D 80. B

参 考 文 献

[1] 肖建章. 高级维修电工基本技能训练 [M]. 北京：中国劳动社会保障出版社，2004.

[2] 金柏芹. 电工基本技能训练 [M]. 北京：中央广播电视大学出版社，2005.

[3] 马香普，毛源. 电机维修实训 [M]. 北京：中国水利水电出版社，2004.

[4] 常斗南. 可编程序控制器原理、应用、实验 [M]. 2版. 北京：机械工业出版社，1998.

[5] 张莹. 工厂供配电技术 [M]. 北京：电子工业出版社，2003.

[6] 袁维义. 电工技能实训 [M]. 北京：电子工业出版社，2003.

[7] 房金菁，阎伟. 电气控制 [M]. 济南：山东科学技术出版社，2005.

[8] 庄建源，张志林. 职业技能鉴定国家题库考试复习指导丛书——维修电工（中级）
    [M]. 东营：石油大学出版社，2002.

[9] 李敬梅. 电力拖动控制线路与技能训练 [M]. 3版. 北京：中国劳动社会保障出版
    社，2001.

[10] 唐德，等. 电工工艺学 [M]. 北京：机械工业出版社，1980.

[11] 杨萃南. 电工与电子技术实训 [M]. 北京：电子工业出版社，2002.

[12] 叶水春. 电工电子实训教程 [M]. 北京：清华大学出版社，2004.

维修电工需学习下列课程：

初级：钳工常识、电工识图、电工基础、维修电工（初级）

中级：电工识图、电子技术基础、维修电工（中级）

高级：维修电工（高级）

技师、高级技师：维修电工（技师、高级技师）

国家职业资格培训教材

丛书介绍：深受读者喜爱的经典培训教材，依据最新国家职业标准，按初级、中级、高级、技师（含高级技师）分册编写，以技能培训为主线，理论与技能有机结合，书末有配套的试题库和答案。

读者对象：本套教材是各级职业技能鉴定培训机构、企业培训部门、再就业和农民工培训机构的理想教材，也可作为技工学校、职业高中、各种短训班的专业课教材。

◆ 机械识图

◆ 机械制图

◆ 金属材料及热处理知识

◆ 公差配合与测量

◆ 机械基础（初级、中级、高级）

◆ 液气压传动

◆ 数控技术与 AutoCAD 应用

◆ 机床夹具设计与制造

◆ 测量与机械零件测绘

◆ 管理与论文写作

◆ 钳工常识

◆ 电工常识

◆ 电工识图

◆ 电工基础

◆ 电子技术基础

◆ 建筑识图

◆ 建筑装饰材料

◆ 车工（初级★、中级、高级、技师和高级技师）

◆ 铣工（初级★、中级、高级、技师和高级技师）

◆ 磨工（初级、中级、高级、技师和高级技师）

◆ 钳工（初级★、中级、高级、技师和高级技师）

◆ 机修钳工（初级、中级、高级、技师和高级技师）

◆ 锻造工（初级、中级、高级、技师和高级技师）

◆ 模具工（中级、高级、技师和高级技师）

◆ 数控车工（中级★、高级★、技师和高级技师）

◆ 数控铣工/加工中心操作工（中级★、高级★、技师和高级技师）

◆ 铸造工（初级、中级、高级、技师和高级技师）

◆ 冷作钣金工（初级、中级、高级、技师和高级技师）

◆ 焊工（初级★、中级★、高级★、

- 技师和高级技师★)
- ◆ 热处理工（初级、中级、高级、技师和高级技师）
- ◆ 涂装工（初级、中级、高级、技师和高级技师）
- ◆ 电镀工（初级、中级、高级、技师和高级技师）
- ◆ 锅炉操作工（初级、中级、高级、技师和高级技师）
- ◆ 数控机床维修工（中级、高级和技师）
- ◆ 汽车驾驶员（初级、中级、高级、技师）
- ◆ 汽车修理工（初级★、中级、高级、技师和高级技师）
- ◆ 摩托车维修工（初级、中级、高级）
- ◆ 制冷设备维修工（初级、中级、高级、技师和高级技师）
- ◆ 电气设备安装工（初级、中级、高级、技师和高级技师）
- ◆ 值班电工（初级、中级、高级、技师和高级技师）
- ◆ 维修电工（初级★、中级★、高级、技师和高级技师）
- ◆ 家用电器产品维修工（初级、中级、高级）
- ◆ 家用电子产品维修工（初级、中级、高级、技师和高级技师）
- ◆ 可编程序控制系统设计师（一级、二级、三级、四级）
- ◆ 无损检测员（基础知识、超声波探伤、射线探伤、磁粉探伤）
- ◆ 化学检验工（初级、中级、高级、技师和高级技师）
- ◆ 食品检验工（初级、中级、高级、技师和高级技师）
- ◆ 制图员（土建）
- ◆ 起重工（初级、中级、高级、技师）
- ◆ 测量放线工（初级、中级、高级、技师和高级技师）
- ◆ 架子工（初级、中级、高级）
- ◆ 混凝土工（初级、中级、高级）
- ◆ 钢筋工（初级、中级、高级、技师）
- ◆ 管工（初级、中级、高级、技师和高级技师）
- ◆ 木工（初级、中级、高级、技师）
- ◆ 砌筑工（初级、中级、高级、技师）
- ◆ 中央空调系统操作员（初级、中级、高级、技师）
- ◆ 物业管理员（物业管理基础、物业管理员、助理物业管理师、物业管理师）
- ◆ 物流师（助理物流师、物流师、高级物流师）
- ◆ 室内装饰设计员（室内装饰设计员、室内装饰设计师、高级室内装饰设计师）
- ◆ 电切削工（初级、中级、高级、技师和高级技师）
- ◆ 汽车装配工
- ◆ 电梯安装工
- ◆ 电梯维修工

变压器行业特有工种国家职业资格培训教程

丛书介绍：由相关国家职业标准的制定者——机械工业职业技能鉴定指导中心组织编写，是配套用于国家职业技能鉴定的指定教材，覆盖变压器行业 5 个特有工种，共 10 种。

读者对象：可作为相关企业培训部门、各级职业技能鉴定培训机构的鉴定培训教材，也可作为变压器行业从业人员学习、考证用书，还可作为技工学校、职业高中、各种短训班的教材。

◆ 变压器基础知识

◆ 绕组制造工（基础知识）

◆ 绕组制造工（初级 中级 高级技能）

◆ 绕组制造工（技师 高级技师技能）

◆ 干式变压器装配工（初级、中级、高级技能）

◆ 变压器装配工（初级、中级、高级、技师、高级技师技能）

◆ 变压器试验工（初级、中级、高级、技师、高级技师技能）

◆ 互感器装配工（初级、中级、高级、技师、高级技师技能）

◆ 绝缘制品件装配工（初级、中级、高级、技师、高级技师技能）

◆ 铁心叠装工（初级、中级、高级、技师、高级技师技能）

国家职业资格培训教材——理论鉴定培训系列

丛书介绍：以国家职业技能标准为依据，按机电行业主要职业（工种）的中级、高级理论鉴定考核要求编写，着眼于理论知识的培训。

读者对象：可作为各级职业技能鉴定培训机构、企业培训部门的培训教材，也可作为职业技术院校、技工院校、各种短训班的专业课教材，还可作为个人的学习用书。

◆ 车工（中级）鉴定培训教材

◆ 车工（高级）鉴定培训教材

◆ 铣工（中级）鉴定培训教材

◆ 铣工（高级）鉴定培训教材

◆ 磨工（中级）鉴定培训教材

◆ 磨工（高级）鉴定培训教材

◆ 钳工（中级）鉴定培训教材

◆ 钳工（高级）鉴定培训教材

◆ 机修钳工（中级）鉴定培训教材

◆ 机修钳工（高级）鉴定培训教材

◆ 焊工（中级）鉴定培训教材

◆ 焊工（高级）鉴定培训教材

◆ 热处理工（中级）鉴定培训教材

◆ 热处理工（高级）鉴定培训教材

- ◆ 铸造工（中级）鉴定培训教材
- ◆ 铸造工（高级）鉴定培训教材
- ◆ 电镀工（中级）鉴定培训教材
- ◆ 电镀工（高级）鉴定培训教材
- ◆ 维修电工（中级）鉴定培训教材
- ◆ 维修电工（高级）鉴定培训教材
- ◆ 汽车修理工（中级）鉴定培训教材
- ◆ 汽车修理工（高级）鉴定培训教材
- ◆ 涂装工（中级）鉴定培训教材
- ◆ 涂装工（高级）鉴定培训教材
- ◆ 制冷设备维修工（中级）鉴定培训教材
- ◆ 制冷设备维修工（高级）鉴定培训教材

国家职业资格培训教材——操作技能鉴定实战详解系列

丛书介绍：用于国家职业技能鉴定操作技能考试前的强化训练。特色：
- 重点突出，具有针对性——依据技能考核鉴定点设计，目的明确。
- 内容全面，具有典型性——图样、评分表、准备清单，完整齐全。
- 解析详细，具有实用性——工艺分析、操作步骤和重点解析详细。
- 练考结合，具有实战性——单项训练题、综合训练题，步步提升。

读者对象：可作为各级职业技能鉴定培训机构、企业培训部门的考前培训教材，也可供职业技能鉴定部门在鉴定命题时参考，也可作为读者考前复习和自测使用的复习用书，还可作为职业技术院校、技工院校、各种短训班的专业课教材。

- ◆ 车工（中级）操作技能鉴定实战详解
- ◆ 车工（高级）操作技能鉴定实战详解
- ◆ 车工（技师、高级技师）操作技能鉴定实战详解
- ◆ 铣工（中级）操作技能鉴定实战详解
- ◆ 铣工（高级）操作技能鉴定实战详解
- ◆ 钳工（中级）操作技能鉴定实战详解
- ◆ 钳工（高级）操作技能鉴定实战详解
- ◆ 钳工（技师、高级技师）操作技能鉴定实战详解
- ◆ 数控车工（中级）操作技能鉴定实战详解
- ◆ 数控车工（高级）操作技能鉴定实战详解
- ◆ 数控车工（技师、高级技师）操作技能鉴定实战详解
- ◆ 数控铣工/加工中心操作工（中级）操作技能鉴定实战详解
- ◆ 数控铣工/加工中心操作工（高级）操作技能鉴定实战详解
- ◆ 数控铣工/加工中心操作工（技师、高级技师）操作技能鉴定实战详解
- ◆ 焊工（中级）操作技能鉴定实战详解

- ◆ 焊工（高级）操作技能鉴定实战详解
- ◆ 焊工（技师、高级技师）操作技能鉴定实战详解
- ◆ 维修电工（中级）操作技能鉴定实战详解
- ◆ 维修电工（高级）操作技能鉴定实战详解
- ◆ 维修电工（技师、高级技师）操作技能鉴定实战详解
- ◆ 汽车修理工（中级）操作技能鉴定实战详解
- ◆ 汽车修理工（高级）操作技能鉴定实战详解

技能鉴定考核试题库

丛书介绍： 根据各职业（工种）鉴定考核要求分级编写，试题针对性、通用性、实用性强。

读者对象： 可作为企业培训部门、各级职业技能鉴定机构、再就业培训机构培训考核用书，也可供技工学校、职业高中、各种短训班培训考核使用，还可作为个人读者学习自测用书。

- ◆ 机械识图与制图鉴定考核试题库
- ◆ 机械基础技能鉴定考核试题库
- ◆ 电工基础技能鉴定考核试题库
- ◆ 车工职业技能鉴定考核试题库
- ◆ 铣工职业技能鉴定考核试题库
- ◆ 磨工职业技能鉴定考核试题库
- ◆ 数控车工职业技能鉴定考核试题库
- ◆ 数控铣工/加工中心操作工职业技能鉴定考核试题库
- ◆ 模具工职业技能鉴定考核试题库
- ◆ 钳工职业技能鉴定考核试题库
- ◆ 机修钳工职业技能鉴定考核试题库
- ◆ 汽车修理工职业技能鉴定考核试题库
- ◆ 制冷设备维修工职业技能鉴定考核试题库
- ◆ 维修电工职业技能鉴定考核试题库
- ◆ 铸造工职业技能鉴定考核试题库
- ◆ 焊工职业技能鉴定考核试题库
- ◆ 冷作钣金工职业技能鉴定考核试题库
- ◆ 热处理工职业技能鉴定考核试题库
- ◆ 涂装工职业技能鉴定考核试题库

机电类技师培训教材

丛书介绍： 以国家职业标准中对各工种技师的要求为依据，以便于培训为前提，紧扣职业技能鉴定培训要求编写。加强了高难度生产加工，复杂设备的安装、调试和维修，技术质量难题的分析和解决，复杂工艺的编制，故障诊断与排除以及论文写作和答辩的内容。书中均配有培训目标、复习思考题、培训内容、

试题库、答案、技能鉴定模拟试卷样例。

读者对象：可作为职业技能鉴定培训机构、企业培训部门、技师学院培训鉴定教材，也可供读者自学及考前复习和自测使用。

- ◆ 公共基础知识
- ◆ 电工与电子技术
- ◆ 机械制图与零件测绘
- ◆ 金属材料与加工工艺
- ◆ 机械基础与现代制造技术
- ◆ 技师论文写作、点评、答辩指导
- ◆ 车工技师鉴定培训教材
- ◆ 铣工技师鉴定培训教材
- ◆ 钳工技师鉴定培训教材
- ◆ 焊工技师鉴定培训教材
- ◆ 电工技师鉴定培训教材

- ◆ 铸造工技师鉴定培训教材
- ◆ 涂装工技师鉴定培训教材
- ◆ 模具工技师鉴定培训教材
- ◆ 机修钳工技师鉴定培训教材
- ◆ 热处理工技师鉴定培训教材
- ◆ 维修电工技师鉴定培训教材
- ◆ 数控车工技师鉴定培训教材
- ◆ 数控铣工技师鉴定培训教材
- ◆ 冷作钣金工技师鉴定培训教材
- ◆ 汽车修理工技师鉴定培训教材
- ◆ 制冷设备维修工技师鉴定培训教材

特种作业人员安全技术培训考核教材

丛书介绍：依据《特种作业人员安全技术培训大纲及考核标准》编写，内容包含法律法规、安全培训、案例分析、考核复习题及答案。

读者对象：可用作各级各类安全生产培训部门、企业培训部门、培训机构安全生产培训和考核的教材，也可作为各类企事业单位安全管理和相关技术人员的参考书。

- ◆ 起重机司索指挥作业
- ◆ 企业内机动车辆驾驶员
- ◆ 起重机司机
- ◆ 金属焊接与切割作业
- ◆ 电工作业

- ◆ 压力容器操作
- ◆ 锅炉司炉作业
- ◆ 电梯作业
- ◆ 制冷与空调作业
- ◆ 登高作业

读者信息反馈表

感谢您购买《维修电工（中级）第 2 版》一书。为了更好地为您服务，有针对性地为您提供图书信息，方便您选购合适图书，我们希望了解您的需求和对我们教材的意见和建议，愿这小小的表格为我们架起一座沟通的桥梁。

姓　名		所在单位名称	
性　别		所从事工作（或专业）	
通信地址		邮　编	
办公电话		移动电话	
E-mail			

1. 您选择图书时主要考虑的因素（在相应项前画✓）
   （　）出版社　（　）内容　（　）价格　（　）封面设计　（　）其他
2. 您选择我们图书的途径（在相应项前画✓）
   （　）书目　（　）书店　（　）网站　（　）朋友推介　（　）其他

希望我们与您经常保持联系的方式：
　　　　　□ 电子邮件信息　　□ 定期邮寄书目
　　　　　□ 通过编辑联络　　□ 定期电话咨询

您关注（或需要）哪些类图书和教材：

您对我社图书出版有哪些意见和建议（可从内容、质量、设计、需求等方面谈）：

您今后是否准备出版相应的教材、图书或专著（请写出出版的专业方向、准备出版的时间、出版社的选择等）：

　　非常感谢您能抽出宝贵的时间完成这张调查表的填写并回寄给我们，我们愿以真诚的服务回报您对机械工业出版社技能教育分社的关心和支持。

请联系我们——

地址　北京市西城区百万庄大街 22 号　机械工业出版社技能教育分社

邮编　100037

社长电话　（010）88379080，88379083；68329397（带传真）

E-mail　jnfs@ mail. machineinfo. gov. cn

机械工业出版社网址：http://www.cmpbook.com

教材网网址：http://www.cmpedu.com